放送十五講

Fifteen Lectures on Broadcast

向後英紀・古田尚輝 編著
KOGO Eiki　　FURUTA Hisateru

学文社

まえがき

　日本でラジオ放送が始まって85年，テレビジョン放送の開始からおよそ60年，日本の放送はかつてない成熟と激しい変化を経験している。アナログ方式からデジタル方式への技術革新が進むなかで，いまや多種多様な放送サービスが登場し，誰もがそれを享受できる状況が出現している。その一方で，映像配信など放送を代替する機能を有するインターネットが普及し，放送の概念が曖昧となってきている。また，若者を中心とした"テレビ離れ"が指摘され，広告費の減少が民間放送の経営を直撃している。さらに，日本の放送の枠組みを定める放送法が制定以来60年ぶりに大幅に改正された。

　本書は，こうした未知の時代を生きる学生諸君にとって日本の放送を理解するひとつの手掛かりになることを願って編集した。全体で15の章からなり，半期あるいは通年の授業に適するように構成している。全体をおおまかにふたつに分け，前半の第1章から第8章までを放送の現状とニュースやドラマなどの放送分野，後半の第9章から第15章までを放送制度，放送事業，放送と通信の融合などにあてた。また，章のほかに「視聴率」など3つのコラムを設け，学生諸君の興味に応えるようにした。執筆には，放送の実務の経験者と放送を取材してきた記者があたった。このため，本書によって，日本の放送の生き生きとした現状や動向を知ることができるものと期待している。

　本書は，松岡由綺雄編著『現場からみた放送学』(1996年)および松岡新兒・向後英紀編著『新　現場からみた放送学』(2004年)に次ぐものだが，放送をめぐる状況が激変したことに鑑み，内容も執筆者も大幅に変え，題名も新しく『放送十五講』とした。刊行に際しては，前二著と同様に学文社の田中千津子さんにひとかたならぬご尽力を頂いた。感謝したい。

2011年3月

向後英紀・古田尚輝

目　次

第1章　日本の放送の現状　　　　　　　　　　　　　　　　古田　尚輝——1

第1節　放送法による規制と高い普及率　2
第2節　テレビ放送偏在の要因　5
第3節　放送事業者の現況と放送の根幹に関わる問題　8
第4節　視聴者の動向と視聴形態の変化　13

第2章　ニュース報道　　　　　　　　　　　　　　　　　　古田　尚輝——18

第1節　活字メディアとの相克と放送の即時性　19
第2節　検閲から表現の自由へ　22
第3節　ラジオニュースからテレビニュースへの転換　25
第4節　テレビニュースの革新　29
第5節　現在のテレビニュースの課題　33

第3章　放送ジャーナリズム　　　　　　　　　　　　　　　金平　茂紀——35

第1節　放送ジャーナリズムを語る困難　35
第2節　ジャーナリズムの危機下における放送　36
第3節　放送ジャーナリズムの原点　39
第4節　テレビ記者の誕生〜映像の情報量の圧倒的な豊かさ〜　40
第5節　放送は戦争を止められたか？　42

第6節　放送は災害から人々を救ったか？　45
第7節　放送は，公害・福祉・歴史認識の分野で人々に寄与したか？　47
第8節　放送は何のために事件を報道しているのか？　48
第9節　劣化の底から再生へ〜ある「遺言」〜　49

第4章　時代を記録するドキュメンタリー————————河野　尚行——51

第1節　ドキュメンタリーの何に関心がありますか　51
第2節　ドキュメンタリーの範疇は多様である　52
第3節　グローバル化する社会・経済　56
第4節　人々の暮らしの場，地域社会で，いま何が　58
第5節　戦争とテレビドキュメンタリー　62
第6節　映像表現の落とし穴，再現，やらせ，誇張，捏造　64
第7節　汝自らを知れ　君たちの生きていた時代　66

第5章　テレビドラマの潮流とその変化————————鈴木　嘉一——68

第1節　テレビ的な表現の模索　68
第2節　テレビドラマの黄金時代　74
第3節　テレビドラマの変容　80
第4節　テレビドラマの現在と今後　83

第6章　ワイドショーとバラエティ————————————古田　尚輝——87

第1節　ワイドショーの隆盛と批判　87

第 2 節　番組の"バラエティ化"　93

第 7 章　教育・スポーツ・国際放送──────古田　尚輝・向後　英紀──101

第 1 節　教育放送　101
第 2 節　スポーツ放送　105
第 3 節　国際放送　107

第 8 章　放送倫理・人権────────────本橋　春紀──112

第 1 節　放送局と視聴者の間の約束事として　112
第 2 節　放送倫理基本綱領　114
第 3 節　BPO と放送倫理　117
第 4 節　絶えざる不祥事〜いわゆる"やらせ"をめぐって　123

コラム　沖縄の放送────────────────座間味　朝雄　129

第 9 章　日本の放送制度と放送法制──────────山本　博史──131

第 1 節　「放送」の意義とハード・ソフト一致の原則　131
第 2 節　通信・放送の融合の進展とハード・ソフトの分離　135
第 3 節　放送事業への参入規制とマスメディア集中排除原則　140
第 4 節　放送番組規律違反と行政処分　143
第 5 節　地上デジタル放送と衛星デジタル放送　147
第 6 節　総合的な法体系の検討と新放送法　151

目次 v

第10章　公共放送 ————————————————— 向後　英紀 —— 157

第1節　公共放送概念を考える手がかり　157
第2節　日本の放送の仕組み　163

第11章　民間放送 ————————————————— 木村　幹夫 —— 172

第1節　民間放送事業の構造と概況　172
第2節　地上デジタル放送　178
第3節　視聴者　180
第4節　民間放送の経営　182
第5節　民間放送事業の今後の課題　187

第12章　地方民放 ————————————————— 市村　元 —— 190

第1節　「地域放送」としての民放ローカル局　190
第2節　ネットワークとローカル局の編成・営業　195
第3節　ローカル局の底力　201

コラム　視聴率 ———————————————————— 座間味　朝雄　206
　　　　　番組制作プロダクション ——————————— 座間味　朝雄　208

第13章　ラジオ放送 ——————————————— 隈元　信一 —— 212

第1節　現状はどうなっているのか　212

第 2 節　ラジオの歴史　216
第 3 節　多メディア化の中で　224
第 4 節　これからどうなる　227

第 14 章　放送と通信の融合 ―― 鈴木　祐司 ―― 230

第 1 節　"融合"とは何か？　230
第 2 節　各ステージでの"融合"　231
第 3 節　"融合"議論の歴史　239
第 4 節　"融合"で両者の関係はどうなるのか？　241

第 15 章　放送の源流 ―― 向後　英紀 ―― 244

第 1 節　放送の原点　244
第 2 節　日本の放送事業　247
第 3 節　放送二元体制への道程　251
第 4 節　民間放送の誕生からニューメディア時代へ　256

欧文索引 ―― 261
和文索引 ―― 262

第1章　日本の放送の現状

　日本の放送は，現在，アナログ方式からデジタル方式への技術革新，商業放送（民間放送）の経営を支える広告費の年を追うごとの減少，放送の代替機能を有するインターネットの伸張というかつてない変化の波に洗われている。このなかでテレビ放送は，第1に"普遍的存在"，第2に境界の曖昧化，第3に"テレビ離れ"という現象を同時に経験している。今や多種多様なテレビ放送サービスが，時間と場所を問わずに，テレビ受像機ばかりでなくパソコンや携帯電話の画面でも，ほぼ普遍的に享受できる状況が実現した。加えて，近年はインターネットを通じた映像配信などテレビ放送に近似したサービスが出現し，これが一因となって従来の放送の概念が曖昧となり，"テレビ"がどこにでも存在するという遍在感が醸成された。しかし，これとは裏腹に，テレビ放送の視聴が特定の層，とりわけ若年層で減少する事態が進行していると指摘されている。なぜこのような状況が出現したのだろうか。

　放送の現状に関しては，とかく放送事業者の観点から記されることが多い。しかし，放送に限らずマス・メディアは，情報の送り手と受け手という二項対立ではなく，相互がそれぞれに社会的実践を重ねるなかで構成する関係として理解するのが適当であろう。また，放送事業者も視聴者も，放送という限られた領域のなかだけで存在しているのではなく，政治・経済・社会・文化的状況による影響とそれへの関与のなかで生成している。この章では，こうした観点に立って，日本の放送，特に最も視聴者が多い地上波テレビ放送を中心に，その現況を考察することにする。

第1節　放送法による規制と高い普及率

1．放送の定義と放送法の規制

　「放送」は，一般的に，公衆によって直接受信されることを目的とする電気通信と定義される。電気通信は無線か有線かを問わずに電磁的方式で符号・音響・映像などを送受信することと解釈されるが，放送はそのうちでも公衆，つまり対象を特定せず不特定多数に向けて送信され直接受信される電気通信を言う。これは，対象を特定して内容の秘密が守られることを前提に基本的に一対一の関係性をもとに送受信される「通信」とは，根本的に異なる点である。

　放送はまた，公共の財産である電波の一定領域を占有して実施され広範に伝播する性格をもつことから，新聞や雑誌などほかのマス・メディアと異なり，担当官庁の免許を得て行われ，唯一の言論立法と言われる放送法（1950年6月施行，以下2010年12月に改正された法の改正分については新放送法と記す）の規制を受ける。放送法は，放送を行う事業者に対して，表現の自由を保障する一方で，放送番組の編集にあたって政治的公平の確保や事実に基づく報道などの四つの基準を遵守することを求めている。

　放送法はまた，放送制度として，公共放送と商業放送の併存を定めている。日本放送協会（NHK）は，戦前からの社団法人の人員と財産をそのまま継承して，その放送が「あまねく全国で受信される」ことを目的に受信料を財源として公共放送を実施する新たな特殊法人として設立された。また，広告放送による収入をもとに商業放送を行う民間の事業者は，一般放送事業とされた。NHKが単一の全国組織であるのに対して，民間放送局は基本的に県域単位で放送を行うそれぞれ独立した企業である。戦後日本の放送は，放送法が定めたこうした規制と制度的枠組みを基本に，行政の方針，放送事業者の動向，新聞を中心とするメディア産業の動き，視聴者の反応などのなかで形成されてきた。

2．放送の高い普及率

　現在，日本で実施されている放送の種類は多岐にわたっているが，その中心

をなすのはテレビジョン放送とラジオ放送である。このほかに，放送用周波数の帯域の一部を使って文字や図形などを送信するデータ放送や，既存の放送の電波に重畳して音声や文字情報などを送信する多重放送がある。

このうちテレビ放送は，主に送信方式の違いによって，地上波テレビ放送と衛星テレビ放送に分けられる。衛星放送は，日本では，出力の強い放送衛星（Broadcasting Satellite：BS）を使ったBS放送と，出力がやや劣る通信衛星（Communication Satellite：CS）によるCS放送に分けられているが，ほかの諸国ではCS放送だけである。このほか，ケーブルテレビ事業者が実施している自主放送のテレビ放送がある。

テレビ放送の普及状況を2009年度末の統計で見ると，NHKの放送受信契約では約3,890万件で，その内訳は地上波放送だけの地上契約が約2,418万件，地上波放送を兼ねた衛星契約が約1,472万件となっている。同じBS放送のWOWOWは約249万件，現在唯一のCS放送を行っているスカイパーフェクTV！は約369万件である。また自主放送を行うケーブルテレビの加入世帯数は約2,471万世帯，世帯普及率は46.9％となっている。これを内閣府の消費動向調査で見ると，カラーテレビの世帯普及率はブラウン管型と薄型をあわせて

表1－1 テレビ放送の普及状況 (2009年度末)

受信契約数ほか	普及率と保有台数
NHKテレビ放送受信契約 　　　約3,890万件 　　地上契約　約2,418万件 　　　　　　（地上波のみ） 　　衛星契約　約1,472万件 　　　　　　（衛星放送＋地上波）	カラーテレビの普及率 　　　　　　　99.50％ 世帯あたりの保有台数 　　　　　　　2.43台
WOWOW加入契約 　　　　　　　約249万件	
スカイパーフェクTV！加入契約 　　　　　　　約369万件	
ケーブルテレビ加入世帯 　　　　　　　約2,471万世帯	
出典）各放送事業者および総務省	内閣府「消費動向調査」

99.5％，保有台数は一世帯あたり2.43台で，ほぼすべての家庭が2台以上のテレビ受像機を保有していることになる。こうした高い普及率がテレビ放送の普遍的な存在を支えるひとつの基盤を形成している（表1－1参照）。

　一方，ラジオ放送は，使用する電波の性格の違いによって，中波のAM放送（Amplitude Modulation），超短波のFM放送（Frequency Modulation），短波放送（Short Wave）の3種類に分類される。現在，短波放送局の1局を除いて，AM放送局とFM放送局はそれぞれ約50局を数え，全国各地で放送を行っている。また，ほとんどすべての自動車がカーラジオを備え，ポータブルラジオなども普及していて，ラジオ放送はほぼ全国で聴取できる状態にある。

　これを産業規模で見ると，総務省の調査では，2008年度の日本の放送産業の売上高は約3兆9,771億円，対GDPでは1％にも満たない。このうち，民間放送の地上波放送事業者が2兆4,575億円（全体の61.8％），衛星放送事業者が3,905億円（9.8％），ケーブルテレビ事業者が4,667億円（11.7％），NHKの事業収入が6,624億円（16.7％）となっている（図1－1参照）。

　民間放送の収入源である広告費の推移を電通の調査で見ると，2000年代に入ってラジオ・テレビ放送ともに減少傾向に歯止めがかからず，特に2009年はラジオ放送が1,320億円，テレビ放送が1兆7,139億円で，2008年に比べて合わせて2,100億円も落ち込んでいる。一方，インターネットの広告収入は飛

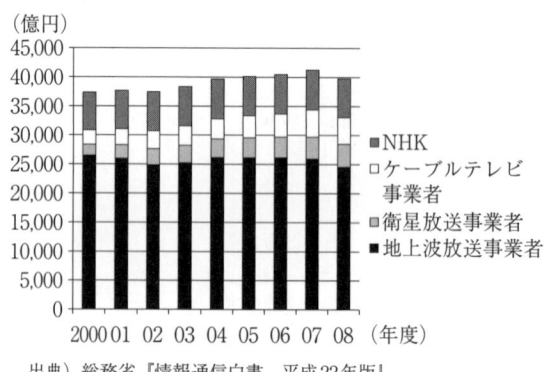

出典）総務省『情報通信白書　平成22年版』

図1－1　放送産業の市場規模（売上総計）

躍的に増加し，2004年にラジオ放送，2006年に雑誌，2009年に新聞を抜いて，2009年には7,069億円，テレビ放送の41.2％にも達している。新興のインターネットの伸張と既存のマス・メディアの低落の際立った対比は，日本の放送，特に民間放送が陥っている現在の苦境を如実に物語っている（図1－2参照）。

第2節　テレビ放送遍在の要因

1．多メディア・多チャンネル化

　テレビ放送が現在のように遍在的な存在となった一因は，1980年代半ばから進行した多メディア・多チャンネル化にある。この現象は，それまでの地上波テレビ放送に加えて衛星放送とケーブルテレビの自主放送が登場したこと，すなわち放送メディアの多様化が出発点となった。
　衛星放送は，まずBS放送から始まった。1984年5月にNHKがアナログ方式の1チャンネルの試験放送を始め，1989年6月に2チャンネルの本放送に移行した。また，1991年4月には民間放送の日本衛星放送（2000年12月にWOWOWに社名変更）が初めての有料放送を開始した。そして，2000年12月にはBSデジタル放送が始まった。また，CS放送は，1992年にアナログ方式の放送が始まり，1996年10月にパーフェクトTV！がデジタル方式の57チャ

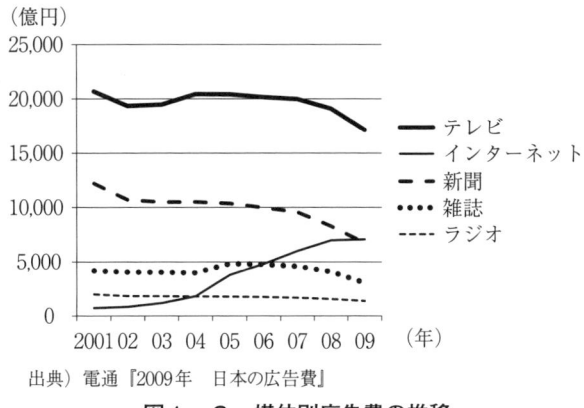

出典）電通『2009年　日本の広告費』
図1－2　媒体別広告費の推移

ンネルもの放送を開始した。

　一方，ケーブルテレビは，1950年代半ばに地上波テレビ放送の難視聴解消のための共同受信施設として始まったが，1980年代後半ごろから都市部での普及が進み，地上波テレビ放送の再送信だけでなく自主放送を行うケーブルテレビ事業者が増加した。これを促進した要因のひとつは，1990年代前半に郵政省が進めた事業免許要件の緩和である。郵政省は，1993年にケーブルテレビの事業主体は地元企業を中核とするという従来の通達を廃止し，広域での事業展開を認め，外国資本の出資比率や外国人役員に関する制限も緩和した。これも一因となって，自主放送を行うケーブルテレビの加入世帯数は，総務省の調査では，2000年度に1,000万世帯，2006年度に2,000万世帯を超えた。

　こうした放送メディアの多様化，特に衛星放送の登場は，チャンネル数の飛躍的な増加，すなわち多チャンネル化を招いた。その最大の要因はCSデジタル放送の開始であった。衛星に搭載された送信装置（トランスポンダ）はそれまでは1本で1チャンネル分の放送しか出来なかったが，デジタル圧縮技術によって最低でも6チャンネルの放送が可能になった。これによって1996年10月にパーフェクTV！が57チャンネルの本放送，翌1997年4月にJスカイBが9チャンネルの先行放送，12月にはディレクTVが63チャンネルの本放送を開始した。しかし，チャンネルの過剰が予測され，早くも1998年3月にはパーフェクTV！とJスカイBが合併し，5月からスカイパーフェクTV！の放送が始まった。後発のディレクTVは，スカイパーフェクTV！と異なる衛星を使用していたため，受信するには別のパラボラアンテナが必要であった。加えてスカイパーフェクTV！と競合するチャンネルが多く，契約が伸び悩んだ。このため，2000年3月にはスカイパーフェクTV！との事業統合を発表して，9月末に放送を終了した。一時は3社が競合したCSデジタル放送は，開始から3年余りで淘汰が進み，スカイパーフェクTV！の1社だけとなった。2010年現在，スカイパーフェクTV！は約370チャンネルの放送を行っている。

　CSデジタル放送に加えて，2000年12月に始まったBSデジタル放送もチャンネル数の増加を促した。BSデジタル放送には，BSアナログ放送を実施して

いた NHK と WOWOW のほかに，在京民放キー局5局系の会社と CS 放送のスターチャンネルの8社が参入した。また，地上波テレビ放送でも，1980年代後半以降，"平成開局"と言われる在京キー局の系列局の開局が続き，県庁所在地の民放テレビ局は4局から5局にまで増加した。これにケーブルテレビの自主放送チャンネルが加わり，日本のテレビ放送は，1990年代に入って一挙に多チャンネル化が進行した。

2．拡張的な放送行政

こうした多メディア・多チャンネル化を推進した要因として，放送事業に対する民間企業の旺盛な意欲とともに，それを誘導した郵政省（2001年1月から総務省）の放送行政が挙げられる。日本のテレビ放送は，1953年2月に NHK 東京テレビジョン局，8月に日本テレビ放送網が開局して始まり，1959年4月の皇太子（現在の天皇）のご成婚を機に驚異的な普及を遂げた。その要因となったのは基本的には折からの高度経済成長による企業収益と個人所得の増加であるが，新聞社を中心とした民間企業の放送事業への参入，それに1957年10月の田中角栄郵政相のテレビ局大量予備免許交付に象徴される拡張的な放送行政も寄与した。田中郵政相は，放送サービスの量的拡大が放送産業ばかりでなく家電産業などの振興にも繋がりひいては日本経済の成長を牽引すると考え，夥しい免許申請を政治力で裁き，一挙に43局（NHK 6局，民放37局）に予備免許を交付した。この大量予備免許が，既存の利益，特に新聞社の利益を優先する現状追認的で拡張的な放送行政の原型となったと思われる。郵政省は，基幹的な放送に関しては，その後もこの路線を継承し，1986年1月には全国紙とそれと提携関係にある在京民放キー局の意向を受けるかたちで「地方民放テレビ4局化構想」を発表し，従来2局だった地区は3局，3局地区は4局，4局地区は5局と，民放系列局の全国的拡大を図った。また，2000年12月に始まった BS デジタル放送についても，民間放送では，既に BS アナログ放送を実施していた WOWOW と地上波テレビ放送の在京キー局系の5局に免許を交付した。

郵政省は，その一方で，CS 放送やケーブルテレビなどの新しい放送メディアに関しては，規制緩和によって新規参入を誘導する放送行政を展開した。特に 1989 年 6 月には放送法が改正され，CS 放送を実施するにあたって"ハードとソフトの分離"と呼ばれる「受委託放送」の制度が導入された。これは，放送事業者を，放送施設を所有して放送の送出と管理を行う事業者の「受託放送事業者」と，放送施設をもたずに放送番組を製作して受託放送事業者にその放送を委ねる事業者の「委託放送事業者」に分けるものであった。従来は放送事業への参入には放送施設の整備などに膨大な資金を必要としたが，この法改正でたとえ十分な資金がなくても放送番組を製作して受託放送事業者に放送を委託することが可能となった。これによって，CS 放送には多数の委託放送事業者が参入してスポーツや映画，囲碁など数多くの専門チャンネルが誕生した。この受委託放送は，2000 年 12 月に始まった BS デジタル放送にも導入された。

　また，ケーブルテレビについては，先述したように，1993 年以来，地元要件や外国資本の制限の撤廃などの規制緩和を進め，1995 年には全国規模で複数のケーブルテレビ事業を展開する二社の MSO（Multi System Operator）が外国資本が加わって設立された。その半面で，最近の放送行政には，たとえば CS デジタル放送の委託放送事業者やケーブルテレビ事業者を淘汰に任せるなど，放送事業の一部を市場原理に委ねる従来になかった側面も現れてきた。

第3節　放送事業者の現況と放送の根幹に関わる問題

1．放送事業者の現況

　多数の放送事業者の存在は，先述した高い普及率とともに，テレビ放送の普遍的存在を支える基盤である。放送事業者は，まず事業体の性格によって，公共放送を行う特殊法人の NHK と商業放送を行う民間放送事業者に分類される。このほか，国からの補助金をもとに 1985 年 4 月からテレビ放送と FM ラジオ放送で大学通信教育を実施している特殊法人の放送大学学園がある。

　放送事業者はまた，実施している放送の種類によって，テレビジョン放送事

表1-2　民間放送事業者数 (2009年度末)

地上波テレビ放送		衛星放送	
単営	93	BS放送	17
兼営	34	CS放送	104
地上波ラジオ放送		ケーブルテレビ	
AM放送	13	自主放送実施	517
FM放送	53	有線役務利用	23
コミュニティFM	237		
短波放送	1		

出典）『情報通信白書　平成22年版』より作成

業者，ラジオ放送事業者，ケーブルテレビ事業者に分けられる（表1-2参照）。

　このうち地上波テレビ放送を実施している民間放送事業者は，2010年現在，127社を数える。このうちテレビ放送だけ行う単営の事業者は93社，テレビ放送とラジオ放送を行っている兼営の事業者は34社である。

　また，地上波ラジオ放送を単営で実施している民間放送事業者が67社ある。その内訳はAM放送が13社，FM放送が53社，短波放送が1社である。このほかに，狭い地域を対象として小電力のコミュニティFM放送を行っている事業者が237社ある。コミュニティFM局は，地方の活性化を目標とした放送法施行規則の改正によって1992年12月に最初の放送局が函館に開局した。

　一方，衛星放送を実施している民間放送事業者は，受託放送事業者がBS放送の1社，CS放送の1社の計2社，委託放送事業者がBS放送の16社，CS放送の103社である。衛星放送で注目すべきことは，放送法に定められた委託事業者でも受託事業者でもない「プラットフォーム会社」あるいは「顧客管理会社」と呼ばれる企業が重要な役割を果たしていることである。この企業は，委託事業者から放送番組の提供を受けて受託事業者に放送業務を依頼するとともに，委託事業者に代わって加入促進や料金徴収などの業務を行う。これに該当するのは，最初のCSデジタル放送のパーフェクTV！を運営した日本デジタル放送サービスである。同社は，その後スカイパーフェクト・コミュニケーションズと社名を変更し，2007年4月には衛星を保有して放送業務を行う受託放送事業者のJSATと合併してスカパーJSATとなった。

また，ケーブルテレビ事業者は，自主放送を行う事業者が517社，他社が保有するケーブルテレビの施設を利用して放送を行う有線役務利用事業者が23社ある。これらを合わせると，民間放送事業者は1,000社を超える。

2．全国紙系列の民放テレビネットワーク

地上波放送の事業者のうち，NHKは全国組織であるが，民間放送局はそれぞれが独立した企業で，関東・中京・関西の広域圏を除いて基本的に県域放送を行うことを条件に免許を付与されている。このため，全国放送を実施するには，民間放送事業者間で協定を結んでネットワークを作る必要がある。

このうち地上波テレビ放送のネットワークは，1956年11月に，東京の日本テレビ（1953.8開局）とラジオ東京テレビ（KRT，1955.4テレビ放送開始，1960.11 TBSに改称），大阪の大阪テレビ（1956.12開局，1959.6朝日放送に合併），名古屋の中部日本放送（1956.12テレビ放送開始）の4局が緩やか番組交流の協定を結んだのが始まりである。その後，地方都市にも民間テレビ局の開局が波及すると，1958年には，KRT・北海道放送（札幌）・中部日本放送・大阪テレビ・RKB毎日放送（福岡）の5社がテレビニュースの交換を目的にネットワーク協定を結んだ。また，1959年4月の皇太子ご成婚に際しては，日本テレビが13局，KRTが17局のネットワークを組んでその模様を全国に中継した。開局直後だった東京のフジテレビ（1959.3開局）は日本テレビ，日本教育テレビ（1959.2開局，NET，1977.4テレビ朝日に改称）はKRTのネットワークに加わった。

同じ1959年12月には，KRTを中心に16社が加盟してニュース交換のためのJNN（Japan News Network）が発足した。日本テレビも事実上のニュース交換ネットワークを形成していたが，1966年4月に19社が加わって正式にNNN（Nippon News Network）を結成した。また，同年10月にはフジテレビがFNN（Fuji News Network），1970年1月にはNETがANN（All Nippon News Network），1983年にはテレビ東京がメガTONネットワーク（1991年にTXN Networkに改称）を組織した。2010年現在，地上波テレビ放送を実施し

ている放送局のほとんどがいずれかのネットワークに加盟しており，系列局と呼ばれる加盟局数はTXNの6局を除いていずれも26局から30局を数えている。

　このネットワークは，1960年代から70年代にかけて，ニュースの取材配信網から番組供給と営業のネットワークへと発展し，それに伴って在京キー局による地方民放テレビ局の系列化が強まった。また，1973年から1974年にかけて，全国紙五紙が在京民放キー局のうち一局だけの株式を保有する「新聞単一提携」が完成した。まず，1973年12月に朝日・毎日・読売の三新聞社が，日本テレビとTBSの株式の持ち合い状態を解消して，日本テレビの株式は読売，TBSの株式は毎日の一社だけが保有することで合意した。また，NETに関しては，大株主の朝日新聞社と日本経済新聞社が協議し，日経が朝日にNETの株式を譲渡し，日経は東京12チャンネル（1981.10 テレビ東京に社名変更）の株式を保有することとなった。フジテレビには産経新聞社だけが出資していたため，1974年4月には，日本テレビ＝読売，TBS＝毎日，フジテレビ＝産経，NET＝朝日，東京12チャンネル＝日経という在京民放キー局一局と全国紙一紙の提携関係が完成した。新聞社，特に全国紙はかねてから放送事業に関心を示し，1925年のラジオ放送開始前には公開実験を行って参入を企図し，1950年代以降は民間放送局の設立に深く関わってきた。新聞単一提携はその里程標ともなり，これ以降，ネットワークによって違いはあるものの，全国紙の民放テレビ局の経営への関与が出資や人事を通して強まっているように見える。

3．放送事業の根幹に関わる問題

　日本の放送事業者は，2000年代以降，放送の代替機能を有するインターネットや携帯電話の急速な普及，それに民間放送事業者の収入源である広告費の減少という前例のない状況に直面している。そのなかで発生したふたつの問題は，公共放送と民間放送のあり方を問う深刻な性格のものであった。

　ひとつは，2001年1月にNHK教育テレビで放送された『ETV2001』「シリーズ戦争をどう裁くか　第2回　問われる戦時性暴力」（2001.1.30放送）の編集をめぐる問題であった。この番組は，2000年12月に戦争と女性への暴力・日

本ネットワーク（バウネット・ジャパン）が東京で開催した第二次世界大戦中の従軍慰安婦問題を裁く「女性国際戦犯法廷」を題材に，戦時暴力の正当性を検証し解決策を探ることを趣旨としていた。しかし，放送数日前から放送寸前まで女性法廷に批判的なインタビューの追加や既に編集済みの部分の削除などが行われ，その結果，番組はシリーズのほかの三番組より時間が短く，企画意図が不明確で整合性を欠く印象を与える内容となった。問題は，放送から4年後の2005年1月中旬，朝日新聞がNHKは複数の自由民主党代議士の圧力を受けて当初の番組を改編した疑いがあると報じて明らかになった。NHKは，一連の編集は番組の公平性や客観性を期すための自主的な作業であり，政治家の圧力や指摘を受けてなされたものではないと反論した。また，バウネット・ジャパンが，当初説明を受けた企画趣旨と番組内容が違うとして，制作に関わったNHKを含む三者に損害賠償を求めた裁判も，2008年6月に最高裁判所が原告バウネット・ジャパンの番組に対する「期待権」を退ける判決を出して結審した。しかし，自民党代議士への番組の事前の説明がNHKの予算案が国会に提出される直前になされたことや説明に対する代議士の発言内容などから，NHKが政治的配慮をして過度に自己規制したのではないかとの疑念は容易に払拭されなかった。NHKは公共放送機関であるがゆえに事細かな放送法の規制を受け，毎年度の事業計画案や予算案などは国会の審議を経て採決される。それだけにこの問題は，NHKと政治との関係を問い，いかなる圧力にも影響されず，自主性・自律性を保つ公共放送の使命の重さを喚起することとなった。

　もうひとつは，2007年1月に関西テレビが放送した『発掘！あるある大事典Ⅱ』「食べてヤセる!!!　食材Xに新事実」（2007.1.7放送）における事実の捏造であった。この番組は，納豆に含まれる成分が痩せる効果があることをアメリカの大学教授へのインタビューや実際に納豆を摂取する実験で証明する内容で，放送直後には納豆の売れ行きが急増するほどの反響を呼んだ。ところが，関西テレビが週刊誌の質問状に答えて調査したところ，大学教授の発言は日本語で違う内容に吹きかえられ，実験では中性脂肪などを測るための血液の採取さえ行われていなかった。また，番組の末尾には関西テレビ製作と表示されていた

が，実際の制作は下請けを介して9つのプロダクションに再委託されていた。関西テレビは，調査結果を公表した後，1月23日に1996年10月以来続いてきた人気番組を打ち切った。この問題は，切迫した日程と視聴者の興味を惹くことを理由に事実を捏造してまで番組を放送したという事実と，実際の番組制作を担う零細なプロダクションが劣悪な条件下に置かれているという実態を浮き彫りにした。そして，民間放送事業者に対して，視聴率を優先してとかく倫理を軽視しがちな精神的風土と，番組製作の大半を委託して製作費の軽減を図っている下請プロダクションとの関係の改善を，厳しく迫るものであった。

第4節　視聴者の動向と視聴形態の変化

　これまで日本のテレビ放送を主に放送事業者の側から見てきたが，放送事業が存続するための不可欠の条件となっているのは視聴者の存在である。視聴者はまず，NHKに対する放送受信料の支払いや財とサービスの購入を通した間接的な企業広告費の支出によって，放送事業の経営を支えている。また，視聴者のその時々の状況は，新番組開発と番組編成に直接的あるいは間接的な影響を与えている。視聴者の状況のうち，最も重視されるのは，視聴者の日常の行動，需要や好み，予想される視聴者数と属性，視聴形態などである。なかでも視聴者数の参照度は高く，現在唯一の調査企業であるビデオリサーチが公表している視聴率が一般的に利用される。これについては，世帯視聴率であることの限界や民間放送の視聴率至上主義を誘引するなどの弊害が指摘されているが，ほかに視聴者を数量化できる有効な指標がないのが現状である。また，視聴者がどんな状態でどのように番組を視聴するかという視聴態様や視聴形態も，番組の形式と編成を決める重要な要素となっている。特に2000年以降民放テレビ局で製作費が比較的廉価な情報系の長時間番組が顕著に増加した背景には，広告費の減少に対応した番組製作費の削減だけでなく，受像機をつけたままにして興味が向いた時だけ見るという「つまみ食い的視聴」と呼ばれる視聴形態の増加があると指摘されている。

1. 高視聴率番組の減少と長時間視聴の定着

　最近のテレビ放送の視聴状況は，高視聴率番組の減少と長時間視聴の定着という一見矛盾するような現象に集約的に現れている。このうち前者については，ビデオリサーチの「NHKの連続テレビ小説」(1961.4～，朝8時台に1年あるいは半年間放送) の平均視聴率の推移が示唆に富んでいる。ビデオリサーチの調査は，関東地区を対象にしたもので，第4作の『うず潮』(1964.4～65.3) が最初であるが，1980年代までは『おしん』(1983.4～84.3) の52.6％を頂点にいずれも30％台から40％台の高い視聴率を記録している。しかし，1990年代後半ごろから20％台に低下し，2003年以降は13％から19％の間を低迷している。こうした傾向は，ゴールデンタイム (午後7時～10時) に放送されたバラエティ番組についても見られる。ビデオリサーチが調査した1977年秋以降の関東地区の「芸能・バラエティ高世帯視聴率番組」では，高視聴率を獲得した15番組のうち，1980年代の番組が半分以上の8番組を占め，その後は年代を追うごとに番組数も視聴率も低下傾向にある。この現象は，テレビ放送視聴以外の娯楽や情報取得手段の多様化と，1980年代以降進展した家庭における複数のテレビ受像機保有による番組視聴の分散化が主な要因となっていると思われる。

　一方，テレビ放送の平均視聴時間については，NHK放送文化研究所が1960年以来5年ごとに実施している10歳以上の男女1万人以上を対象とした「国民生活時間調査」が長時間視聴の定着を裏付けている。これによると1日平均のテレビ放送視聴時間は，1970年に3時間を超えて以来，85年の2時間59分を除いて際立った変動もなく各年ともに3時間を上回り，2005年には最長の3時間39分を記録している。これを年代別に見ると，男女ともに年代が上がるに従って視聴時間が増加しているのがわかる。10代から40代までがいずれも2時間台であるのに対し，50代が3時間台，60代で4時間台，70代が5時間台に増えている。最短の20代男性と最長の70代男性とでは3時間を超える差がある (表1－3参照)。この傾向から，テレビ放送の長時間視聴の定着は人口の高齢化が原因になっていると考えられる。一方，指摘されている若年層のテレビ離れは視聴時間だけで説明するには根拠が乏しい。

表1-3　年代別テレビ放送平均視聴時間

（1日平均，2005年）

年代	男性	女性
10代	2時間25分	2時間25分
20代	2時間21分	2時間42分
30代	2時間31分	2時間53分
40代	2時間49分	3時間32分
50代	3時間26分	3時間56分
60代	4時間27分	4時間42分
70歳以上	5時間37分	5時間34分
平均	3時間27分	

出典）「NHK国民生活時間調査」より作成

2．テレビ視聴とメディア状況の変化

　最近のテレビ放送の視聴の変化には，視聴率や視聴時間という量だけでは測りきれない質的な要素，すなわちテレビ放送の見方が関係していると思われる。テレビ放送の見方は，視聴態様と視聴形態のふたつの要素から構成される。このうち，視聴形態は，家族や友人らほかの人と一緒に番組を見るか，あるいは一人で見るかによって，「家族視聴」（あるいは「共同視聴」）と「個人視聴」に概括できる。また，もうひとつの要素である視聴形態は，番組を放送時間に合わせて視聴するか録画して視聴するかによって「生視聴」と「録画視聴」，ほかの作業をしながら視聴するか専念して視聴するかによって「ながら視聴」と「専念視聴」，およびそれらの組み合わせに大別される。こうした視聴態様や形態の様相は，家族関係や年代などによって違いはあるものの，日常生活におけるテレビ放送の位置づけや録画機器の普及などによって，この30年余りで著しく変わってきた。特に2000年代以降の変化は顕著で，NHK放送文化研究所が2002年1月に東京近郊30キロの1,600世帯を対象に行った「家族の中のテレビ放送」調査では，個人視聴が大勢を占め，テレビ受像機を「つけたたまにして何となく見ている」あるいは「ツボにはまると見る」という新しい視聴形態の増加が認められた。もちろん従来からの「専念視聴」や「ながら視聴」は強固に存続しているが，その一方で「何となく視聴」や「つまみ食い的視聴」

が出現しているのである。この背景のひとつには，多メディア・多チャンネル化や24時間放送の実施，さらには放送に近似したサービスの出現などによって，テレビ放送が満ち溢れている状況があると思われる。

　井田（2004）は，こうしたテレビ放送の見方と家族との関係について，興味深い分析をしている。それによると，1953年のテレビ放送開始から2003年までの50年間は，テレビ放送が濃密な家族関係を醸成した第1期（1953～74年），テレビ放送と家族との関係が揺らぎ出した第2期（1975～84年），個別視聴が拡大し"テレビとの団欒"が進行した第3期（1985年～）に分けられる。テレビ放送の普及期に該当する第1期には，一家に一台のテレビ受像機が居間に据えられ，テレビ放送を中心に家族が時間と空間を共有する"テレビ的団欒"が形成されていた。しかし，テレビ放送が成熟する第2期に入ると，視聴者のテレビ放送に対するかつての興味が薄れ，これにレジャーの多様化が重なって視聴時間が減少するとともに，複数のテレビ受像機が家庭に入り込み始めた。そして，テレビ放送は，個別視聴によって家族を分散させる方向と逆に共通の話題を提供して家族関係を繋ぎ留める二つの方向に動き始めた。これが多メディア・多チャネル化が進む第3期になると，家族視聴が減少して個別視聴が増加し，視聴者がひとり孤独にテレビドラマを見てそのなかに家族を見出し"テレビと団欒"するようになったと述べている。

　ここに記されたテレビ放送の視聴態様の変化には，視聴者の家族関係はもとより，テレビ放送の普及の度合いと視聴者を取り巻くメディア状況が深くかかわっている。特に第2期から第3期にかけて進んだ個別視聴の拡大は，家庭における複数のテレビ受像機の保有と放送のチャンネル数の増加が触媒となって促進され，逆に家族関係にも影響を及ぼしたと推測される。

　また，1990年代後半から急速に進んだインターネットの利用は，情報の取得手段と音声映像の配信という放送を代替する機能を備えていることから，特に利用率が高い若年層において，テレビ放送の視聴時間や視聴形態にも影響を与えている。インターネットはまた，情報取得のために積極的行為を必要とし行為者数の正確な把握も可能なことから，不特定多数を対象とする放送よりも

単価あたりの広告効果が高いと見られ，近年では商業放送の収入源である広告費の減少を招く一因とも目されている。そのインターネットの利用人口は，総務省の情報通信利用動向調査によると，2009年度末で9,408万人（人口普及率78.0％），利用率では20歳代が最も高く97.2％，続いて30歳代の96.3％となっている。利用目的では，商品・サービスの購入・取引がパソコンで46.9％，携帯電話で30.1％，デジタルコンテンツの入手・聴取がパソコンで25.3％，携帯電話で29.4％となっている。また，携帯電話の加入契約件数は，電気通信事業者協会の調査によると，2009年度末で1億1,218万件に達している。

　こうした状況から，最近のテレビ放送の視聴に関して，視聴者と視聴形態の分極化とも言うべき様相が浮かび上がってくる。すなわち，インターネットや携帯電話など新しいメディアの利用に消極的でテレビ放送を長時間視聴する高齢者が広範に存在する一方で，新しいメディアは積極的に活用するがテレビ放送はつまみ食い的に利用するという若年層が存在するという分布図である。この後者が最近の若年層のテレビ離れの実相ではないだろうか。

　日本でテレビ放送が始まって約60年。現在のテレビ放送は，経営環境の悪化，視聴者の変容，メディア状況の激変というかつてない時代を生きている。日本の放送は果たしてどこに向かうのであろうか。

（古田　尚輝）

参考文献

NHK放送文化研究所編『日本人の生活時間・2005』日本放送出版協会，2006年

井田美恵子「テレビと家族の50年〜"テレビ的"一家団らんの変遷〜」『NHK放送文化研究所年報2004』日本放送出版協会，2004年

鈴木秀美・山田健太・砂川浩慶編著『放送法を読みとく』商事法務，2009年

総務省編『情報通信白書　平成22年版』ぎょうせい，2010年

吉見俊哉『メディア文化論』有斐閣，2004年

第2章 ニュース報道

　まず新聞のテレビ欄に掲載されている放送番組時刻表を見てみよう。関東広域圏の地上波テレビ放送の番組時刻表では，NHK総合テレビと在京民放キー局5局は，早朝から午前7時台，夕方5時から6時台，夜9時から12時台の3つの時間帯に1時間を超えるニュースを一斉に組んでいる（表2－1参照）。これは定時の番組編成であって，近年は重要なニュースが発生した場合には予定していた番組を変更して随時放送する傾向にある。次にこれらのニュースを実際に視聴すると，情報を瞬時に伝える即時性（あるいは速報性）と視覚に訴える訴求性を重視した伝達様式を採っていることがわかる。ほとんどのニュースがキャスターを起用し，当事者の出演や現場からの中継，さらには模型やパネルを活用したわかりやすさでニュースを伝えている。なぜテレビニュースは

表2－1　各放送局の主なニュース（関東広域圏地上波テレビ局，2010年4月）

放送局／時間帯	朝	夕方	夜
NHK総合テレビ	『NHKニュースおはよう日本』 04:30～08:00	『NHKニュース7』 19:00～19:30	『ニュースウォッチ9』 21:00～22:00
日本テレビ	『ズームインSUPER』 05:20～08:00	『news every』 16:53～19:00	『NEWS ZERO』 22:54～23:58
TBS	『みのもんた　朝ズバ！』 05:30～08:30	『Nスタ』 16:53～19:00	『NEWS23X』 22:54～23:45
フジテレビ	『めざましテレビ』 05:25～08:00	『FNNスーパーニュース』 16:53～19:00	『ニュースJapan』 23:30～23:55
テレビ朝日	『やじうまプラス』 05:25～08:00	『スーパーJチャンネル』 16:53～19:00	『報道ステーション』 21:54～23:10
テレビ東京			『ワールドビジネスサテライト』 23:00～23:58

出典）各放送局の放送番組時刻表をもとに作成

現在のような編成と様式を採るようになったのだろうか。

　元来，報道（information）は，教育（education）と娯楽（entertainment）と並んで，ラジオ放送の開始当初から放送の主要な要素であった。なかでもニュースは，放送が新しいメディアであったがゆえに，幾多の制約と課題に直面した。第1は新聞を中心とした既存の活字メディアとの相克，第2は放送事項や内容に関する政府の規制，第3は独自の要員と機材を配した取材から放送までの体制の整備，第4はニュースの価値判断とメディアの特性を活かした伝達様式の確立である。ニュースはこれらの制約と課題をどのように克服して現在に至ったのだろうか。この章では，放送によるニュースの生成過程を歴史的文脈のなかでとらえ，そのことを通して現在のテレビニュースの特徴と課題を考察することにする。

第1節　活字メディアとの相克と放送の即時性

1．取材源の依存

　1920（大正9）年11月2日，世界で初めて定期的なラジオ放送を開始したアメリカ・ピッツバーグの放送局KDKAは，ハーディングスとコックスの両候補が争った大統領選挙の開票結果のニュースから放送を始めた。開票結果は地元の新聞ピッツバーグ・ポストから電話でKDKAに伝えられた。その2年後の1922年11月14日に放送を始めたイギリスのBBC（British Broadcasting Company, 1927年1月に現在のBritish Broadcasting Corporationに改組）も，通信社から提供された翌日の総選挙に関するニュースが最初の放送であった。一方，日本では1925（大正14）年3月22日に社団法人東京放送局が放送を開始したが，その日の放送は開局式典，音楽，それにニュースであった。ニュースは，読売・東京日日・東京毎夕の三新聞社が提供し，午前11時30分，午後1時30分，午後7時にそれぞれ10分程度放送された（表2-2参照）。

　これらの史実は，第1にラジオ放送のニュースが即時性というメディアの特性に依拠して出発したこと，第2ににもかかわらず放送局は独自の取材源を持

表2-2　放送局開局日のニュース

放送局	アメリカ　KDKA	イギリス　BBC	日本　東京放送局
開局日	1920.11.2	1922.11.14	1925.3.22
ニュース	大統領選挙の開票結果	翌日の総選挙	当日の主なニュース
	『Pittsburgh Post』提供	通信社提供	新聞社提供

出典）『20世紀放送史』などをもとに作成

たず既存の活字メディアに依存してニュースを始めたことを示している。ニュース報道でそれまで独占的な地位を享受してきた新聞社や通信社は，放送が自らの産業基盤を揺るがしかねないと警戒し，さまざまな制約を課して参入を阻害した。このため，放送局が独自の取材源に基づいてニュースを放送するのは，どの国でもかなり後のことであった。

社団法人東京放送局のニュースは，新聞社9社と通信社2社が交互に無償でニュースを提供して実施された。東京に続いて1925年6月に放送を開始した社団法人大阪放送局は新聞社2社と通信社1社からの無償提供ニュース，同年7月に開局した社団法人名古屋放送局は新聞社2社の無償提供ニュースと通信社1社から購入したニュースを放送した。その1年後の1926（大正15）年8月には通信省の主導で三放送局が合体して社団法人日本放送協会（以後，協会と記す。NHKという呼称が使われ始めたのは1946年3月なのでそれ以降はNHKと記す）が設立され，翌1927年には熊本・広島・仙台・札幌に放送局が開局し全国放送網がほぼ完成した。しかし，ニュースは，放送局の所在地の新聞社や通信社が特ダネを避け全国放送に値しない平凡なニュースしか提供しなかったため，各放送局管内のローカル放送に止まった。

その後，協会の東京中央放送局は，ニュースの自主性と全国放送の必要性を理由に，1930（昭和5）年11月1日から「放送局編集ニュース」を始めた。これは通信社の日本新聞聯合（聯合）と日本電報通信社（電通）と契約してニュースを購入し，報道部員が独自の判断で取捨選択しラジオ放送向きに書き直して全国放送するものであった。取材源は通信社に依存していたものの，協会はようやくニュースの編集権を獲得したのである。

2．2.26事件の放送

　一方，ラジオニュースの即時性は，まず1931年9月18日夜に起こった満州事変で発揮された。東京中央放送局は，翌19日午前7時前に臨時ニュースで事変の勃発を初めて伝え，以後9月中に事変関係の臨時ニュースを計17回，1時間5分放送した。これに対して新聞・通信社の幹部から成る二十一日会は，10月末に協会に対して臨時ニュースを中止するように申し入れた。協会は，ラジオ放送で重大なニュースが放送されれば新聞でその詳細を知ろうとする読者心理が働くとして新聞社側を説得する一方で，放送局編集ニュースの1日の放送時間を短縮すると譲歩した。しかし，臨時ニュースについては何の取り決めもされず，ニュース時間の短縮も結局は実施されなかった。

　ラジオニュースの即時性は，その後も1932年5月の5.15事件，さらには1936年2月の2.26事件で広く認知された。2.26事件では，事件発生翌日の27日に東京市に戒厳令が布かれ，28日には協会は戒厳司令部の要請で司令部にアナウンサーや技術者らを派遣し，マイクロフォンを設置して司令部から放送する体制を整えた。この間，ラジオ放送は27日に戒厳令の施行や高橋是清蔵相の死去などを臨時ニュースで伝えたが，28日は通常通りの番組を放送した。そして，29日に決起部隊に原隊復帰を命ずる天皇の奉勅命令が発せられると，協会は定時番組をすべて中止して，終日，事件に関するニュースだけを放送した。定時ニュースは4回，臨時ニュースは23回を数えた。とりわけ，中村茂アナウンサーが読み上げた香椎浩平戒厳令司令官名の「兵に告ぐ」の放送は決起部隊の投降を促すうえで重要な役割を果たした。新聞社はラジオ受信機を編集室に置き，戒厳令司令部から直接放送される臨時ニュースを主な取材源に紙面を埋めた。2.26事件は放送が非常時に発揮する機能と効力を広く認識させた。しかし，戦前の日本のラジオ放送は，国民に新たな娯楽や教育の機会を提供し文化の均等化を促進する一方で，当初から政府の監督と規制のもとに検閲を経て実施されていたため，国策の遂行に寄与する性格が強いものであった。

第2節　検閲から表現の自由へ

1．逓信省による検閲

　日本の放送は，私企業による商業放送として始まったアメリカとは異なり，イギリスに類似したかたちで，逓信省の主導のもとに設立された社団法人による公益事業として始まった。逓信省は，その後，1926 年の東京・大阪・名古屋の三放送局合同による日本放送協会の発足や 1934 年の協会の組織改正を通じて，権限と人事の両面から放送事業に対する監督と規制を強めた。

　逓信省は，放送内容についても，1925 年 5 月に電務局長名で東京・大阪・名古屋の逓信局長宛に出した通達で，放送禁止事項とその他の遵守事項を事細かに定めた。放送禁止事項には，新聞紙法（1909 年公布）や出版法（1893 年公布）が掲載を禁じている事項，たとえば「安寧秩序を害し，または風俗を乱す事項」「外交または軍事の機密に属する事項」などがすべて含まれていた。また放送局の遵守事項として，「放送事項については……報道事業に知識経験のある責任者を置いて慎重に判断すること」「禁止事項に該当する疑いのあるもの…その他放送に適するかどうか疑義のあるものについては，必ず事前に逓信局の指揮を受けること」「逓信局が中止を命じたときは，直ちに電源を遮断すること」などの規定を設けた（表 2-3 参照）。そして，所轄の逓信局に放送監督官を置き，放送原稿を事前に検閲し，放送中の番組を聴取して監視した。電源の遮断は，1931 年度と 32 年度には東京中央放送局で 40 回あったという。そのなかには，放送の内容が宣伝と認められたのが 18 例，政治批判とされたものが 3 例，軍事行動に関するものが 2 例あった（『20 世紀放送史』上巻，p. 44）。

2．GHQ による検閲の継続

　放送の検閲は，第二次世界大戦の終戦を機に，今度は日本を占領した GHQ（連合国軍最高司令官総司令部）の CCD（Civil Censorship Detachment：民間検閲支隊）が実施することとなった。GHQ は，1945（昭和 20）年 9 月 10 日に 5 項目の「言論及新聞ノ自由ニ関スル覚書」を発表した。この覚書は，日本の将来に

表2−3　逓信省の検閲と放送法による表現の自由の保障

逓信省の検閲	放送法
電務局長通達　1925.5.22	1950.6.1 施行
第1(1)「放送スヘカラサルコト」 　　（新聞紙法と出版法の禁止事項） 第1(2)〜(5) 「放送事項ニ付イテハ…報道事業ニ関シ知識経験アル常任者ヲ定メ慎重ナル判断ヲ為スヘキコト」 「禁止事項ニ該当スル疑アルモノ…ソノ他放送ノ適否ニ付疑義アルモノハ必ス放送前ニ所轄通信局長ノ指揮ヲ受クヘキコト」 「プログラムヲ変更シ突発ノ事件ヲ放送セムトスルトキハ総テ所轄通信局長ノ許可ヲ受クヘキコト」 「所轄通信局長ニ於テ放送ノ中止ヲ命シタルトキハ直ニ電源ヲ遮断スヘキコト」	第1条三（目的） 「放送の不偏不党，真実及び自律を保障することによって，放送による表現の自由を確保すること」 第3条（放送番組編集の自由） 「放送番組は，法律に定める権限に基く場合でなければ，何人からも干渉され，又は規律されることがない」 第44条3（放送番組の編集の基準） 「公安を害しないこと」 「政治的に公平であること」 「報道は真実をまげないですること」 「意見が対立している問題については，できるだけ多くの角度から論点を明らかにすること」

出典）『20世紀放送史　資料編』をもとに作成

　関する自由な言論活動を奨励する一方で，公表されない連合国軍の動静に関する報道や連合国に対する破壊的な批評などを禁止するという二面性をもっていた。また，ラジオ放送については，当分の間，ニュース，音楽番組，娯楽番組を主体とし，ニュース・解説・情報番組は東京放送局から送出すると記していた。これに準拠して，CCDは東京・内幸町にあった協会の放送会館3階を接収して，9月13日から検閲を開始した。

　GHQはまた，9月19日の「日本ニ与フル新聞準則」（通称プレス・コード）に続いて9月22日に「日本ニ与フル放送準則」（通称ラジオ・コード）を公表した。放送準則は，前述した覚書に示された検閲の方針を報道放送・慰安番組・情報および教養番組・広告番組について具体化したものであった。そのうち報道放送（ニュース）に関する準則は11項目に及び，「報道放送ハ厳重真実ニ即応セザルベカラズ」「公共ノ安寧ヲ乱スガ如キ事項ハ放送スベカラズ」「事実ニ即シタルモノタルベク且完全ニ編輯上ノ意見ヲ払拭セルモノタルベシ」などと定めていた。また，連合国軍の動静と連合国に対する批判等については，

先の覚書の内容が盛り込まれていた。

　CCDの検閲は東京だけでなく地方の放送局の放送にも及んだ。すべてのニュースと番組について日本語で2通，英語で1通の原稿が提出され，パス・一部削除・全文禁止・保留という4種類の検閲結果が示された。たとえば1945年9月25日までに713本の放送原稿が検閲され，5本が全文禁止，76本が一部削除になったという。また，具体例として「マッカーサー元帥は日本政府の組閣には干渉しない」はパス，「組閣には米政府および極東委員会の承認が必要」は禁止，広島市長選挙で原子爆弾の投下に言及した候補者の発言は削除された（『20世紀放送史』上巻p.203）。CCDは1947年8月1日まで事前検閲を実施し，以後は事後検閲に移り，1949年10月に検閲を廃止した。

3．放送法による表現の自由の保障

　放送開始以来25年近く続いた検閲が終わり放送による表現の自由が保障されたのは，1950（昭和25）年6月1日に施行された放送法によってであった。放送法は，第一条二でこの法律の目的として「放送の不偏不党，真実及び自律を保障することによって，放送による表現の自由を確保すること」と定め，第3条で「放送番組は，法律に定める権限に基く場合でなければ，何人からも干渉され，又は規律されることがない」と規定した。そして第44条3では，放送番組の編集の基準として「公安を害しないこと」「政治的に公平であること」「報道は真実をまげないですること」「意見が対立している問題については，できるだけ多くの角度から論点を明らかにすること」の4点を掲げた（表2－3参照）。放送法は，放送による表現の自由を初めて保障したばかりでなく，社団法人日本放送協会を解散してこの法律に基づく特殊法人日本放送協会を設立し，併せて商業放送を実施する一般放送事業者（民間放送）を認めた点において，画期的なものであった。

第3節　ラジオニュースからテレビニュースへの転換

1．放送記者による自主取材の開始

　それまで通信社に取材源を頼っていたNHKが自主取材を目指して初めて記者を採用したのは，1946年4月であった。400人を超す応募者のなかから女性4人を含めて26人が選ばれた。職名は「放送記者」であった。未知の職域であったため，新聞の取材法，原稿の書き方，編集方針を見習って出発した。しかし，取材現場では新聞社の壁が厚く，官公庁の記者クラブへの加入も容易ではなかった。NHKはこの年12月に再び記者を採った後，4年近く採用を中止し，1950年度から本格的に定期採用を始めた。そして，1953年度までの短期間に「新聞に追いつけ追い越せ」を目標に取材・報道体制を拡充した。1953年度には記者の数は地方局も含めて200人を超えた。その背景には，朝鮮戦争の勃発や対日講和条約の調印などニュースに対する需要が増加したことと，放送法によって1951年9月以降開局した民放ラジオ局が新聞社提供のニュースを放送し始めたことがあった。しかし，民放ラジオ局もかつての協会と同様にやがて新聞社提供ニュースの限界を知り，今度は「新聞とNHKの壁を破る」ことを目標に自主取材の道を歩むことになる。

　その後，NHKは1953（昭和28）年2月1日にNHK東京テレビジョン局を開局し，定期的なテレビ放送を始めた。しかし，当時はラジオ放送の全盛期にあたり，NHKのラジオ放送受信契約が1952年度末で約1,054万件，58年度末に最高の約1,461万件に達したのに対して，テレビ放送受信契約は52年度末が僅か1,485件，58年度末でようやく約198万件であった。このため，新参のテレビニュースは，既に確立していたラジオニュースの価値判断と組織の壁に直面することになる。

2．"絵になるニュース"から総合編集ニュースへ

　その過程で，初期にはフィルムの有無を基にした二種類のテレビニュースが並存した。NHKは，テレビ放送開始から1954年6月半ばまでの1年4ヵ月余

り,『映画』(12:00〜12:20) でフィルムニュース,『ニュース』(19:20〜19:25) でフィルムのない「パターンニュース」を放送した。「パターンニュース」は,厚紙のパターンにニュース項目や内容の要約を手書きしたり地図・図表・共同通信社の写真などを貼り付けてスタジオカメラで写し,その背後でアナウンサーがラジオニュースの原稿を読み上げるものであった。一方,『映画』で放送されたフィルムニュースは,当初は内外の映画会社が製作したニュース映画と日本映画新社(日映新社)から購入したフィルムニュースを編集した「NHK テレビニュース」であった。やがて NHK のカメラマンによる自主取材が軌道に乗ると,1953年5月から『映画』の枠内で「NHK 特集ニュース」を始め,6ヵ月後に定時の『映画ニュース』として独立させた。その後 NHK は 1954年6月半ばに『映画ニュース』を廃止し,ニュースはすべて『ニュース』に統一してフィルムニュースとパターンニュースを併用して放送した(図2-1参照)。

そして 1960 年 4 月から,"総合編集"に基づく本格的な『NHK きょうのニュース』(〜1972 年 3 月,22:00〜22:20) を開始した。総合編集とは,従来のテレビニュースがともすれば"絵(映像)になる"ニュースを重視し映像に馴染ま

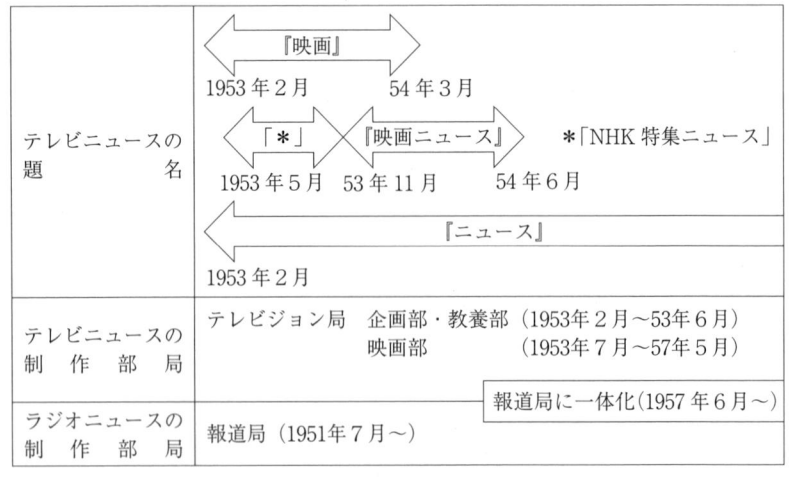

出典)『ラジオ年鑑』『NHK 年鑑』などをもとに作成

図2-1　NHKのテレビニュースと制作部局

ない政治・経済などの重要なニュースを軽視しがちであったのを改め，フィルムの有無を問わずにニュース価値を基準にニュースを編集する方針であった。このことは，新聞を手本としたラジオニュースの編集方針，具体的には政治・経済・社会と整然と項目を並べアナウンサーが端正に読み込むニュースを基本的に踏襲することを意味していた。その一方で『きょうのニュース』は，初めてアナウンサーが画面に顔を出してニュースを伝え，スタジオにニュースの当事者を招き，写真や図表を使って記者が解説するなどの新しい演出を採用した。

3．組織の壁と体制の未整備

　テレビニュースが曲折を辿った背景には，メディア別に分かれた NHK の組織と，テレビニュースの放送に必要な撮影・現像・編集・送出という流れ作業を実施する体制の未整備があった。NHK はテレビ放送開始と同時に編成局のなかにテレビジョン局を新設し，5ヵ月後の 1953 年 7 月には編成局を改組してラジオ局を設け，メディア別にラジオ局とテレビジョン局が並立する体制とした。記者はラジオ局のなかの報道局に所属してラジオ放送用のニュースを書き，テレビニュースには関わらなかった。一方，カメラマン，フィルム編集者，それにラジオ原稿をテレビ放送用に書き直す職種のコメントはテレビジョン局に属し，独自の取材源を持たずに報道局の記者が書くラジオニュースの原稿をもとにテレビニュースを制作した。ニュースはあくまでラジオ放送が基本で，記者が属する報道局が主導権を握っていた。これが転換するのは 1957 年 6 月の組織改正で，NHK はこの改正でテレビジョン局とラジオ局を廃止し，番組の種類ごとに教育局，芸能局，報道局，国際局を設け，ラジオとテレビの放送を一体的に実施する体制とした。これによって，テレビジョン局に所属していたニュース要員をそっくり報道局に移行し，報道局は従来のラジオ放送だけでなくテレビ放送のニュースも担当することとなった。NHK のテレビニュースは，放送開始から 4 年余り経てようやく取材源を持ち，取材から放送までの一貫体制を整えたのである。しかし，テレビニュースの放送に必要な撮影から送出までの体制の整備にはさらに時間を要した。

NHKはテレビ放送開始直前にニュースには劇場用の36ミリではなく16ミリフィルムを使用することを決めたが、カメラマン2人とフィルム編集者1人は日映新社からの移籍に頼った。また、現像は横浜・神奈川区にあった横浜シネマ（現在の横シネD.I.A）に委託し、東京・内幸町の放送会館と横浜とを自動車で往復してフィルムを運んだ。カメラマンは東京で増員するとともに、1956年1月までに大阪・名古屋・札幌・仙台・広島・松山の各中央放送局に少なくても1人を配し、同時にフィルム編集とコメントの配置も進めた。また、現像機・プリンター・編集室を備えたラボも、1957年2月に大阪、10月に東京に完成し、ほかの中央放送局にも1960年3月までに整備された。これによって、各局とも自局で取材したフィルムのローカル放送はもとより、マイクロ回線網によって全国放送も可能になった。このようにNHKのテレビニュースの撮影から送出までの体制の整備と全国放送の実施、それに総合編集方針の確立は、1960年に入ってようやく一応の完成を見たのである。

4．ニュースの分水嶺

　一方、最初の民放テレビ局の日本テレビのニュースは、NHKとは異なる特徴を持つものとなった。その原因は、日本テレビがラジオ放送を行わずテレビ放送だけ実施したことと、三大新聞社が出資していたことにあった。日本テレビも1953年8月28日の放送開始から『ニュース』を始めたが、最初からフィルムニュースを主体にしていた。これには、日本テレビが独自に製作する『NTVニュース』と、新聞三社が製作する35ミリの「三社ニュース」（『朝日テレビニュース』『毎日テレビニュース』『読売テレビニュース』を1日交代で放送）があった。このうちの『NTVニュース』は、フィルムニュースの特性を活かして"絵にならないもの"を除外して編集した。この点は、NHKがニュース価値を重視するラジオニュースの編集方針を踏襲してそのために画面作りに苦しんだのとは違っている。また、カメラマンこそ当初は編成局映画班に所属していたものの、『NTVニュース』は編成局報道部（1959年10月〜報道局）が担当し、取材から放送までの一貫体制が当初からほぼ確立していた。しかし、ニュースの全

国取材と放送には，地方の系列局を結ぶ全国ネットワークが必要であった。そのためのニュース交換のネットワークNNN（Nippon News Network）は，日本テレビをキー局として地方民放局18社の間で1966年4月に発足した。一方，ラジオ東京テレビ（KRT，1960年11月TBSに改称）の系列局は逸早く1959年8月にJNNを，フジテレビの系列局は日本テレビにやや遅れて1966年10月にFNNを，日本教育テレビ（NET，1977年4月テレビ朝日に改称）の系列局はやや遅れて1970年1月にANNを結成した。こうして民放テレビ局も，1950年代末から在京キー局の系列ネットワークによって，ニュースの全国取材と放送の体制を構築した。

テレビニュースの威力が広く認知されるのは，NHKと民放がともにテレビニュースの全国放送の体制を整えた時期にほぼ一致している。それを誘導したのは，1959年4月の皇太子（現在の天皇）ご成婚を契機としたテレビ放送局の全国的な開局と受像機の爆発的な普及，それに翌1960年4月から6月にかけての日米安全保障条約改定をめぐる国論を二分した政治状況であった。テレビニュースは，ご成婚では庶民出身の美智子妃の清楚な姿と伝統的な皇室の儀式を初めて画面に写し出し，安保改定では緊迫した国会の状況やデモ隊の激しい反対運動を生々しく伝え，活字メディアにもラジオニュースにも勝る現実性と訴求力を強く印象付けた。これがひとつの分水嶺となって，ラジオニュースからテレビニュースへの転換が急速に進んだと考えられる。

第4節　テレビニュースの革新

1．衛星中継とENG

1960年代以降のテレビニュースが直面した課題は，第1に伝送技術と撮影機材，第2にニュース編成のあり方，第3にニュースの価値判断とメディアの特性を活かした伝達様式の確立であった。

このうち第1の伝送技術の進歩は，1970年代以降に衛星中継の日常化となって現れた。衛星中継は，1963年11月22日に起こったケネディ大統領暗殺

のニュースをアメリカから伝えたのが最初であった。その後，地球の自転に合わせて一定の軌道を回る通信衛星が打ち上げられ，翌1964年10月にはこの静止軌道衛星を使って東京オリンピックの映像がオリンピック史上初めて海外に伝送された。さらに1969年7月にはアポロ11号の月面着陸が宇宙から中継され，衛星中継は1970年代には日常化した。これに，国際的な事象が日本に与える影響や経済成長による日本の国際的な地位の上昇が加わって，テレビニュースにおける国際ニュースの比重が徐々に高まった。さらに1990年代に入ると，取材現場から後述するENGを使って通信衛星に直接伝送するSNG（Satellite New Gathering）が開発され，2003年のイラク戦争では携帯型の衛星伝送機材を使って「戦争を中継」することも可能になった。

　一方，撮影機材については，テレビニュースは当初からフィルムカメラで16ミリフィルムを使って撮影されていたが，1970年代後半からENG（Electric News Gathering）がこれに取って代わった。ENGは小型のビデオカメラと携行型のVTRを組み合わせたシステムで，1972年にアメリカで使用が始まり，日本では各局が1975年秋の昭和天皇の訪米の取材から一斉に導入した。ENGは，フィルムと違って現像時間が不要で録画を消去すれば何度も使用でき，しかも伝送機材を備えれば収録素材の伝送や中継も可能であった。やがてVTRがカメラに組み込まれた一体型が開発されて機材の軽量化が進み，機動性がいっそう増した。こうした伝送技術や撮影機器の進歩は，テレビニュースの即時性を増し，取材範囲と取材対象を広げる要因として働いた。

２．あさ間山荘事件の長時間中継

　第2のテレビニュースの編成に関しては，早い時期から視聴者の多い朝・昼・夜の3つの時間帯に定時ニュースが組まれ，基本的に現在まで継承されている。一方，予期しない大事件や重大な災害が生じた場合の臨時ニュースは，重要度に応じて予定の番組を変更して放送するなどの措置を採ってきた。それが極点に達したのは1972年2月のあさ間山荘事件の長時間中継であった。この事件は，2月中旬に世界同時革命を目指す武装集団の連合赤軍の一部が長野県軽井沢の

河合楽器あさ間山荘に人質をとって立て篭もり、警察と対峙した事件であった。警察が山荘を包囲して10日目の2月28日、NHKと民放は警察の機動隊が攻撃を開始した午前10時前後から一斉に中継を始めた。中継は、人質が解放され連合赤軍の幹部5人が逮捕される午後7時前まで10時間近く間断なく続いた。NHKはもとより、民放も定時番組やCMを中止しほかのニュースも短縮して中継にあてた。これが契機となって、その後、重大な事件や災害が発生した際には定時番組を変更して随時放送するニュースの編成が定着した。近年では、1995（平成7）年1月17日の阪神・淡路大震災や2001（平成13）年9月11日のアメリカでの同時多発テロの長時間中継がその典型である。

3.『ニュースセンター9時』と『ニュースステーション』

　第3のニュースの価値判断と伝達様式、すなわちどのニュースを誰がどのように伝えるかは、永続的な課題でもあった。テレビニュースで伝える事項の順番や時間配分は、基本的にラジオニュースとそれが手本とした新聞に長く準拠してきた。最初に政治ニュースが来て、経済、社会、国際と続き、アナウンサーがこれを記者の原稿をもとに伝えるのが、正統的なテレビニュースとされていた。これを最初に変えたのは、TBSの『JNNニュースコープ』（1962年10月～90年4月、18:30～18:50）であった。この番組は、従来のアナウンサーに代えて、共同通信の田英夫、読売新聞の戸川猪佐武、毎日新聞の古谷綱正、朝日新聞の入江徳郎らのジャーナリストを起用したことと、その横に大型映写装置を据えて視覚に訴えるニュースを指向したことで、時代を画する番組であった（表2-4参照）。

　続いて1970年代半ばに登場したNHKの『ニュースセンター9時』（1974年4月～83年3月、21:00～21:40）は、この流れをさらに推し進め、キャスター・ニュースのひとつの典型を示すとともに、時代状況に即したニュースの価値判断にまで踏み込んだ。初代のキャスターを務めた外信部出身の磯村尚徳は、平易な話し言葉で語りかけるようにニュースを伝え、時には特派員としての経験談を挿入して、ニュースに親しみと厚みを加えた。この番組はまた、政治・経

表2－4　代表的なキャスター・ニュース

番組名 放送局	『JNNニュースコープ』 TBS	『ニュースセンター9時』 NHK	『ニュースステーション』 テレビ朝日
放送時間 放送期間	18:30～19:00 1962.10～1990.4	21:00～21:40 1974.4～1983.3	22:00～23:20 1985.10～2004.3
初代キャスター	田英夫，戸川猪佐武	磯村尚徳	久米宏

出典）『20世紀放送史』などをもとに作成

　済・社会と続く従来のニュースの順番を大胆に変え，視聴者が最も知りたいニュースを最初に伝えた。さらに，軽視されていたスポーツや芸能，文化に関するニュースを積極的に採り上げた。ニュースの伝え方では，当事者の一次情報，現場からのリポート，映像の訴求性に徹底して拘った。番組は，職種もニュースに対する考え方も異なる記者・ディレクター・カメラマン・フィルム編集者が参加するプロジェクト方式で制作され，それが新たな発想と企画を生んだ。しかし，こうした革新性は，視聴者の人気とは裏腹に，『NHKきょうのニュース』（1963年4月から19:00～19:25に移行）のニュース判断を正統視する内部の根強い抵抗に遭遇した。

　これに続いて1980年代半ばに放送を開始したテレビ朝日の『ニュースステーション』（1985年10月～2004年3月，22:00～23:20）は，キャスター・ニュースを極端にまで追及した先見的でかつ論議の多い番組であった。その特徴は，第1にキャスターに起用したアナウンサー出身の久米宏の個性・技量・経験に依存する度合いの高い番組であった。久米はしばしば個人的な感想や信条を述べ，それが視聴者の共感を得る一方で反発と批判を招いた。第2にニュースとしては異例に長い1時間を超える最初の番組であった。第3にこの番組に刺激されてTBSとNHKが同様な時間帯にニュースを編成して"ニュース戦争"を招来したばかりでなく，その後のニュースの編成や伝達様式についてひとつのモデルを提供した。このほか，人気が高まるにつれ，政治家の出演が増えていったのも特徴であった。また，"中学生でもわかるニュース"を目指して，難解なニュースを模型や積み木，政治家の人形などを駆使して具体的に伝えた。この番組もまた，『ニュースセンター9時』に似たかたちで，テレビ朝日の局

員に加えて，ニュース番組としては初めて外部プロダクションのオフィス・ツー・ワンが参画して番組を制作し，それが斬新さのひとつの源泉となっていた。

　これらの三番組を経て，テレビニュースは，1時間を超える定時編成，キャスターの起用や当事者の出演，中継の多用，視覚を重視する演出手法など，現在とほぼ同じようなかたちを採るようになった。

第5節　現在のテレビニュースの課題

　現在，テレビニュースは，ニュースを知る手段として最も重用され多大な影響力を持つとされている。しかし，当面する課題も多い。

　第1は，電波という公共財を使用していることに伴う制約への対応である。放送事業は総務省（2001年1月以降，それ以前は郵政省）が交付する免許によって実施され，放送事業者は放送法によって表現の自由を保障される一方で，政治的公平さや報道の真実性，多角的な論点の提示などの番組編集基準の遵守を課せられている。このことを象徴的に示したのが，1999年2月1日に放送された『ニュースステーション』の埼玉県所沢市の野菜のダイオキシン汚染報道をめぐる一連の反応であった。地元農家がこの報道によって野菜の売り上げが減少したとしてテレビ朝日を提訴する一方で，監督官庁の郵政省は報道の一部に疑義があるとの理由でテレビ朝日に内容の確認を要請し，さらに質問書を出して回答を求めた。また衆議院通信委員会は，テレビ朝日の社長を参考人として招致して質疑を行った。テレビ朝日では，キャスターの久米宏が表現に不備があったと番組で謝罪した。こうした動きは，免許制の放送事業が行政や立法に対して脆弱であることを露呈し，ニュース報道にも厳しい基準が課せられていることを改めて浮き彫りにした。

　第2は，現在のニュースの伝達様式に関連する問題である。最近のテレビニュースはキャスターへの依存度が高く，キャスターが放送事項について感想や意見を述べる傾向が以前より増している。また，キャスター以外に複数の専門家らが常時出演してコメントを挟む番組も少なくない。これが視聴者の共感や

反発を生み，視聴率に影響を与えるひとつの要因となっているのも事実である。しかし，キャスターが述べる意見が個人のものなのか，あるいは放送事業者のものなのか，判然としない。また，同様なニュース番組が乱立し同じ題材を集中的に放送している現状では，キャスターの感想や出演者のコメントの累積が視聴者の共感を増幅して，世論を一定方向に向かわせる可能性も排除出来ない。さらに，テレビニュースが政治家や企業などの展開する巧妙なメディア戦略に取り込まれる恐れも指摘されている。

第3は，ニュースの長時間編成が孕む問題である。たとえば2001年9月の同時多発テロの発生や2003年3月のイラク戦争の開戦の時には，これらのニュースが定時番組を変更して長時間にわたって間断なく伝えられた。そして事態に進展がない場合でも以前のニュースが何度も繰り返され，番組が延々と続いた。その半面で，その事象の背景や歴史的意義，分析などが少ない印象を与えた。こうした現象は，テレビニュースは大量の情報を"垂れ流し"にするだけで分析力や洞察力に乏しいという批判を招く一因ともなっている。

このほか，マス・メディア本来の機能とされる議題設定機能を有効に発揮しているのかどうか，さらには新聞に比べて希薄と指摘されている論評性についてどう考えどう対処するのか，現在のテレビニュースにはこれらの課題も問われている。

(古田　尚輝)

参考文献

NHK放送文化研究所編『20世紀放送史　資料編』NHK放送文化研究所，2003年
「NHK報道の記録」刊行委員会『NHK報道の50年』近藤書店，1988年
大石裕・岩田温・藤田真文『現代ニュース論』有斐閣，2000年
筑紫哲也『ニュースキャスター』集英社，2002年
日本放送協会編『20世紀放送史』日本放送出版協会，2001年
古田尚輝『『鉄腕アトム』の時代』世界思想社，2009年

第3章　放送ジャーナリズム

第1節　放送ジャーナリズムを語る困難

　むずかしいテーマが割り振られてきたものだ。僕が皆さんにお話ししなければならないのは「放送ジャーナリズム」についてである。僕がどういう人間であるかと言えば，日本のある民間放送局で，三分の一世紀以上，テレビ報道の現場の仕事ばかりにかかわってきた人間だ。だから，ひょっとして「放送ジャーナリズム」についての何がしかの知見を期待されているのかもしれない。だが，正直に言えば，僕が日常的に仕事をしてきたなかで「放送ジャーナリズム」という言葉を意識しながら働いてきた場面など，そうそう多くはないのだ。たくさんの現場で，夢中で取材にあたってはいたが，「放送ジャーナリズム」としてどうあるべきか，などと考えていては仕事にならないということもあった。けれども，今から振り返ってみると，一つの時代を形作るような事象の大きな流れ・傾向の中で，自分たちが報じたことがらが，社会に対して一定の寄与・貢献をしたかもしれないと思うこともある。「放送ジャーナリズム」とは一体何だろう？　「放送ジャーナリズム」とは何であったのか？　「放送ジャーナリズム」はどのようなものになろうとしているのだろうか？　放送というメディアの分野に興味をもっている若い皆さんのために，これから「放送ジャーナリズム」について，僕も一緒になって考えていきたいと思う。

　冒頭にむずかしいテーマと述べたが，なぜ「放送ジャーナリズム」を語ることがむずかしいのかと言えば，たとえば，僕らメディアのなかで仕事をしている人間のなかには，いまだに「放送はジャーナリズムの担い手ではない」と考えている人たちがいるという特殊な事情があるからだ。新聞や出版といった活

字メディアにいる人々のなかには，テレビ総体の機能をとらえて，放送の主たる機能は，娯楽・慰安の提供であって，ジャーナリズムなんかじゃないだろう，と極論する人々がいる。もう十年以上の前のことだが，僕が担当していた『筑紫哲也 NEWS23』(1989年10月〜2008年3月，TBS）というニュース番組があって，そこに出演するために局にやってきた某新聞社の編集委員氏が「だって，金平さん，テレビは言論機関じゃないよ」と軽く言ってのけられたことがあった。ゲンロンキカン？　テレビ局の中ではなかなか耳にしない言葉だが，このゲンロンキカンがジャーナリズムのことを指しているのだとしたら，彼の言おうとしていたことは「テレビなんかジャーナリズムの担い手ではない」というように解釈できる。そこに新聞記者としての編集委員氏の強い矜持を感じることもできる。けれども，当時，テレビ報道の可能性を『筑紫哲也 NEWS23』のなかで日々実践しているのだという自負を多少とも持っていた僕は，この編集委員氏の言葉にカチンときたものだった。その後，仕事を続けていくうちに，なるほど，あれもメディア内部のヒエラルキー（序列意識）というものかと思うことがしきりだった。日本のメディア内部ではこの序列意識が非常に強い。簡単に言えば，自分たちは偉いんだ，あいつらと一緒にするな！というほどの意識である。その後，僕が海外で暮らし，それぞれの国のメディアのありようを見たとき，さらにその思いを強くしたものだ。だが，僕はこの際，はっきりと言っておきたい。放送も，新聞や出版と同様に，そしてさらにはインターネットを拠点とする新興メディアも，ジャーナリズムの担い手になり得る。そして，現になっている。それは少しでも過去をかえりみれば明らかなことがらである。所属メディアの業種の違いによってジャーナリズムに寄与できる，できないなど分別するのは，メディアにおいてさえ，タコ壺化，集団化の弊害が顕著な日本に特有の旧い思考様式と言える。

第2節　ジャーナリズムの危機下における放送

「放送ジャーナリズム」を語ることがむずかしい理由は，だが，実はそのよ

うな日本特有の旧い思考様式ゆえではない。それは，今という時代にあって，ジャーナリズム総体が根源的な危機に瀕しているなかで，もっとも劣化の激しい，つまりダメになる度合いが最も大きいのが「放送ジャーナリズム」ではないのか，という事情があるからなのだ。戦後ジャーナリズムの歴史のなかで，僕らの先達たちは，確固とした「放送ジャーナリズム」の成果を築き上げてきた。ニュースの報道，ドキュメンタリー作品の制作，より大きな文化創造の一環としてのテレビ・ラジオ番組の制作によって，「放送ジャーナリズム」は確固たる基盤をつくりあげてきたはずだった。その基盤が今揺らいでいるのではないか。大げさに聞こえるかもしれないけれども，僕には「放送ジャーナリズム」が今，自己解体を遂げようとしているようにさえ感じられるのだ。こういう切羽詰まった危機感があるので，「放送ジャーナリズム」を語りにくいという事情がある。それは，「放送ジャーナリズム」がまさに消えかかっているというのに，お前はそれを語っている場合ではないだろう，というほどの意味である。抽象論を言ってもわかりにくいと思うので，今，僕の目の前にある具体的な「放送ジャーナリズム」の激しい劣化の例をあげてみよう。

　例えば，わかりやすさへの盲従と言う現象がある。テレビのニュース番組のなかでさえ，発言をすべてフォローする字幕スーパーを貼りつける。と言うより，過剰に貼りつけまくる。テレビは映像情報と音声情報から成り立っている。そこにおける文字情報の過多は，映像情報に対する人間の想像力を奪う方向に作用する。それを日本のテレビは性懲りもなく繰り返している。例えば，刺激の絶対値への無批判な依存という現象がある。報道番組における効果音や音楽の過剰な使用は，まるでゲームセンターのゲームマシンのような内容をテレビ空間に現出させている。それを制作者たちは，必要な範囲の演出と考えて恥じない。以上のことがらは，放送の単なる「手法」からみた劣化の例だが，最も根源的な劣化は，実は，放送人たちの想像力，構想力の領域において起きている。例えば，「加害者＝悪，被害者＝善」という単純なわかりやすい二項図式への安易な依拠。勧善懲悪という図式のみで事件を報じる姿勢。この世の中で起きていることがらの複雑さを単純化する操作自体の危うさに対する無頓着がテ

レビ報道の今を支配していないか。別の例をあげれば，世論調査の数字を物神化させて，物事の理非を論じるという姿勢。当然のことなのだが，世論調査にあらわれた数値は，世論そのものではないし，世論そのものは移ろいやすく，また誘導されることがある。だがメディアは数値に寄りかかる。テレビ報道に携わる人間たちの想像力が極度に狭く，薄っぺらになっていきていないか。例えば，論評と報道の境界線の曖昧化といった現象がある。論評自体も井戸端会議化し，コメンテーターと呼ばれる一群の人々がテレビを席巻している。皆さんによく考えてもらいたい。彼らコメンテーターとは一体，何者なのか？　彼らがコメントしている出来事と彼ら自身は一体どのような関係があるのか。今ほど，僕たちの目の前を流れているテレビの報道番組と，いわゆるワイドショーの境目が見えなくなっていることはない。なぜ，この世の中で起きている事象を語る人間が，お笑い芸人であったり，スポーツ選手であったり，タレントという日本特有の職業の人々であったりしなければならないのだろうか。さまざまなタイプの人間たちをテレビに登場させるのはいいとしよう。だが，民間放送局，NHKを問わず，横並びでどの局も同じような人々を使っている現象はどうなのだろうか。これは番組制作に携わっている人間たちの想像力の劣化のなせる技ではないのか。

　例えば，政治や経済，文化，芸能，スポーツ，事件，災害を報じる際にはそれぞれの分野相互間での「審級」のようなものがある。「審級」という難しい言葉を使ったのは，他に適当なことばが見当たらないからだ。それはどういうことかと言えば，タレントの草彅剛さんのささいな事件（酒に酔って公園で全裸になって騒いだ出来ごと）をトップニュースで連日報じるようなテレビ報道の「審級」の崩壊であったり，元歌手の酒井法子さんの薬物使用事件のニュースを連日トップ級で報じるような「審級」の崩壊であったりする。「報道のタブロイド化」と呼ばれるこれらの出来ごとに対して，僕らテレビ内部からは，不思議なほどに批判の声があがって来ない。そのこと自体が不気味でさえある。

　このような状況下で「放送ジャーナリズム」を敢えて僕らは考えてみるという困難な作業を試みることになるわけだ。

第3節　放送ジャーナリズムの原点

　戦後の歴史のなかで，ジャーナリズムという言葉を聞いて，僕ら日本人が考えをめぐらす時，決して避けて通れないことがらがある。それは，さきの戦争中に僕らの国のメディアが何をしたのかという事実に向き合うことだ。戦争中に僕らの国のメディアは，戦争遂行という国策に協力するため，国民に真実を報じることをせず，軍の翼賛報道へと突き進んでいった。軍当局の厳しい検閲下にあったとは言いながら，無惨な敗北を「玉砕」と報じ，広島への原爆投下被害を「若干の被害」と報じた。国民に真実を報じなかったために，最後の最後まで「本土決戦」を覚悟せざるを得なかった多くの国民がいた。戦後日本のジャーナリズムは，こうした自らの「敗北」を抱きしめて，戦争宣伝機関と化したことへの真摯な反省をその出発点とした。新聞は言うに及ばず，戦争中のラジオ放送や映画館用に製作されたニュース映画の仕事に携わっていた人々は，二度とこのような過ちを繰り返さないことを誓ったはずだった。それはかたい言葉を使えば，報道機関が国家を相対化する視点をもつべきだという認識に至ったこと，報道機関自らが独立した存在として，市民の「知る権利」のために奉仕すること。この二つのことがらを誓ったのだと僕は思っている。

　もちろん放送もその例外ではない。ラジオ放送は，米占領軍下の民主化政策によって，戦争を勝利に導くための宣伝を主眼とした放送から，国民生活のための情報提供へとその内容が根源的な変化を遂げた。それとともに，朝の出勤・通学前や正午，夕方の定時ニュースが国民の主要情報源となっていった。ラジオ放送は戦後日本の民主化の過程で，非常に大きな役割を果たした。残念ながら戦後世代の僕は，この活き活きとしたラジオ放送のジャーナリズムとしての展開の過程をリアルタイムで経験しているわけではない。例えば，僕がその後聴くことになったあるラジオニュース報道のテープがある。六十年安保をめぐる国民的な運動の盛り上がりを受けて，国会周辺に溢れだした市民・学生のデモ隊と警備にあたる警官隊の衝突を生々しく実況放送したラジオ関東（現ラジオ日本）の放送だ。報道アナウンサーは国会議事堂のすぐ外側で現場レポート

を続けている。

> …（前略）…今，実況放送中ですが，警官隊が私の顔を殴りました。そして首っ玉を捕まえて「お前，何をしているんだ」と言っております。…（中略）…法律も秩序も何もありません。あるのはただ憎しみのみ。…（中略）…暴力です，警官隊のすごい暴力です。これが，日本の現在の情勢です。…（後略）…

このような放送が日本において存在し得た事実を知って，むしろ驚きに近いような感覚を抱いたことを告白しておこう。皆さんもこのテープを聞いてみたらよいと思う。ラジオ放送がこのようなことを実践していた時代があったことを知っておいた方がいい。それらの放送は，ある意味で，放送局が行っている報道が誰のためのものなのかを雄弁に語っているとも言えるからだ。

第4節　テレビ記者の誕生～映像の情報量の圧倒的な豊かさ～

　日本におけるテレビの放送開始は，NHKが1953年2月から，民間放送も日本テレビが同年8月から放送を開始したのがスタート地点だ。その後のテレビの普及の歴史は皆さんが自身で容易に調べられることがらなのでそうしてほしい。1963年に日本のテレビは1,000万台を突破し，テレビの普及率はあっという間にほぼ百パーセントに達した。テレビの登場はメディアの生態系を大きく変えた。テレビの報道部門に携わる人間は，当初，新聞記者からの転業組やラジオ放送のアナウンス経験者，映画産業など外部からの参入組が多かった。その多くは活字で報道を行っていた人々で，新聞式の原稿をまずつくり，そこに映像（写真やテロップと呼ばれる説明図，そしてもちろんフィルム映像）を貼り付ける作業から始まった。当然，新聞式の書き言葉から放送用の話し言葉への転換がはかられた。だが，まず原稿が作成されることが重要だった。その意味では，テレビのスタート時点では，報道のスタイルは活字が映像よりも優位

に立っていた。だが，その後のテレビの普及とともに，フィルムによる映像，生中継による現場の映像がもつ圧倒的に豊かな情報量が，活字情報の限られた容量をすぐさま追い越してしまうという事態が起きた。これは不可逆的な，後戻りできない種類の変化であった。それがどのような変化なのかを簡単に皆さんに説明してみよう。

　日本の戦後のテレビ史のなかでも特筆すべき事件報道のひとつに，1972年2月のあさま山荘事件の連続生中継報道がある。当時，高校生だった僕は，その延々と続いた生中継放送にくぎ付けになって見ていた一人だった。この生中継放送は，日本の戦後の社会運動に対する多くの国民の理解を根本的に変えてしまった。だが，僕自身は奇妙なことに，その生中継放送をみながら，多くの新聞の掲げていた見出しとは別の醒めた感想を抱いていた。朝日新聞は当時「ひきょうだぞ，連合赤軍」という大見出しを新聞に掲げていた。だが，延々と続いた生中継放送はそれ以上の壮大な何ものかを露出させていた。国からの要請で泣きながら息子たちに投降を呼びかける母親の姿や，鉄球を容赦なく山荘の建物にぶち当てる作戦を視聴者は218時間あまりの籠城劇のなかでみた。それは，無惨，悲惨，不条理といった言葉に近いものだった。「ひきょうだぞ」とは何と陳腐な表現だろう，と当時思ったものだ。映像情報はみている人々にさまざまな想像力を喚起する。もっともこれは皆さんが生まれる前の出来事で，どのような放送が行われたのか，皆さんのなかで実際に見たことがある人はきわめて少ないだろう。ある意味で，活字メディアはあの時にテレビに敗北したのだと僕は思っている。もっと卑近な例をあげてみよう。

　小泉内閣時代，田中真紀子外相が更迭されたことがある（2002年2月）。この過程で田中真紀子氏が当時の与党・自民党から事情聴取された。その後にいわゆる「ぶら下がり」インタビューが行われたことがある。感情の起伏の激しい田中氏は，記者団に対して涙を流しながら「政治家や大臣の言ったよりも…事務次官の言ったことを信じるのなら，…どうぞと…申し上げました」と，途中何度も言葉に詰まりながら語っていた。これだけのことを言うのに数十秒もかかっていた。僕はその様子をテレビ映像でみてから，NHKの正午のニュー

スをみて驚いた。途中，声をつまらせて言葉にならない間（ま）が続いた部分を全部カットしているではないか。新聞の夕刊をみてさらに驚いた。「記者団に涙ながらに訴えた」。これだけである。当時前述のように『筑紫哲也NEW23』の編集長を担当していた僕は，これでは何が実際に起きていたかは伝わらないのに，と思ったものだ。テレビは言葉にならないものを伝えることができる。このことを認識しているかどうかが決定的に重要なのだ。

　テレビという映像メディアのもつこの強大な力の効果と限界を同時に知る世代が，テレビ局の報道部門に登場してきた時こそ，初めて「テレビ記者」という存在が誕生した時なのだと僕は思っている。テレビというメディアの特性を知り，それを駆使していかに報道を展開していくか。そしてそうした実践からすぐれたジャーナリズムへの貢献がいくつも生まれていったのである。さきほど，僕は「放送ジャーナリズム」の原点として「敗戦」という体験をあげた。そこから僕らは，報道機関が，国家を相対化する視点をもつべきこと，報道機関が市民の「知る権利」のために奉仕するべきことを誓ったはずだったと言った。テレビの特性に自覚的な制作者たちが，そこでどのような仕事を成し遂げていったのだろうか。以下，国家の犯す最も大きな愚行のひとつ，戦争をめぐって，どのような報道がなされてきたか，さらには，市民の「知る権利」において最も優先度の高い情報のひとつ，災害をめぐって，どのような報道がなされてきたのか，さらには，事件報道の功罪はどのようなものがあったか，について，僕が経験上知る範囲で順次述べていくことにしたい。

第5節　放送は戦争を止められたか？

　戦争は今現在も，ジャーナリズムに関わる者にとっては最大のテーマだと僕は思っている。戦後ジャーナリズムの出発点が先に記したように「敗戦」体験を起点としている以上，戦争をいかに止めるか，避けるかは今現在も大きなテーマであり続けている。考えてもみよう。日本は非戦をうたった憲法を持っている国である。テレビは戦争をどのように描いてきたのだろうか。あるいは描

き損ねてきたのだろうか。僕のテレビの世界での先輩で，NHK でドキュメンタリー制作に関わってこられた桜井均氏の著書『テレビは戦争をどう描いてきたか』（岩波書店，2005 年）は，皆さんのためのよいガイドブックとなるだろう。桜井氏は同書のあとがきで，こんなふうに述べていた。「この国のジャーナリストや言論機関を，自らが権力の監視役になることに対するシニシズム（冷笑的な態度）が覆っているように見える。これは，おそらく『世界の非常識』に分類されることがらである。ジャーナリズムはその時代とシンクロしてなにごとかを社会に発信する言語の総体であるから，大なり小なり時代を反映し，時代に同期（シンクロ）してきた。それにつけても，かつてはこうも言えたことが，今では再びその言説を持ち出すだけで，時代錯誤の烙印を押されかねないことに，不思議の感を抱くのは筆者だけであろうか」。僕もこの感覚を共有する者のひとりである。

　第 2 次世界大戦後，いくつもの戦争を引き起こしてきた国家に，アメリカがある。ベトナム戦争において，日本の米軍基地は，ベトナムへの出撃基地，後方基地としてフル稼働した。その意味では，日本政府はアメリカとともにベトナム戦争の「当事者」に名を連ねていたと言っても過言ではない。この戦争に対しては世界的な規模で広汎な反戦運動が起きた。アメリカのメディアも当時はベトナムの戦場取材に積極的に出向いて戦況を報じた。アメリカの一般家庭の茶の間に，テレビを通じて戦場の映像がどんどん飛び込んできた。活字メディアも，ソンミ村の虐殺事件を報じるなど，戦争の正当性への疑問を正面から問う記事が相次いだ。ニューヨークタイムズ紙は，いわゆるペンタゴン・ペーパーと呼ばれる国防総省のベトナム戦争に関する極秘文書を，ダニエル・エルズバーグ博士から入手し，アメリカ政府が国民に対して戦争の真実を語っていないことを暴露した。CBS テレビのイブニングニュースのアンカーマンだったウォルター・クロンカイトは，ベトナムの現地取材を自ら伝える中で「民主主義を擁護すべき立場にあるアメリカ軍には，これ以上の攻勢ではなく，むしろ交渉を求めるものであります」と発言して，戦争の継続に反対する立場を明言した。これがベトナム停戦への大きな引き金になったと言われている。ひる

がえって日本ではどうだったか。TBSのニュースキャスターだった田英夫は，1967年，西側テレビメディアとして初めて北ベトナム現地取材を敢行し，その取材成果は『ハノイ　田英夫の証言』として同局より放送された（1967年10月31日）。だが，この番組に対し当時の自民党政権から偏向しているとクレームがつき，TBS首脳に圧力がかかった末，田はキャスターを降板させられた。これに先立って1965年には日本テレビで放送された牛山純一プロデューサー制作による『南ベトナム海兵大隊戦記』が放送されたが，番組内容が残酷すぎるとの政府圧力で第2回，3回の放映が中止された。総じて，ベトナム戦争では「放送ジャーナリズム」は市民に対し真摯な寄与を試みていたのではなかったか。

　1991年の第1次湾岸戦争では，CNNのピーター・アーネット記者らの取材チームが，国防総省の退去勧告を無視して，空爆を受けるイラクのバグダッドから生中継，つまり被攻撃国からの戦争実況中継を行った。アメリカのホワイトハウスの地下にある戦況管理室（situation room）に詰めていた分析官たちでさえ，このCNNの生放送をみていたというのだから，彼らの報道がいかに「国家を相対化」したものだったかがわかる。活字メディアの記者たちはアーネット記者の放送をみながら原稿を書いていたのだ。この戦争におけるメディアの戦場取材は，国防総省の徹底したコントロールのもとに置かれていた。代表取材によるプレスツアーが組まれて，情報はすべてチェックを受けたため，「パック・ジャーナリズム」などと皮肉られた。それらは，ベトナム戦争での情報管理の「自由さ」に対する反省から国防総省が策定した新戦略である。これでメディア側の批判の牙は大いに鈍った。従軍取材，埋め込み取材（embedded reporting）と呼ばれる取材統制は，以降，国防総省内で研究に研究が重ねられていった。そこで活躍したのは大手広告代理店出身の宣伝のプロたちだった。

　2001年9月11日の同時多発テロ事件以降にアメリカが始めたふたつの戦争は今現在も続いている。イラク戦争とアフガニスタン戦争だ。ふたつの戦争はともにジョージ・W・ブッシュ大統領によって始められた。僕はこの開戦時に，幸か不幸か，アメリカのワシントンで特派員をしていた。その後のアメリカの

主要メディア，特にテレビ・メディアの「翼賛報道」「愛国報道」ぶりに辟易とさせられた記憶がある。主要ネットワークのキャスターたちは迷彩服を身にまとい，自国の戦争を自国の勝利に導く立場から現地に赴いて報道していた。そこには攻撃する側（自国）の視点しかないのだった。さすがにBBCなどヨーロッパのメディアの視点は複眼的であったけれども，攻撃を受けた側からの報道は稀であった。そんななかで，アメリカのメディアに対抗するような形で，中東諸国の視点から，攻撃を受けた側の映像も含めて報道し続けたカウンター・メディアが，中東カタールに拠点をおくアルジャジーラだった。アルジャジーラの報道によって，初めて僕らはイラクやアフガニスタンで空爆の巻き添え被害で多くの死傷者が出ている実態，アメリカ軍の用語を使えば「付随的被害」(collateral damage) がいかに甚大なものかを知ったのである。この戦争の報道において，僕ら日本のメディアは非力だった。外務省の退避勧告に従順に従って，バグダッド陥落時に現場にいた主要メディアの記者はほとんどゼロというありさまだった。そうしたなかでフリーランス記者の綿井健陽は，主要メディアが次々に撤退する中，イラクにとどまり続け現地取材を行った。その取材成果は，彼が制作したドキュメンタリー作品『Little Birds ～イラク 戦火の家族たち』でみることができる。僕自身がこの戦争報道に関わることができたのは，アメリカのワシントンから同国の状況を伝えることがもちろん中心だったが，その他では，折からイラクで起きた邦人人質事件（2004年4月発生）の際の「自己責任論」をキーワードとした自国民バッシングへの異論を紹介することくらいだった。戦争報道は，依然として僕らが関わる「放送ジャーナリズム」の最大のテーマである。

第6節　放送は災害から人々を救ったか？

　災害報道は，市民の「知る権利」に奉仕するという点では，もっとも優先度が高い公共情報である。その際にメディアが果たす役割は極めて大きい。また誤った情報は現場に混乱をもたらし，救援活動にも支障をきたす。いわば市民

の生死がかかった情報と言ってもよい。多くの取材経験に照らしても，地震，台風や大雨，洪水，竜巻などの自然災害，航空機事故や列車事故などの人為的な災害に際して，放送メディアは大きな貢献を果たしてきた。その一方で，必要な情報が伝わらなかったケースもある。

　1995年1月に起きた阪神・淡路大震災では，発生した当日に僕も東京から現地入りして取材にあたった。この震災の取材では多くの記すべきことがあるが，「放送ジャーナリズム」という言葉との関わりから言えば，放送メディアはそれなりの貢献を果たしたのではないだろうか，と考えている。もちろん十分にというわけではない。誤りや欠陥も多くあった。僕がここで皆さんに紹介しておきたいのは，東京のキー局のメディアの取材ではなく，この震災報道で大きな働きをした神戸の地元放送局の活動についてである。ひとつは神戸の人工島，ポートアイランドにある独立UHF局の神戸サンテレビの活動だ。同局は震災に遭ったものの壊滅的な被害には至らなかった。停波は免れたものの，完全な孤立状態のなかで，当時局内周辺にいた10人ほどで震災発生のおよそ2時間後から特別放送を続けた。CM抜きで計6日間，106時間28分にわたる放送だった。ライフライン情報と生活情報を中心に放送は続けられ，視聴者から寄せられる情報を次々に番組に反映させていった。被災者の安否情報，尋ね人の情報，まさに「民の声」が放送に直に反映されていった。もうひとつの局はラジオ局だ。被災地ではラジオが重要な役割を果たした。地域に密着した独立系のラジオ局だったラジオ関西の社屋は，ほぼ全壊の被害にあったが，奇跡的にも，送信用の機材とオンエア・スタジオの一部が使用可能であったことから，大震災発生直後から69時間，ぶっ通しで特別番組を放送し，被災者に情報を送り続けた。もちろんその中には被災者の安否情報や，尋ね人に関する情報も含まれていた。震災に関する放送をみたり聞いたりして全国から続々とボランティアが神戸市にやってきた。こうした現象は，他の国々で大地震発生時に略奪や暴動が起きているケースと比べると，日本という国の市民社会の成熟度を示すものだと思えてくる。メディアを通して，善意の義捐金や寄付金も多く集まった。

台風や水害など緊急の事態に際して，メディアの報じる情報の正確さ，速さ，丁寧さは，まさに人の生死に直接かかわってくる。「放送ジャーナリズム」の一つの柱，公共財としての報道のありようが災害報道には際立って立ち現れてくる。

第7節　放送は，公害・福祉・歴史認識の分野で人々に寄与したか？

　皆さんに「放送ジャーナリズム」との関連で短くとも触れておかなければならないのは，放送メディアのなかで決して派手ではないけれども，長期にわたる地道な調査報道によって社会に深く長く寄与してきた分野があるという事実だ。例えば，日本の高度経済成長期に「発症」した多くの公害被害について，放送メディアはどのような社会的寄与を果たしてきただろうか？　水俣病を例にとって考えてみる。活字を含めた日本のメディアの報道ぶりは，現在では日本のジャーナリズムの水準を推しはかるうえで格好の教科書になっている。皆さんには，熊本日日新聞社の高峰武さんが出した『水俣病小史』（熊本日日新聞社，2008年）や『水俣から未来へ』（岩波書店，2008年）を手にとることをお勧めする。僕たちの国のメディアは，水俣病報道について多くの過ちを犯してきた。と同時に，多くの勇気あるチャレンジも試みられた。現在のNHKでは考えられないことだが，水俣病をめぐっては，僕の記憶のなかに二つのすぐれたNHKドキュメンタリー作品が忘れられずにある。ひとつは『わが内なる"水俣"～告白的医師論～』（1973年3月23日放送）。もう一本は『埋もれた報告～熊本県公文書の語る水俣病～』（1976年12月18日放送）である。ともにNHKアーカイブスに入っているので，皆さんには是非ともご覧になるようにお勧めする。「放送ジャーナリズム」の水準がかつてNHKにおいてここまで到達していた時期があったことの確認にもなる。熊本放送の村上雅通の「記者たちの水俣病」（『マス・コミュニケーション研究』71号，2007年）も同じく，民間放送のジャーナリズムの一つの到達点でもある。

与えられた紙数は越えてしまっているのだが，さらに続けると，例えば，薬害エイズ事件について，厚生省や医学者たちの不作為の連鎖が感染拡大を引き起こしたことを深く鋭く追及したNHKスペシャル『埋もれたエイズ報告』（1994年2月放送）という番組がある。あるいはベビーホテルの悲惨な実態について，キャンペーン報道を長年にわたって続けたテレビ記者がいる。さらには貧困・生活保護行政の人間不在の現実に切り込んで『ネットカフェ難民〜漂流する貧困者たち』（日本テレビ，2007年1月放送）という番組をつくった僕ら放送メディアの仲間たちがいる。ここでは，桜井均や堂本暁子，水島宏明といった名前をあげるだけにとどめておく。さらには，不都合な真実に光をあて，歴史の暗部にあった事実を発掘してきた放送人たちがいた。大島渚の『忘れられた皇軍』（日本テレビ，1963年放送）や，吉永春子の『魔の七三一部隊』（TBS，1975年放送）は，そのなかの到達点の例である。「放送ジャーナリズム」はこのような人々の実践によって確固たる蓄積を残してきているのである。

第8節　放送は何のために事件を報道しているのか？

とっくに紙幅を超えているのに，どうしてもここで敢えて触れておかねばならないことがらは，いわゆる「事件報道の過度な偏重」という日本のメディアの特性だ。皆さんもよくよく考えてみてほしい。ニュース報道は何だって，これほど事件が中心に組み立てられているのだろうか，と。このことは「放送ジャーナリズム」の今後を考える上で非常に大きな示唆を与えてくれると僕は考えている。僕自身，数多くの事件取材をしてきた人間だ。ロッキード事件やオウム真理教事件といった戦後史に残る事件の取材にもたずさわった。けれども今，日本のメディアに対して一定の距離をおいて眺められる視点をもつことができたからだと思うのだが，社会的正義の実現といった本来，司法が担うべき役割をメディアが必要以上に代行していることはないだろうか？　社会的な制裁をメディアがすすんで代行していないだろうか？　僕は2010年の9月に，それまで2年2ヵ月暮らしていたニューヨークから日本に帰国した。日本の放

送メディアから流れるニュースをみて気づいたことがある。犯罪事件の被疑者が女性であるケースで，NHKも民放も「女は…」と表現していることだ。「この際，女はスーパー店内にあった食品を盗んだとして窃盗の現行犯で逮捕されました」とか。僕の記憶では，どこかの近過去で，「女性は」から「女は」へと変わった時点があるのだと思う。放送メディアが制裁的な役割を無自覚のうちに抱え込んでしまったのかもしれない。メディア自身が制裁機関化してしまうことへの危機感はなかなか共有しにくい。だが，若い皆さんは，このメディアの制裁機関化の意味をよくよく考えてみてほしい。

第9節　劣化の底から再生へ〜ある「遺言」〜

　さて，以上，僕は自分自身のテレビ報道とのかかわりから言える範囲の「放送ジャーナリズム」の過去と現在について，拙なさを自覚しながら，縷々お話をしてきたつもりだ。不十分な点も多々あるし，第一ひとりの個人でカバーできる範囲などたかが知れている。皆さんは，もしこれまで僕が話してきたなかで，こころに引っかかるものがあったら，自分の力でそこを掘っていっていただきたい。なぜならば，ジャーナリズムは他人から与えられたものを学習するという性格のものとは対極にあるものだと思うからだ。初めの方で述べたとおり，現在，「放送ジャーナリズム」は劣化の度合いが最もひどい分野だと僕は思っている。瀕死の危機にあるのだ。だからこそ，視聴者や市民からの信頼を回復する作業にやりがいが最もある分野なのだ。市民からの信頼がなければ成り立たない分野が，ジャーナリズムだから。この拙文を閉じるにあたって，僕が，「ああ，この人はジャーナリズムの世界の大きな住人だったな」としみじみ思い返している人物のことについて触れておきたい。それは故・筑紫哲也という人物である。幸いなことに，僕は長年仕事をご一緒させていただいたので，氏の長所も弱点も自分なりに理解してきたつもりだ。けれども氏が18年半にわたって出演し続けてきた『筑紫哲也NEWS23』のテレビ・コラム「多事争論」の最終回（2008年3月28日の放送）で次のようなことがらを同番組の

DNA としてきたことを語った部分は，今もなお「放送ジャーナリズム」に連なる志を持つ者に対する「遺言」のように聞こえるのである。

> …（前略）…力の強いもの，大きな権力に対する監視の役を果たそうとすること。それから，とかくひとつの方向に流れやすいこの国の中で，この傾向はテレビの影響が大きいんですけれども，少数派であることを恐れないこと。多様な意見や立場をなるだけ登場させることで，この社会に自由の気風を保つこと。…（後略）…

（金平　茂紀）

参考文献

桜井均『埋もれたエイズ報告』三省堂，1997 年
桜井均『テレビは戦争をどう描いてきたか　映像と記憶のアーカイブス』岩波書店，2005 年
高峰武『水俣から未来へ』岩波書店，2008 年
高峰武『水俣病小史』熊本日日新聞社，2008 年
筑紫哲也『この「くに」の面影』日本経済新聞出版社，2009 年
日本放送協会編『NHK アーカイブスカタログ』NHK ライツ・アーカイブセンター，2008 年
ヒュー・マイルズ，河野純治訳『アルジャジーラ　報道の戦争』光文社，2005 年
水島宏明『ネットカフェ難民と貧困ニッポン』日本テレビ，2007 年

第4章 時代を記録するドキュメンタリー

第1節　ドキュメンタリーの何に関心がありますか

　あなたが，20歳前後の大学生としよう。ドキュメンタリーの何処に興味を持ちますか。自分で，ドキュメンタリー番組を制作するのに参考にしようというのなら，この章は，全く役立たない。カメラ持参で，すぐ街に出て，自分が興味を持った対象と，無手勝流に格闘することを薦める。ドキュメンタリーの歴史の詳細に興味があるなら，既に幾多の書物が出版されている。

　ここでは，専ら，今がどのような時代であるのか，どのような時代背景を背負って人々は今日を生きているのか。そこに興味を持って，ドキュメンタリーに関心を寄せる諸君と，自分が生まれて此の方，どのような時代を生きながら，自己形成をしてきたか，それを探るのに興味を持つ。そんなあなたに向けて，話を進めよう。

　テレビドキュメンタリーは，この60年間，現場を這いずり回り，人間と時代を記録してきた。それに先立つ写真・映画をふくめ20世紀は映像の世紀とも言われ，膨大な映像ドキュメントが残されている。しかし，視聴覚教育という言葉がありながらも，あなたが，小学校，中学，高校と受けてきた歴史，社会の体系的教育は，文部省の検定を受けた教科書が中心であった。

　一般的に言っての話だが，人間の読解力が最も高いのは，人間の表情と声である。体内にいた時から母の声を聞き，誕生してからも生存の為に，母親を中心に周囲の人間の表情と声の調子を読み解く修練を積んできた。だから，あなたは，映像と音声が記録した人間の営み，周囲の状況（自然を含め）の解読力は，元々高いのだ。自信を持ってよい。"可視化"とは文字の操作から真実を

解放する要求である。供述調書のカラクリを映像と音声で暴くことでもある。人類500万年，ホモサピエンス・サピエンス20万年の歴史の中で，文字の登場はたかだか4,000〜5,000年前，文字が一般化するのはせいぜい400〜500年前である。それまでの人類の大部分は，話し言葉を中心に，視覚と聴覚と嗅覚を総動員してコミュニュケーションを図ってきた。古代エジプトでは，文字を取り扱う書記は，その仕事を独占するために，ヒエログリフを意識的により難解なものに作り変えていったという。ありそうな話だ。現在でも，文字の扱いだけが長けた"秀才"が至る所にいる。

　改めて映像と音声を使った人間の表現について考えてみよう。最近，新しい映像音声メディアの登場が相次いでいるが，これまでは映像音声を情報伝達の手段として最も上手に使い，その性能を最も深く探求してきたのは，ドキュメンタリーとコマーシャルとであった。

　可処分時間が短いあなたたち学生に向かって，高邁な抽象論を延々と展開する気持は私にはない。多少軽蔑されても，役立つ，実践的な授業を心掛けよう。

第2節　ドキュメンタリーの範疇は多様である

　新聞の後ろのテレビ欄やテレビ雑誌の番組表を覗いて見よう。NHKを除いてドキュメンタリーの放送枠がなかなか見当たらない。深夜にわずか『NNNドキュメント』と『テレメンタリー』などの枠が週1回の定時編成でわずかにあるに過ぎない。しかし時事問題や社会問題を取り扱うのがドキュメンタリーと限定してほしくない。自然や人々の暮らし，文化財や芸術を対象にしたものもドキュメンタリーの範疇に入る。ドキュメンタリーの範囲を意識的に狭めることはない。

　旅番組もドキュメンタリーの要素を多分に持つ。名所旧跡を訪ねたり，食べ物紀行，お祭り紀行，鉄道紀行など，タレントを使い，ワイドショーの中に取り込んだり，いろいろ工夫を凝らしているが，これらは旅ガイド，実用番組といえるもので，ドキュメンタリーの要素は少ない。その一方，TBSの『THE

第4章 時代を記録するドキュメンタリー　53

世界遺産』などの格調高いものや，NHK 衛星放送（NHK BS）の『世界の街角』など，肩の力を抜いて異国の街を観察するものは，ドキュメンタリー色が強いといえる。ドキュメンタリーは，そこに何か新鮮な視線，新たな発見がなくてはならない。

　1963 年から NHK で本格的な紀行ドキュメンタリー『新日本紀行』が始まった。季節感を大切にしながら各地の風土，個性的な人間模様を記録していった。当時は高度経済成長の真っ盛りで，何処もかしこも開発の為のブルドーザーやダンプカーが動き回り，日本の各地に残る個性的な風土が，画一的な風景に取って代わられようとした。紀行ドキュメンタリー担当者は，それら変化の最前線にも立ち会ったが，表面から失われゆくものに愛惜を感じ，関心を寄せた。柳田國男，南方熊楠といった民俗学者の仕事が参考になった。明治維新後，西洋に追いつく為に近代化路線をばく進する日本にあって，彼らは，それぞれ独自の手法で日本文化の古層に流れるものを記録した。特に南方は，世界的に権威を持つ雑誌『サイエンス』に 50 回も論文を発表する生態学者でもあった。日本列島の変化を見つめる紀行番組は，後に触れる自然・サイエンス番組と並んで，海を汚し，大気を汚し，山を荒廃させ，大地を深く汚染する企業と市民に，日本の生態系を破壊する高度経済成長の思想そのものに，異議申し立てをするしなやかなパワーになった。なまじストレートな公害告発番組より影響力を持った。1970 年代に入り，経済成長は減速したものの田中角栄首相の"日本列島改造論"なるものが叫ばれ，乱暴な公共事業工事が展開された。それに，石油ショックが追い打ちをかけ，日本各地で異常な土地値上がりが続いた。日本テレビ系にユニークな旅番組『遠くへ行きたい』が登場したのは，この頃である。伊丹十三などを旅人に，民俗学者・宮本常一の著作などに刺激を受け，日本の変容する風土や残存する個性的な地域文化を紹介していた。テレビマンユニオン制作の『遠くへ行きたい』は今も続いている。放送時間帯を変え，旅する人を変えながら 40 年以上続いている。放送回数も 2,000 回を超えて久しい。NHK の『小さな旅』も取材も放送範囲も拡大しながら，ほろりと人情を描く旅を 30 年近く続けている。大野雄二のテーマ曲も健在だ。ちょっと日常生活

を離れ，旅の風に吹かれ，知らない街を歩いてみたい。そんな人々の心を『遠くへ行きたい』のテーマ曲（作詞・永六輔，作曲・中村八大）が巧みに唄っている。

あなたは覚えているだろう。手前下に太陽の光を照り返す無機質の月面，その向こうに広がる漆黒の宇宙，そこに青い地球がほのかに白い雲をまとって昇ってくる光景を。月から見る「地球の出」はまるで生命体だ。"地球は青かった"。その昔，人類最初の宇宙飛行士が残した表現が年配者の脳裏を掠めた。2008年，月周回衛星「かぐや」が38万キロの彼方から生中継で送ってきた高精細の映像は衝撃的だった。それまでの文字表現の知識の束をいくら積み上げても，この決定的映像のワンカットにはかなわないだろう。記憶に深く食い込んだ。NHKスペシャルは，このカットを中心に『月と地球　46億年の物語』（2008年）を制作した。

科学の進歩と共に，それまで捉えられなかった貴重な映像が急速に増えている。肉眼では及ばない微細なミクロの世界から，マクロの宇宙の遠い果てまで，また光の及ばない深い海底，堅い物質の中まで，人体の奥まで，映像の世界は拡がった。テレビの映像は豊かになった。物事を見詰める，更に深く凝視する。記録に残す。それはドキュメンタリーの重要な中核になる精神だ。だが，それだけではドキュメンタリーにならない。ドキュメンタリーは，制作者がある視点，ある意図を持って現実を切り取り，記録し，それを編集，構成する。視聴者の心を揺さぶり，更なる感動を呼び起こすように，記録された映像音声をよりドラマチックに構成し，物語性を持たせることである。しかし，衝撃的な映像のワンカットは，凡庸なストーリー，凡庸なドキュメンタリー制作者を排除する。

以前は，神の領域であった生命の神秘に迫る生命科学の領域でも，活発に番組が制作されている。年々新しい知見が加わり，質も向上している。1989年には人体の謎に迫ったNHKスペシャル『驚異の小宇宙』（6回シリーズ）が，1993年には脳と心についてのNHKスペシャル『驚異の小宇宙2』（6回シリーズ）が放送され，やや過剰の"脳ブーム"の火付け役にもなった。2008年には脳内物質の働きや先史時代の記憶を分析したNHKスペシャル『女と男』（3

回シリーズ）が登場した。恋愛のメカニズムと持続時間，女と男の感情の相違，生物の性としてはメスが本流で，オスは添え物に過ぎないなど，これまでの文学の表現領域にあったものに科学のメスを入れた。

最近では，京都大学山中伸弥教授の「IPS細胞」など，生命の仕組みを究明する最先端に切り込む番組や，次々と開発される坑ガン剤，それに手術の最前線を紹介する番組も増えている。さらに，がん患者の生命観や死生観，人間の生の最終段階を見つめるドキュメンタリーも登場する。こうなったら，狭い意味の科学番組の概念ではとても括れない。総合的な人間ドキュメンタリーだ。

テレビ画面に映る様々な動植物の生態，虫の動き，鳥の飛翔などを見ていると，それだけで心が癒されることはないか。地球上の生き物は3,000万種あるといわれる。科学番組に先立つ自然ウオッチング番組はテレビ放送開始の初期から登場した。『自然のアルバム』にはじまって，『地球ファミリー』，『生き物地球紀行』，『さわやか自然百景』，『ワイルドライフ』，『ダーウィンが来た』など次から次へと思い浮かぶ。NHK，BBCなどの国際共同製作『プラネットアース』（11回シリーズ，2006年）は，この種の自然ものの白眉だろう。2011年には，NHKスペシャル『ホットスポット最後の楽園』が放送された。そして，あなた達が生まれる頃から，人間と共生する身近な環境・里山が持つ意味が再評価されはじめた。"SATOYAMA"は，今や，身近な自然を守る世界共通語である。

現代文明がもたらす大きな災害，事故，事件は，そこに科学の目がしっかり入らないと謎が解けない。原爆，原子力発電所事故，航空機，船舶事故，薬害，それに大地震などの自然災害もそうだ。タイミングを見て特集番組が組まれ，科学記者の柳田邦男などが活躍してきた。

NHKスペシャル『クライシス・突然の恐怖』（6回シリーズ，2000年），台風などの巨大自然災害，コンピューター，巨大システム社会の死角，テロリズムと無差別攻撃，グローバル化した現代社会は新たな問題を次々と突きつける。1995年に発生した阪神・淡路大地震は，直後からあらゆる番組で対応したほか，NHKスペシャル『シリーズ阪神大災害』で11回にわたり記録している。

第3節　グローバル化する社会・経済

　情報通信技術の発達はめざましく，世界は，経済活動を中心にグローバル化の度合いを強め，ある地域の動きが一瞬にして世界に影響を及ぼす時代となった。日常生活に関わる金額の4倍ものバーチャルマネーがネットを通じて世界中で日々取引され，それが実物経済，私達の生活に重要な影響を及ぼしている。住宅ローンの債権を中心に様々な債権と組み合わせたアメリカのサブプライムローン。この債権の価値が急激に低下し，それを扱っていたアメリカの投資銀行・リーマンブラザースが2008年秋に倒産すると，世界は一気に金融恐慌に陥った。膨らみすぎた金融バブルが破裂し実物経済を直撃したのだ。アメリカでは物が売れず，失業率が高まり，世界の輸出・輸入市場が極端に萎縮し，ヨーロッパはもちろん，日本を含め世界中の景気が悪くなった。

　この事は，あなたの記憶にも強く残っているだろう。何故こういう事態に陥ったのか。そのカラクリを，2009年，NHKスペシャル『シリーズ　マネー資本主義』は5回で見事に解明して見せた。このシリーズはその後2010年には深刻な経済危機に陥ったユーロ圏，特にギリシャの財政の実態を分析し，そこにアメリカを中心とするマネー資本主義が深く関わっている事を明らかにした。グローバルマネーは，各国の規制撤廃を求め，年金や保険の運用に深く関わり，その国の国債相場をも牛耳っている。日本の場合，それまでの規制緩和政策で，非正規雇用者の労働市場に占める割合が3割を超えていた。そこに世界不況である。職場では，簡単に派遣切りが行われ，非正規社員をはじめ多くの人が職を失った。『ワーキングプア』，『セーフティーネットクライシス』，『ネットカフェ難民』など当時の番組のタイトルが，そのまま流行語化する社会現象を生んだ。前の2作品はNHKスペシャルシリーズ，後の作品はNNNドキュメントシリーズのタイトルである。この不況の中で日本の貧富の格差は拡大，社会保障に守られない働く貧民層がふえた。しかも，貧困は次の世代に連鎖しようとしている。失業率も上昇し，大学卒の新規採用枠が一段と厳しくなった。あなた方の就職問題も，国ばかりでなく世界経済にリンクしているのだ。

まだ尾を引く世界不況の中で唯一例外なのは中国であった。中国の高度経済成長は続き，GDPでも日本を抜き世界第2の大国になった。アメリカの国債も，日本の国債も大量に保有している。また，中国は既に原子爆弾240個を保有する軍事大国であるが，最近はその財力で海軍の急速な増強をはかり，近隣国との緊張を高めている。2009年晩秋のNHKスペシャル『シリーズ・チャイナパワー』は，世界に躍進する中国の姿を，その情報網，戦略的経済外交などから多角的に捉えてみせた。

　何故，ドキュメンタリーが，映像で捉えにくい経済問題をこれほど必死に世界規模で追求するかというと，そこに明快な理由があるからだ。

　1929年，ウォール街の株大暴落を発火点とする世界経済恐慌（昭和恐慌ともいう）が，その後の世界地図をすっかり塗り替えてしまったからだ。アメリカは，ニューディール政策で，この危機を乗り越えようとした。イタリー，ドイツは，ファシズムの道を選び，ムッソリーニ，ヒトラーを登場させ，独裁政治体制をとり，軍備拡張や公共事業で需要の拡大をねらい，他国侵略を謀り，国際連盟を脱退する。ソビエトはスターリンの独裁体制を強化，世界経済を離脱して国内工業化を促進，その一方で東ヨーロッパに触手を伸ばした。日本は統制経済を採用，ナショナリズムを煽り，大正デモクラシーの匂いをさっぱりと消し，軍事政権が登場する。満州事変で大陸に進出，その先で，日中戦争に進み，軍事独裁政治に拍車をかける。そしてドイツと同じ年に国際連盟を脱退する。これらはやがて第二次世界大戦，太平洋戦争への道に繋がっていく。アメリカさえも，不況の克服はニューディール政策の成功ではなく，戦争経済突入で解消したとも言われている。だから長引く世界恐慌は怖いのだ。

　仕事がない，飯が食えない，生活が出来ない，貧富の差が広がる，明日に希望が持てない。そういう状況に置かれた民衆は，煽動に乗り易いのだ。その民衆の不平・不満をそらすには，外に敵を作って，偏狭なナショナリズムを煽り立てるのが，これまでの政治の常道であった。アメリカとて例外ではない。

　リーマンショック後，アメリカだけが世界の政治経済を仕切る時代は終わった。G7に替わって，中国，インド，韓国などを入れたG20による新たな世界

秩序の模索が始まっている。

第4節　人々の暮らしの場，地域社会で，いま何が

　今の日本の社会にどのような新しい問題が発生しているか，人々は何に喜び，何に悩み，何に慰めを求めているか。日々のニュース情報番組が伝える。特にワイドショーは人々が関心持つことはあざとい演出で何でも伝える。国際，経済，政治，社会，事件事故，芸能，スポーツ，スキャンダル，どんなテーマも扱う。コマーシャルも入れ易い。さらに同じネタを，朝から晩まで，キャスターを変え，コメンテーターを変えれば，何度でも使い回しが出来る。コスト面でも，視聴率の面でもこんなにテレビに適した番組はない。その効用は確かに認めるけれど，情報の中身が深まらない。瞬時に対応するが，情報を根源に遡って継続的に取材，深める為の時間を使わない。在京民放キー局には，一部を除いてドキュメンタリストが育たない。その点，民放地方局は別だ。私はここ10年間，毎年300〜400本のドキュメンタリーを見続けているが，地方民放局の中から，毎年素晴らしい番組が，悪条件を克服して制作されている。彼らも日常は地域の情報番組で働いていることが多い。優れた番組を製作する放送局には，例外なく優れた上司，目利きがいる。ディレクター，カメラマンが掴まえた筋の良いテーマの継続取材を認め，時に集中取材の場も与える。

　働き口の減少，限界集落，高齢化社会，老老介護，無縁社会，健康と医療と年金，そこを狙った犯罪。問題点を鋭く告発する番組もあるが，多くは地域社会の動きを暖かく見守る番組が多い。そのポジティブな光の当て方のなかで地域を凝視続けると，その背景に厳しい現実が正確に浮かび上がってくる。水俣病も，イタイイタイ病も，カネミ油症も，一時は中央のメディアが大挙して押し寄せたが，今は関心を寄せない。しかし地元の放送局は時に地元の企業関係者とのしがらみを振り切っても，継続して患者の人々を見守り続けている。何十年経っても後遺症は消えないばかりか，加齢によって新たな症状が現れてくる。公害の恐ろしさが，自然と人間を使い捨てにした傲慢さが，改めて伝わっ

てくる。

　地元のメディアの制作者は，共に住む地域社会の暮らしや，生き方，背負っている歴史，その地区のルールと仕組み，文化風土，言葉などに精通しているから，時代が落とす新たな影も，一連の社会の繋がりの中で捉えられ，問題点だけの"つまみ食い"は，決してしない。だから映像記録が的確で時間に耐えるのだ。

　例えば，ディレクター・中崎清栄とカメラマン・辻本昌平のコンビは，「北陸放送」「テレビ金沢」と勤め先を変えても，北陸に共に生きる人々の姿を継続して追い求めている。奥能登の古いよろず屋と過疎地のお年寄りの長年のつきあいを見つめる『田舎のコンビニ　一軒の商店から見た過疎の4年間』（2010年放送）。陽気で活発で世話好きな女店主の車が過疎地を走り回り，年寄りの病院通いを手伝い，雑然とした店内が年寄りの社交場になる。そのユーモラスな会話の中に限界集落のわびしさがにじみ出る。考えてみれば，日本の田舎は中央に向け，農産物・海の幸・山の幸を提供し，戦時中は兵士を供給し，経済成長期は労働力（出稼ぎ）を提供し，やがて子どもたち（跡継ぎ）さえ提供し，学校がなくなり，医師が去り，お寺も無住になり，祭りも出来なくなり，総てが限界になり……それでも命ある限り，古老は根を張り巡らせたふるさとの地に生きる……良質なドキュメンタリーは，様々な感慨を与える。行政に頼らない地域再生に肩入れする番組もある。南日本放送『やねだん～人口300人，ボーナスが出る村』（2008年）。特産の芋焼酎を作り出し，若者を呼び込み，自己表現をさせ，メディアも巧みに利用し，海外とも繋がりを持つ。鹿児島県の片田舎の地域起こし運動の力強い味方は，地元局のプロデューサーである。

　30年経っても忘れられない番組がある。北海道放送の1982年の作品『地底の葬列』で，1年前に北炭夕張の新炭坑ガス突出で93人が死亡した事故を扱い，翌年の地方の時代大賞に選ばれた。日本の近代百年の産業を支えたネルギーの中心は石炭だった。石炭産業は事故の連続だった。朝鮮半島出身者の命も多数飲み込んでいる。私自身，20代半ばの時，同じ北炭夕張のガス爆発事故で62人が死亡する事故を取材した。雪の降り積もる1965年2月の惨事だった。静

まりかえる商店街，夕張通信部に取材拠点を置き，その後も取材を続けた。町は，学校も，病院も，商店街も，映画館も，飲み屋街も完備し，スキー場もスキージャンプ台も備えた一つの共同体・宇宙を形成していた。1年経って，事故を起こした隣の抗口から1,200メートル以上離れた地底にエレベーターとトロッコを乗り継いでもぐった。気圧の変化を耳に感じた。ベテランカメラマンが，炭坑員のヘルメットのライトを集め，その明かりだけで採掘現場を取材した。フィルムは当時としては極めて特殊な白黒超高感度フイルムだった。あの地底の闇の深さ，後ろの岩盤が突然崩れ閉じこめられたらどうしよう，初めて恐怖心が沸いた。それから，16年後の大事故だった。カメラは遺族の周辺，組合，経営者を追い，北海道石炭採掘の歴史と3,000人もの犠牲者を出した災害史を追う。国のエネルギー政策も見えてくる。この番組を私は東京で見た。ニュースをつなぎ合わせたようなところもあるし，華麗なカメラワークがあるわけではないが，事故の構図と産炭地の現状を凝視続ける地元のメディアの迫力に圧倒された。北海道の炭鉱は，この事故をきっかけに消滅の一途を辿る。その地域の基幹産業がなくなる事は，その地域が疲弊することを意味する。北海道放送，北海道文化放送は，2007～8年にも，その後の夕張市の医療問題，石炭産業のその後（ベトナムに進出）を追い，極めて優れたドキュメンタリーを製作している。

　人を裁く司法制度を巡っても民放の地方局に優秀作が目立つ。2009年に裁判員裁判，一般市民が裁判に参加する制度が始まると，拍車がかかった。そのうちの幾つかを紹介する。毎日放送の『DNA鑑定の呪縛』（2010年）。足利事件で有罪の決め手になったのは血液のDNA鑑定だった。当時の科学警察の切り札とされたDNA鑑定だが，実際はずさんなもので，弁護団の最新の鑑定が昔の権威を覆し，菅家さんを17年半ぶりに牢獄から救い出した。虚偽の自白を迫る刑事警察の闇も明らかにされた。長期取材の成果が番組に滲み出ている。毎日放送にはこの他にも裁判関係の力作が多い。また東海テレビは，ここ数年間，人を裁く制度の問題点を継続的に問い続けている。裁判官，検察官の日常の仕事を詳細に観察したり，マスコミと世論の大ブーイングをはね除けて加害

者・犯人の弁護を貫く弁護士グループを追ったり，冤罪を導きやすい"自白"の構造を執拗に問うている。いずれも問題を提起する優れたドキュメンタリーである。

　2008年6月，7人の命を奪い10人に重軽傷を負わせた「秋葉原通り魔事件」は，みんなもまだ覚えているだろう。犯人の加藤智大は，非正規雇用，派遣社員の生活を続け，自暴自棄になり，大量無差別殺人事件を起こした。

　今から40年以上も前に，この事件と共通点が多い連続通り魔事件が起きている。1968年から1969年にかけて半年間に19歳の少年がピストルで次々と自分とは関係ない4人を撃ち殺すという事件が発生した。残忍な連続射撃魔事件として世間を震撼させた。犯人永山則夫は死刑囚として28年間獄中に繋がれた。その永山の生い立ちから死刑に至るまでの人生が，獄中結婚した女性の証言と永山が残した膨大な手紙の分析を通して描かれた。NHKのETV特集『死刑囚　永山則夫～獄中28年間の対話』は2009年度のギャラクシー大賞を獲る話題作になった。

　凶悪事件に至る犯人の心の軌跡と闇の深さはわかるが，息子や連れ合いを殺された側の立場はどうなんだ。人を死刑にする制度自体はどうなんだ。いろんな角度から論議が交わされたが，このドキュメンタリーによって従来の議論の中身が深まったことは事実である。番組の制作者は，地方民放育ちのフリーの女性である。

　全国に45の放送局のネットワークを持つNHKも地域社会の問題に鋭い問題提起をした。NHKスペシャル『無縁社会』シリーズ（2010年放送）。街の中に生活しながら，その人の死を誰も気づかない。遺体から異臭が発生して，はじめて隣の部屋の住人が気づく。肉親にも世間にも全く繋がりを持たず一生を終える人が，全国で1年に3万人を越えている。一方，遺体処理や跡片付けの専門業者が増える。ここには共に生きる絆の片鱗もない。日本の社会は，いつの間にこんな社会になってしまったのだろうか。わずらわしい世間と関わりたくない，プライバシーの尊重，派遣切りで会社との縁も切れる，労働形態の変化，離婚率の増加，生涯独身者の増大，福祉政策（セーフティネット）の不徹

底，年金詐取，様々な要因が分析されている。

第5節　戦争とテレビドキュメンタリー

　外国からの帰国者でもない限り，あなたたちは幸いなことに戦争の体験がない。戦争を知らない世代だ。あなたたちの中には両親はもちろん，ひょっとして祖父や祖母の世代も戦争を体験していない人がいるのではないか。年がら年中戦争をしている米国とは違い，日本が主体となっての戦争は65年以上も前に終わっている。筆者の世代が，日清・日露戦争について語られるのを聞く感覚に近いのだろう。だがあの第2次世界大戦，太平洋戦争は明治の2つの戦争と関連が強いものの，日本やアジアに対して持つ意味，その影響力と深さにおいて，比較にはならない。日清・日露戦争は，司馬遼太郎の小説『坂の上の雲』のように，明治維新の延長線上で考えられ，語られる。だが，現在の日本の国の大枠の制度と法律の体系，それと日米安保体制は，太平洋戦争を連合国と戦い，その戦争に負け，無条件降伏し，連合国に長いこと占領されるという歴史体験を経て，もたらされたものだ。しかも，日本が攻め込み占領した朝鮮半島，中国大陸，東南アジア，太平洋の島々の人々にも，いまだ忘れられない深い傷跡を残している。推定では，日本の戦死者は310万人だが，アジア各国では，1,500万人以上もの戦死者を出している。あの戦争の実態を知らずして現代，特にこのグローバル化した時代を知ることにならない。

　テレビドキュメンタリーは，様々な視点であの戦争の実態を克明に記録してきたが，いまだ終わることはない。新たな検証記録が制作されている。日本列島に戦争の傷跡が残り，悲惨な戦火の記憶が色濃い時代は，専ら，戦争の被害者としての民衆の体験と戦争指導者の弾劾が中心だった。やがて，日本が攻め込んだ隣国の戦争被害の実態報告が加わるようになり，日本の民衆自身，被害者と同時に加害者だった側面が記録されていった。2000年を過ぎ，戦線で戦った若い兵士も，80歳になり90歳になった。自分の寿命を意識し，わが人生を振り返る時，あの戦争の体験の重さに改めて気づき，これまでの沈黙を破っ

て重い口を開いた。驚くべき事実が戦後60年たって次々と明らかになった。戦争で命を落とした日本軍の兵士は推定230万人だが，敵の弾に当たって死んだのでなく，餓死や病死，大本営の棄兵方針によって自害に追い込まれた兵士が少なくなかったのである。補給を絶たれ，熱射や極寒の中で餓死する戦友。多くの兵士は最後に，妻や子や母の幸せを祈って息を引き取る。その姿を語ると同時に，現地の住民に自分たちが，いかに残酷な行為をしてきたかも証言する。また捕虜になり，捕らわれた収容先で，日本人同士による集団リンチが発生，それで殺された仲間。ボソボソと語る90過ぎのしわくちゃな老人の目には涙があふれている。死ぬ間際に，この生き地獄の体験を後世に残して置きたい。その思いが込められている。満州では関東軍が，開拓農民を最前線に出し，自分たちは逃げ道の橋を落として逃走する。沖縄と同様，軍は国を護っても，国民を守らなかった。シベリア抑留者には生き延びるため仲間を売ったものも少なくない。南方では餓死した戦友の肉を食べて生き残ったものもいる。

　日本海軍の作戦中枢「軍令部」のエリートも"やましき沈黙"を破って，語りはじめた。NHKスペシャル『日本海軍　400時間の証言』（2009年）。物質的にも，作戦的にも，無謀でずさんな戦争であったことが事実に即して語られた。自分たちの恥部をさらけ出して後世への戒めとした。またNHKスペシャル『玉砕　隠された事実』（2010年）では，弾薬も食糧も尽きた惨めな戦いを覆い隠すために「玉砕」という言葉を大本営が捏造，しかもそれを国民の戦意高揚の為の神話「アッツ島の玉砕」として脚色，大々的に宣伝した舞台裏が明らかにされた。そのお先棒を担いだのが当時の新聞，雑誌，レコード，ラジオのメディアであった。

　2011年は，太平洋戦争の開戦から70年に当たる。NHKスペシャル『日本人はなぜ戦争へと向かったのか』4本シリーズ（2011年）のほか，NHKは既に『証言・兵士たちの戦争』，『証言・市民たちの戦争』シリーズを合わせて60本以上製作し放送している。「NHK放送証言アーカイブス」として，放送以外の広い利用方法も考えている。あなたには是非このシリーズを一本でも多く見て欲しい。何もモラリストの発言だけで言っているのではない。あなたの

心の奥底にも潜んでいる人間の悪や，国家組織暴走のすさまじさを凝視して欲しい。したたかな連合国を相手に長期的な戦略も知恵も持たぬまま，感情だけで突っ走る国家と国民の幼児性を見詰めて欲しいのだ。

　NHK，民放を問わず，広島と長崎の放送局は，原子爆弾についてのあらゆる問題を取材，放送を続けている。今も続く悲惨な原爆被害の後遺症。放射能被害は核実験場周辺でも深刻だ（ビキニ，マーシャル諸島，セミパラチンスク，ロプノール）。原爆を生み出した背景，原爆投下までのプロセス，被爆の実態，原爆保有の世界の現状，核拡散の危機と原爆反対運動の高まりなど，世代を超えての継続取材だ。

　いま戦争関係の番組に取り組んでいるのは，あなたたちと同じ，日本の戦争も，戦後の混乱した貧困時代も知らない世代の30代，40代の人たちだ。しかし，世界的な視野に立った冷静な視点であの戦争の実相を捉えている。戦争の記憶を持った先輩たちとは，違った視点での優れた番組を作り出している。現在の世界の紛争・戦争状態にも絶えず目配せし，取材力と時代感覚を磨いている。

第6節　映像表現の落とし穴，再現，やらせ，誇張，捏造

　文字表現の現場リポートは全てが再現である。可視化は文字の呪縛から真実を解放する一つの手立てだと冒頭に述べたが，その映像も音声も実は事実も真実を表現しないことがある。撮影機材が大きく重く，レンズの性能も悪く，その上，感度も撮影カットも短いフイルム時代のドキュメンタリーを見ると，ほとんどに，やらせ，再現が見られる。カメラを構えたとき，肝心の作業が終わっていて，もう一度お願いしますと頼んだことが私にも数回ある。先輩から聞いた話だが，NHK特集『皇居』を撮影する時，ディレクターが昭和天皇に向かって「陛下，もう一度お願いします」と注文をつけたという。再現映像と取材者による状況設定の問題はドキュメンタリーに絶えず付きまとう。長いドキュメンタリーの歴史の中には，ろくに下見や事前取材をせず，思い込みで物語を描き，その筋書きに合わすように事実をはめ込み，過剰な再現"やらせ"で

映像を作り上げる。そんな制作者も出現した。検証を欠いた制作者の仮説など思い上がりも甚だしい。カメラマンが撮影した全カット（ラッシュ）をみると多くは判明するのだが，巧妙に編集され完成された番組では人為的に作り出された映像の虚実の見分けが難しい。

　2010年秋に大問題になった大阪地検特捜部による証拠捏造事件・厚生労働省の村上厚子局長を巡る裁判。あなた達もまだ覚えているだろう。思い込み捜査で，事件の筋書き，ストーリーを作る（検察用語で筋読み）。そこに合わせて，言葉巧みに，時に権力をバックに強引に"供述"を引き出し（割り屋），供述調書を作成する。証拠のフロッピーディスクの日時まで主任検事が捏造する。強力な国家権力をバックにした検察は，そのずさんな捜査の仕方によっては，被疑者の社会的地位を簡単に抹殺する事も，場合によっては生命そのものを奪う事だって出来るのだ。しかし，メディアのずさんな報道だって，取材対象者の社会的地位や名誉を簡単に奪うこともありえるのだ。最近のデジタル映像はワンカットでも簡単に映像処理が出来る。部分的に映像をいじり，変更が可能である。

　今の日本には何万，何十万という監視カメラ，隠しカメラが設置されている。建物の外，中，エレベーター，道路，広場，至る所であなたの行動を常時観察記録している。この映像はいわばロボットが機械的に撮影・伝送・記録するものだが，それを設置した者にはある意図があるかも知れない。また，学生，市民，警察など，いたるところでカメラ（携帯電話付きも）を回す人が急増した。その映像はネットで瞬時に世界を駆け巡る。トラブルの時，決定的証拠として裁きの場に持ち出されることも増えた。しかし，カメラの高さ，位置，角度によって対象物の関係が微妙に異なることは，日常のスポーツ中継などの別角度のスローVTR再生などであなたも理解していよう。まして，それらのカットが他の映像と組み合わされ編集されたとき，そこに別の意味，ニュアンスが引き出される。「可視化」といっても単純でないことを意識しておこう。メディア・リテラシーも，新たな段階に入ったのだ。

　それと，詳しくは触れられないが，テレビ表現者として，ドラマを含めて自

分の真実を追求・創造しようとする人と，断片ニュースに飽きたらずに隠された事実や見えにくい全体像を追跡・発掘しようとする人とでは，ドキュメンタリー論の基本姿勢に差異があるように思える。映画ドキュメンタリー育ちの作家の中には，その情報の正確さよりも，視点のユニークさ，作品の独自性を競い，現実は自分の内なる真実を表現する素材と見なし，テレビ報道ドキュメンタリーの事実への律儀さ，事実凝視の姿勢をせせら笑う傾向さえある。

第7節　汝自らを知れ　君たちの生きてきた時代

　私も大学の先生を4年ほど経験した。その時一番学生諸君に"受け"た授業は次のようなものだ。「君たちが誕生してこれまで，どのような時代を生きてきたか，時代を記録したドキュメンタリーを年次別に見ながら，検証していく。特に，物心つかない時代から，明確な自我が目覚め始める思春期までの時期が大切で，その時期を今回の授業で意識してもらう。デルフォイ神殿のキャッチコピーは，自分の無知を知りなさいの意だが，ここでは多少意訳して自分の時代を知りなさい」と宣言した。材料は「ニュースハイライト」と「テレビコマーシャル」である。どの放送局も年末に，60分から90分かけてその1年の出来事を要約する。テレビコマーシャルは，実に見事に，その時代の流行，嗜好を反映する。時代のリズム，感性，気分，軽薄さまで反映する，旬のタレントが誰であったかも分かる。さらに1作品平均15秒だから一度に大量視聴が可能だ。ニュースハイライトを40分ぐらいに再編集し，時代を色濃く投影したテレビコマーシャルを25本ぐらい抜き出し，それにオリコンヒットチャート100選のリストを持って，1回90分，半期13回の授業を行った。

　人間の記憶は，3歳くらいから次第に鮮明になるが，記憶に残らない0歳〜3歳ぐらいまでの時代を知ることも大切である。さらに，コンパクトなニュースの情報は便利な時代の索引になるが，多義的な複雑な時代のニュアンスは伝え切れていない。あなたの頭の中に時代を整理する活きた索引が入った後は，自分で時代と人間を記録した優れたドキュメンタリーを，出来るだけ多く見て

もらいたいと伝えた。いま各地で，テレビのドキュメンタリーの名作を見る会が頻繁に開かれている。横浜の「放送番組ラブラリー」，川口にある「NHK アーカイブス」。二つの映像・音声のライブラリーも簡単に利用できる。「NHK アーカイブス」は，NHK の各放送局でも利用が可能で，アーカイブ利用の為の便利で見やすいカタログ集も近年発行されている。東京新橋にある全日本シーエム放送連盟（ACC）が毎年行う CM フェスティバルの入賞作品は，センスのある時代の表現，時代のキャッチコピーであるとも言える。放送批評懇談会の CM ギャラクシー賞入選作品も，前者と選奨の角度を変えてはいるが，時代を映す新製品，企業の消費戦略が分かる。

　いわば，あなたを作った時代の映像記録を，あなた自身が，あなた自身の為にもっと積極的に活用しよう。人は物事が理解不可能だとその現象に簡単にレッテルを貼る。印象論で，相手や物事を十把一絡げにして，解ったような気になる。

　「最近の若い奴は……」という文句は，4,000 年前のメソポタミアの楔形文字にも刻まれている。あなたは世の中を他者が作った色眼鏡をかけて見てはならぬ。知力・感性を磨くと言うことは自分で自分のレンズを磨くと言うことだ。自分の目で，物事の仕分けを行うことだ。それは，優れたドキュメンタリーの要諦と共通である。

（河野　尚行）

参考文献

相田洋『ドキュメンタリー・私の現場』日本放送出版協会，2003 年
田原茂行・鈴木典之編『全国テレビドキュメンタリー』大空社，2010 年
日本放送協会編『NHK アーカイブスカタログ』NHK ライツ・アーカイブセンター，2008 年

第5章 テレビドラマの潮流とその変化

第1節 テレビ的な表現の模索

1. テレビを敵視した映画界

　テレビの草創期からドラマは編成上の重要な柱の一つとして位置づけられ，その地位は今日もそれほど変わっていない。時代の推移とともにドラマの潮流がどう変化したのかをたどりながら，テレビドラマの特性や影響力，役割を考えてみたい。

　1953（昭和28）年から本放送が始まったテレビに対し，東宝，松竹，大映，東映，新東宝は1956年，「劇場用映画を放送させない」との協定を結んだ。さらに，「専属俳優がテレビに出演する際には会社の許可が必要」として，有名な俳優は事実上テレビに出演できなくなった。テレビを敵視した「5社協定」である。番組不足を補うため，テレビ先進国の米国からテレビ映画が次々に輸入され，当時の日本人にはまばゆいばかりのアメリカの市民生活がお茶の間に入り込んだ。KRT（現TBS）で1956年から3年半放送された『スーパーマン』は子どもの人気を集めた。ホームドラマではNHKの『アイ・ラブ・ルーシー』や日本テレビの『パパは何でも知っている』，西部劇では日本教育テレビ（NET，現テレビ朝日）の『ローハイド』『ララミー牧場』などがヒットを飛ばした。

　NHK・民放は1950年代半ばから，ドラマの定時番組に力を入れ始めた。KRTはプロレス中継などスポーツ中心の日本テレビに対抗するためドラマを重視し，1955年から一種の探偵ものの『日真名氏飛び出す』，1956年から文芸作品をドラマ化する1時間の単発枠『東芝日曜劇場』を始めた。実際に起きた事件を基にした刑事ドラマの『ダイヤル110番』（1957〜64年，日本テレビ）は，

新聞社の社会部記者のスクープ合戦や哀歓を描いた『事件記者』(1958〜66年，NHK) とともに人気を集めた。この時代のスタジオ・ドラマは生放送が主流なので、番組はほとんど現存していない。実質的な国産テレビ映画第一号の『月光仮面』(1958〜59年，KRT) は，子どもたちの人気を独占した。

　映画人から「電気紙芝居」と蔑視されていたテレビドラマが独自の地歩を固めるのは，1958年の芸術祭賞（後の大賞）に輝いたKRTの『私は貝になりたい』(10月31日放送) が社会的反響を巻き起こしてからである。上官の命令で米兵を殺害し，C級戦犯として処刑される主人公の理髪師（フランキー堺）の「生まれかわっても，もう人間なんかになりたくありません。人間なんて嫌だ。いっそ，誰も知らない深い海の底，そうだ貝がいい」という独白は，否応なく戦争に巻き込まれた庶民の悲痛な叫びとして，視聴者の心を打った。導入されて間もないVTRが前半に使われ，後半の生放送と組み合わせて放送された。「ドラマはお茶の間の娯楽」という考え方が主流だったテレビ界と視聴者に衝撃を与え，テレビドラマが社会と向き合う契機ともなった。この脚本・橋本忍，演出・岡本愛彦コンビは1959年にも，『いろはにほへと』で芸術祭賞を受けた。

2. 各ジャンルが出そろう1960年代

　高度経済成長とともにテレビ業界も飛躍的な成長を遂げた1960年代は，さまざまなジャンルのドラマが開花した。

　TBSの『七人の刑事』(1961〜1969年) は，堀雄二，芦田伸介らがふんする個性的な刑事たちと犯人とが織り成すシリアスな群像劇として人気を呼び，労働者の売血や差別問題，学生運動も取り上げるなど社会派ドラマの色彩が濃かった。NETが1962（昭和37）年から始めた佐分利信主演の裁判ドラマ『判決』も，学力テストや越境入学という教育問題から差別や社会的偏見，医療制度，離婚や遺産相続といった身近なものまで，現実に立脚した題材が主流を占めた。社会の現実を直視する制作姿勢は上層部やスポンサーから度重なるクレームをつけられ，脚本の書き直しやカット，放送中止が相次ぎ，テレビ成長期の受難劇の主役となった。1966年，NETが「視聴率の低下」を理由に終了を決めると，

各方面から放送継続を求める声が沸き起こり、テレビ史上でも例のない視聴者運動に発展した。南原繁・元東大総長をはじめ文化人・芸能人が「ドラマ『判決』の継続を望む会」を結成し、スタッフや熱心な視聴者たちは「『判決』を守る会」を作って署名・投書運動を展開した。

1966年、フジテレビで放送された森川時久演出の『若者たち』も、社会の矛盾と格闘する5人兄妹（田中邦衛、山本圭、佐藤オリエら）をシリアスに描いた社会派ドラマとして高く評価され、終了時にはそれを惜しむ投書が10万通近く局に殺到した。

ホームドラマでは、TBSが1964年から始めた森繁久弥主演の『七人の孫』と、大企業の重役夫妻（山村聰、荒木道子）の家庭を舞台にした『ただいま11人』が人気を呼んだ。時代劇では、フジテレビの五社英雄ディレクターが迫力のある殺陣を取り入れた『三匹の侍』（1963～69年）をヒットさせた。大川橋蔵が主演するフジテレビの『銭形平次』は1966年、TBSの『水戸黄門』は1969年から始まり、初代黄門役の東野英治郎は第8部まで14年間も演じ続けた。

1960年代には戦後のベビーブーム世代が思春期・青年期を迎えた。こうした若い世代に向けて、青春ドラマに力を入れたのは日本テレビである。石原慎太郎原作の『青春とはなんだ』（1965年）から始まり、『これが青春だ』『でっかい青春』などへと続いた路線は、竜雷太、浜畑賢吉ら無名の俳優を青春スターとして育てた。子ども向けのドラマとしては、1966年からTBSで始まった円谷プロの『ウルトラマン』シリーズが特筆される。

3．NHKの「二枚看板」のドラマ

NHKの朝の連続テレビ小説は1961（昭和36）年、「新聞の連載小説のテレビ版を作ろう」という発想から始まった。当初は獅子文六や川端康成ら著名な作家の小説をドラマ化する文芸路線が続いたが、1966年度の『おはなはん』が大ヒットを飛ばした。明治の女性が軍人の妻となり、夫の病死、戦争などの困難にもめげず、明るく前向きに生きた。放送は月～土曜の毎朝8時15分から15分間で、期間は1年間だった。主役に抜擢された新人・樫山文枝の顔と

名前は全国に知れわたり,「明るく,さわやかで,親しみやすい」というキャラクターは,連続テレビ小説のヒロイン像の原型を作った。

　この次の『旅路』は,国鉄(現JR)職員の妻が平凡ながら,愛情に恵まれた人生を送る物語で,平均視聴率も『おはなはん』の45.8%(ビデオリサーチ調べ,関東地区,以下同じ)と肩を並べた。この2作の成功で「女の一代記」路線が確立し,「朝の時計代わり」と言われた連続テレビ小説の人気は,主婦層を中心にして不動のものになった。1975年度から原則として半年間の放送となった連続テレビ小説は,時代の変化を取り入れながら,歴代のヒロインたちにその時々の女性の生き方や意識,世相を色濃く反映させてきた。一貫して「女性への応援歌」を歌い続け,50年に及ぶその歴史は女性の戦後史という側面も持っている。

　NHKの大河ドラマ(表5-1)は,テレビ放送開始10周年の1963(昭和38)年から始まった。「映画にも負けない日本一のドラマを作って,日曜の夜に視聴者をこっちに向けさせよう」と,幕末の大老井伊直弼を主人公にした舟橋聖一原作の『花の生涯』が第1作に選ばれた。2作目の『赤穂浪士』は1964年の1月から12月まで放送され,「暦年で1年間」という放送期間が定着していく。忠臣蔵を取り上げた『赤穂浪士』は,映画界の大スターだった長谷川一夫をはじめ映画,演劇界の大物や人気者をそろえ,「空前絶後の配役」と評された。平均視聴率は31.9%と大成功を収め,特に吉良上野介邸討ち入りの回は53.0%に跳ね上がった。

　こうした娯楽時代劇路線に対し,3作目の『太閤記』(吉川英治原作)は歴史ドラマとしての要素を前面に出した。この方向転換は「過去と現在の対話」を試みたドキュメンタリー畑出身の吉田直哉の演出手法によるもので,後々まで大きな影響を与えた。吉田は,時代劇にありがちな荒唐無稽を極力排し,史実に基づくリアリズムを重視した。この制作姿勢を端的に表したのが,有名な冒頭のシーンだった。開通したばかりの東海道新幹線,名古屋駅,豊臣秀吉をまつる豊国神社の実写で始まり,「時代劇の番組のはずなのに」と視聴者を驚かせた。以後,毎回のように秀吉ゆかりの地を紹介したり,城の石垣の積み方や

表5-1　NHK大河ドラマ　作品一覧

		作品名	放送年	作・原作	脚本	主演	平均視聴率（％・ビデオリサーチ調べ，関東地区）
○	1	花の生涯	1963年	舟橋聖一	北条誠	尾上松緑	20.2
	2	赤穂浪士	1964年	大佛次郎	村上元三	長谷川一夫	31.9
●	3	太閤記	1965年	吉川英治	茂木草介	緒形拳	31.2
	4	源義経	1966年	村上元三		尾上菊之助（現・菊五郎）	23.5
○	5	三姉妹	1967年	大佛次郎	鈴木尚之	岡田茉莉子	19.1
○	6	竜馬がゆく	1968年	司馬遼太郎	水木洋子	北大路欣也	14.5
●	7	天と地と	1969年	海音寺潮五郎	中井多津夫・杉山義法ら	石坂浩二	25.0
	8	樅ノ木は残った	1970年	山本周五郎	茂木草介	平幹二朗	21.0
	9	春の坂道	1971年	山岡荘八	杉山義法	中村錦之助（萬屋錦之介）	21.7
	10	新・平家物語	1972年	吉川英治	平岩弓枝	仲代達矢	21.4
●	11	国盗り物語	1973年	司馬遼太郎	大野靖子	平幹二朗	22.4
○	12	勝海舟	1974年	子母沢寛	倉本聰ら	渡哲也（途中から松方弘樹）	24.2
	13	元禄太平記	1975年	南條範夫	小野田勇ら	石坂浩二	24.7
	14	風と雲と虹と	1976年	海音寺潮五郎	福田善之	加藤剛	24.0
○	15	花神	1977年	司馬遼太郎	大野靖子	中村梅之助	19.0
●	16	黄金の日日	1978年	城山三郎	市川森一ら	市川染五郎（現・松本幸四郎）	25.9
	17	草燃える	1979年	永井路子	中島丈博	石坂浩二	26.3
○	18	獅子の時代	1980年	山田太一		菅原文太	21.0
●	19	おんな太閤記	1981年	橋田壽賀子		佐久間良子	31.8
	20	峠の群像	1982年	堺屋太一	冨川元文	緒形拳	23.7
●	21	徳川家康	1983年	山岡荘八	小山内美江子	滝田栄	31.2
	22	山河燃ゆ	1984年	山崎豊子	市川森一ら	松本幸四郎	21.1
	23	春の波涛	1985年	杉本苑子	中島丈博	松坂慶子	18.2
	24	いのち	1986年	橋田壽賀子		三田佳子	29.3
●	25	独眼竜政宗	1987年	山岡荘八	ジェームス三木	渡辺謙	39.7
●	26	武田信玄	1988年	新田次郎	田向正健	中井貴一	39.2
	27	春日局	1989年	橋田壽賀子		大原麗子	32.4
○	28	翔ぶが如く	1990年	司馬遼太郎	小山内美江子	西田敏行	23.2
	29	太平記	1991年	吉川英治	池端俊策ら	真田広之	26.0
●	30	信長	1992年	田向正健		緒形直人	24.6

出典）NHKの広報資料をもとに作成

	31	琉球の風	1993年	陳 舜臣	山田信夫	東山紀之	17.7
	32	炎立つ	1993〜94年	高橋克彦	中島丈博	渡辺 謙	17.3
	33	花の乱	1994年	市川森一		三田佳子	14.1
	34	八代将軍 吉宗	1995年	ジェームス三木		西田敏行	26.4
●	35	秀吉	1996年	堺屋太一	竹山 洋	竹中直人	30.5
●	36	毛利元就	1997年	永井路子	内館牧子	中村橋之助	23.4
○	37	徳川慶喜	1998年	司馬遼太郎	田向正健	本木雅弘	21.1
	38	元禄繚乱	1999年	舟橋聖一	中島丈博	中村勘九郎 (現・勘三郎)	20.2
	39	葵 徳川三代	2000年	ジェームス三木		津川雅彦	18.5
	40	北条時宗	2001年	高橋克彦	井上由美子	和泉元彌	18.5
●	41	利家とまつ 〜加賀百万石物語〜	2002年	竹山 洋		唐沢寿明	22.1
	42	武蔵 MUSASHI	2003年	吉川英治	鎌田敏夫	市川新之助 (現・海老蔵)	16.7
○	43	新選組！	2004年	三谷幸喜		香取慎吾	17.4
	44	義 経	2005年	宮尾登美子	金子成人	滝沢秀明	19.5
●	45	功名が辻	2006年	司馬遼太郎	大石 静	仲間由紀恵	20.9
●	46	風林火山	2007年	井上 靖	大森寿美男	内野聖陽	18.7
○	47	篤 姫	2008年	宮尾登美子	田渕久美子	宮﨑あおい	24.5
●	48	天地人	2009年	火坂雅志	小松江里子	妻夫木 聡	21.2
○	49	龍馬伝	2010年	福田 靖		福山雅治	18.7
●	50	江〜姫たちの戦国〜	2011年	田渕久美子		上野樹里	
	51	平清盛	2012年	藤本有紀		松山ケンイチ	

●戦国もの　○幕末もの
出典）NHKの広報資料をもとに作成

武士の俸禄についての解説を挿入したりして，「社会科ドラマ」という新語を生んだ。

『太閤記』は，若々しくフレッシュな配役も目を引いた。劇団「新国劇」のホープ緒形拳を主役の豊臣秀吉に，文学座研究生の高橋幸治を織田信長役に抜擢した。石田三成役の石坂浩二は慶応大の学生だった。大きな賭けは平均視聴率31.2％という大成功を収め，日曜夜の連続時代劇枠は3作目で完全に定着した。緒形，高橋，石坂の3人は人気者になり，テレビがスターを生むはしりとなった。

大河ドラマの歴代スタッフは歴史的な出来事を現代に重ね合わせ，時代と人

間とのかかわりをダイナミックに描く手法を確立していった。この歴史ドラマ路線は，TBSの『水戸黄門』に代表される勧善懲悪型の時代劇とは違う，NHKならではの領域を切り開いた。それは，テレビという新興のメディアが映画や演劇，文学，ラジオなどの影響を受け，それらを栄養源にしながら，独自の鉱脈を発掘し，テレビ的な表現を獲得していく成長の過程でもあった。

第2節　テレビドラマの黄金時代

1．全盛を極めたホームドラマ

　テレビがお茶の間の中心になった1960年代から1970年代にかけて，家族みんなで楽しめるホームドラマが全盛を極めた。この中では，『肝っ玉かあさん』（1968～72年）をヒットさせた石井ふく子プロデューサーと脚本・平岩弓枝のコンビによるTBSの『ありがとう』（1970～75年）が，最高で56.3％という驚異的な視聴率を挙げ，「お化け番組」と呼ばれた。山岡久乃と水前寺清子による親子を軸にして，毎回おなじみの顔ぶれが人情劇を繰り広げた。演歌歌手の水前寺は第1作で婦人警官，続編では看護婦，3作目では鮮魚店の看板娘にふんした。映画はもちろん，ドラマの主役もまだ美男美女で占められていた時代にあって，主婦層に親近感を持たせるため，庶民的なキャラクターを主役に据えた狙いは見事に当たった。

　TBSの久世光彦ディレクターは脚本家の向田邦子と組んで，ホームドラマにバラエティ的な手法を持ち込んだ。東京の下町の銭湯を舞台にした『時間ですよ』（1970～73年）では，森光子，船越英二らにアイドル歌手の堺正章や天地真理を交え，突然歌いだしたりナンセンスなギャグを連発したりした。この新感覚のコメディーは，主婦向けの予定調和的なホームドラマに飽き足りない若い世代に支持された。久世と向田は『寺内貫太郎一家』（1974～75年）でもヒットを飛ばす。向田が自分の父をモデルにした主人公は，作曲家の小林亜星がふんする石材店の頑固おやじ。足が不自由な娘（梶芽衣子）の結婚話を軸にして，悠木千帆（現・樹木希林）が怪演した母親や妻（加藤治子），息子（西城

秀樹）たちとの間で起こる騒動をコミカルに描いた。

　大家族ドラマには，核家族化で失われつつあった家族像への郷愁，都市化の進行や住宅難などで3世代同居が難しくなった現実から生じた願望が反映されていたのかもしれない。

　1970年代，この向田に加え，山田太一，倉本聰，早坂暁，橋田壽賀子らの世代はテレビドラマの可能性を広げるオリジナルを次々に書き，「脚本家の時代」の到来を告げた。山に例えれば，ひとり高い富士山ではなく，八ヶ岳がふさわしいのではないか。それぞれの峰は独立していても，全体としては変化に富み，雄大な山容を形成していたように思われる。

　1976（昭和51）年には，NHKの夜の帯ドラマ『銀河テレビ小説』で放送された橋田壽賀子の『となりの芝生』がお茶の間の話題をさらい，「辛口ホームドラマ」という新語を生んだ。首都圏の新興住宅地で戸建てのマイホームを手に入れた二男（前田吟）の家に，長男夫婦と折り合いが悪くなった母親（沢村貞子）が同居する。何でも言いたい放題の姑と，遠慮せず立ち向かう嫁（山本陽子），板ばさみになっておろおろする夫。三者三様の赤裸々な本音や言い分が飛び交う展開は，視聴者を嫁派，姑派に二分して，論争を巻き起こすほどのブームを呼ぶ。

　TBSの『岸辺のアルバム』（1977年）は，口当たりのいいホームドラマに慣れていた視聴者に衝撃を与えた。中流の4人家族が東京の多摩川べりにある新興住宅地で平穏に暮らしている。しかし，貞淑そうな妻（八千草薫）は浮気に走り，大学生の長女（中田喜子）はアメリカ人の若い男にもてあそばれ，家庭内の不満や傷口が徐々に広がる。商社マンの夫（杉浦直樹）は，仕事のためなら社会的モラルも捨て去る会社人間。大学浪人の長男（国広富之）は家族の秘密を暴露し，家出してしまう。家族がバラバラになった家は，洪水で押し流されるという象徴的な結末を迎える。

　初の新聞小説を自ら脚本にした山田太一は「当時のホームドラマは『メシ食いドラマ』とも呼ばれたが，リアルにホームを描こうとすると，夕食時に家族が集まらず，妻が独りで残りものを片づけるという現実に突き当たる。『まる

でテレビドラマのようだ」と蔑視する言い方に反発し，「嘘のないドラマを書きたかった」と振り返るように，ごく普通の家族を通して時代と社会のゆがみを鋭く突き，ホームドラマの流れを変えた。

一方，NHKの『土曜ドラマ』で1976年から始まった『山田太一シリーズ 男たちの旅路』は，NHKで初めて脚本家の名前を冠するシリーズとなった。東映の大スター鶴田浩二が演じた元特攻隊員の主人公は，戦後30年たっても戦争の影を引きずり，独身を貫く警備会社の司令補。「戦争を知らない子どもたち」の部下（水谷豊，森田健作，桃井かおりら）に向かって，「俺は若い奴が嫌いだ」と言い放ち，「甘ったれたことを言うな」と説教する。世代間の熱い対立劇を一話完結方式で描いて幅広い層の反響を呼び，1982年まで13話が作られた。この成功を突破口にして，『阿修羅のごとく』の向田邦子らの脚本家シリーズが相次いで登場した。

2.『おしん』『独眼竜政宗』の大ヒット

1970年代には時代劇に新しい波が打ち寄せ，今も語り継がれる傑作が次々に誕生した。NHKで1971（昭和46）年10月から1年間放送された『天下御免』は，江戸中期の天才・平賀源内（山口崇）を主人公に据え，型破りの時代劇として評判を高めた。高度成長期の世相を老中田沼意次の時代に重ね，痛烈な社会風刺とパロディー精神，実験的な表現手法を縦横無尽に駆使した。脚本を書いた早坂暁はゴミ処理や公害の問題も取り上げ，1972年7月に田中角栄内閣が発足すると，田中型政治への皮肉も込めた。この成功は，「時代劇の約束事にとらわれず，思い切り変わったことをやりたい」と，早送りの技法など斬新な演出手法を打ち出した岡崎栄の手腕も大きかった。

1972年には，レギュラー出演者は主演の中村敦夫だけというフジテレビの異色時代劇が旋風を巻き起こした。虚無と孤独の旅を行く渡世人の「あっしにはかかわりのねえことでござんす」という決めぜりふは，流行語になった。笹沢左保の原作で，テレビが育てた新しいヒーローの名は『木枯し紋次郎』である。市川崑監督が3回目までと最終回を自ら脚色・演出し，あとは監修した。

土曜夜10時台でこの『木枯し紋次郎』に真正面から戦いを挑んだのが，朝日放送の『必殺』シリーズだった。江戸の針医者が金で他人の恨みを晴らす殺しを請け負う池波正太郎の『仕掛人・藤枝梅安』を原作として1972年9月，緒形拳主演の『必殺仕掛人』がスタートした。第2作の『必殺仕置人』から池波の原作を離れ，藤田まことがふんする中村主水という独自のキャラクターを作り出した。同心の主水は奉行所では上司にバカにされ，家では「婿殿」の立場にあるため，妻と姑に頭が上がらない。しかし，このさえない中年男が闇の世界では別人に変わり，狙った相手を一撃で仕留める。せりふには現代語が飛び交い，汚職や土地ころがしといったその時々のニュースや世相が物語に反映された。『必殺』シリーズは『暗闇仕留人』『必殺仕事人』などとタイトルを替えて定着し，いったん終了する1992（平成4）年までに計30作が作られた。

1970年代に到来した「脚本家の時代」を受けて，1980年代にはテレビドラマが絶頂期を迎えた。NHKの朝の連続テレビ小説で最大のヒット作は，1983年4月から1年間放送された橋田壽賀子の『おしん』である。最高で62.9％，平均では52.6％という驚異的な視聴率を記録し，政財界から一般の庶民の間でこれほど大きな社会的反響を呼んだドラマも珍しい。山形の貧農の家に生まれ，苦労に次ぐ苦労の末，スーパーを経営する主人公は，それまでの「明るく，さわやかなヒロイン像」とはほど遠かったが，まず子役の小林綾子が評判を呼んだ。「大根メシ」が貧乏の象徴となり，奉公先で耐えに耐えるけなげな姿が多くの視聴者の涙を誘った。5月半ば，田中裕子にバトンタッチしてからも視聴率はうなぎ登りだった。舞台が夫の実家に移る佐賀編では，姑の嫁いびりが話題を集めた。

戦後編に主演した乙羽信子を含め3人で演じ分ける方式も，従来のパターンを打ち破った。アジアや中南米など60以上の国・地域で放送され，「経済的に繁栄した日本にも，あんなに貧しい時代があったのか。自分たちも頑張れば，おしん，つまり日本のようになれる」と受け入れられた点も特筆される。

NHK大河ドラマでは，「20年も続くと，戦国時代や幕末など時代の重複が目立つ。思い切って近現代史も取り上げよう」と，太平洋戦争の時代に挑んだ

『山河燃ゆ』から,「近代大河」路線の3部作が放送された。この後を受けた1987年の『独眼竜政宗』(山岡荘八原作)は,平均で39.7％の視聴率を稼ぎ,大河ドラマの歴代1位に躍り出た。時代劇を待望する空気が満ちていた事情に加え,ジェームス三木の脚本は伊達家を地方企業に見立てる現代的視点でアピールした。配役面では,久々に20代で主演した渡辺謙が期待に応え,その周囲を勝新太郎,北大路欣也,岩下志麻らの大物で固める強力な布陣が成功した。

中井貴一が主演した翌1988年の『武田信玄』(原作・新田次郎,脚本・田向正健)も,39.2％の平均視聴率を挙げた。相次ぐ大ヒットは「大河ドラマはやはり時代劇」を強く印象づけ,民放各局で減りつつあった時代劇が復調するきっかけともなった。1980年代末から1990年代にかけて,年末年始や春と秋の番組改編期には時代劇スペシャルが乱立した。題材や出演者の重複も見られた結果,視聴者に飽きられ,時代劇は再び「冬の時代」に入った。

3. 社会と人生を見つめた名作

「社会や人生の断片を切り取り,人間の生き方を深い視点で考えよう」との意図から1976年,『シリーズ人間模様』(後に『ドラマ人間模様』)がNHKの木曜夜10時台に新設され,2年後,日曜夜9時台に移動した。山陰のひなびた温泉を舞台にした吉永小百合主演の『夢千代日記』(1981～84年)シリーズは,このドラマ枠を代表する名作である。芸者置屋を細々と営むヒロインは胎内被爆による白血病に苦しみながらも,周囲の人々と肩寄せあって毎日を懸命に生きる。多彩な人物群像の哀歓を彼女の日記体で独特の陰影を込めて描き,評判を呼んだ。これに先がけ,脚本・早坂暁と演出・深町幸男コンビはこの枠で,若山富三郎主演でシリーズ化される『続・事件』『新・事件』などの傑作を送り出していた。

深町はこのドラマ枠で人間の心の機微に分け入り,情感豊かに演出する独自の手法を確立した。向田邦子の『あ・うん』では,中年夫婦とその友人との間で微妙なバランスを保つ友情と三角関係を見事に描き,続編も作った。1985年から始まる早坂の自伝的作品『花へんろ・風の昭和日記』シリーズも手がけ,

「続編ディレクター」との異名を取った。

　民放では，TBSの大山勝美プロデューサーが担当した『金曜ドラマ』(夜10時)から秀作やヒット作が次々に誕生した。うらぶれた映画館を継いだ主人公の周辺をおかしくも切なく描いた『港町純情シネマ』(1980年)と，社会問題化していたサラ金(サラリーマン金融)と大衆演劇の一座という意表を突いた組み合わせによる上質のコメディー『淋しいのはお前だけじゃない』では，脚本・市川森一，演出・高橋一郎，主演・西田敏行がトリオを組んだ。市川は，ともすれば日常的リアリズムべったりになりがちなテレビドラマの世界に寓話性豊かな新風を吹き込み，1983年に第1回向田邦子賞を受賞した。

　『金曜ドラマ』では1983(昭和58)年，シリーズ化される二つのヒット作が登場した。団塊の世代の夫婦関係と不倫の恋をおしゃれに描く鎌田敏夫脚本の『金曜日の妻たちへ』3部作は，「金妻」ブームを巻き起こした。もう一つのヒット作は，山田太一が描いた等身大の青春群像劇『ふぞろいの林檎たち』である。「四流大学」というレッテルを貼られた大学生3人(中井貴一，時任三郎，柳沢慎吾)の悩みや恋愛，友情，家族との関係を生き生きと描き，若い世代の共感を集めた。1985年に放送された続編は，この3人が実社会の厳しさに直面するという設定だった。出演者たちの実年齢に合わせて1991年と1997年にも放送され，14年続いた。

　これに匹敵する長期シリーズは，倉本聰の代表作となったフジテレビの『北の国から』だろう。「テレビは東京中心の発想で作られている。僕がこっちに来て感動した話を基に，地方からのメッセージを送りたい」。北海道・富良野に移住した倉本の着想から生まれた連続ドラマは，北海道の大自然と四季を背景にして，東京からUターンした五郎(田中邦衛)と長男の純(吉岡秀隆)，長女の蛍(中島朋子)，地元の人々とのふれあいをきめ細かく描いた。1981(昭和56)年10月から半年間放送され，幅広い層の感動を誘った。その後，「これからのテーマは時間。子どもの成長を追いかけよう」と，『北の国から '83冬』から一家族の同時進行ドキュメントとしてスペシャル編が制作され，8作目の『2002遺言』で幕を閉じた。演出の杉田成道は終了時，「世代や性別を超えて，

広範な視聴者の熱い共感，声援に突き動かされ，ここまで来られた」と感慨深げに語った。

第3節　テレビドラマの変容

1．2時間ドラマの隆盛

　単発の長編ドラマのレギュラー化では，テレビ朝日が1977年に新設した1時間半の『土曜ワイド劇場』が先駆けだった。「映画館に行けない主婦のお茶の間映画館」を売り文句にして，初の長編テレビ映画として始まった。視聴率が上昇したのは1979年，2時間枠に拡大し，サスペンスという鉱脈を掘り当てたことが大きい。初期の代表作は天知茂が名探偵明智小五郎にふんした『江戸川乱歩の美女』シリーズや，市原悦子主演の『家政婦は見た！』シリーズだった。この成功に刺激され，日本テレビ系では1980年に『木曜ゴールデンドラマ』，翌年には『火曜サスペンス劇場』が始まる。「娯楽が多様化した今，視聴者が毎週，連続ドラマにつき合ってくれる時代ではない」として，1990年のピーク時には日本テレビ，TBS，フジテレビ，テレビ朝日で週に合計8本を数えた。視聴率が取れそうな人気作家の原作は奪い合いとなり，「粗製濫造」という声が上がった結果，4局で1本ずつに落ち着いた。

　2時間ドラマが乱立する中，単発ドラマの可能性や芸術性を追求する意欲作，異色作も生まれた。『土曜ワイド劇場』では，フォーク歌手の泉谷しげるを主役の犯人役に起用した1979年の『戦後最大の誘拐・吉展ちゃん事件』（本田靖春原作）などの実録犯罪シリーズが異彩を放った。読売テレビの鶴橋康夫ディレクターは脚本・池端俊策，主演・浅丘ルリ子と組んで，現代人の心の病んだ部分を独特の映像美学で浮き彫りにする『仮の宿なるを』『危険な年ごろ』など数々の秀作を作った。鶴橋は後に江戸川乱歩賞を受賞する脚本家の野沢尚とも組み，ジャーナリズムの世界に切り込んだ『愛（めぐみ）の世界』や『雀色時（すずめいろどき）』などの多彩な作品を送り出した。『十二年間の嘘』（1982年）から始まる脚本・市川森一，演出・堀川とんこう，主演・竹下景子による

TBSの『聖母モモ子』シリーズも，ソープランド嬢を主人公にした異色の社会派ドラマとして注目された。

1970年代後半，大型のスペシャル番組を編成する動きが相次ぎ，「編成の時代」と呼ばれた。1977年には，江藤淳の原作を制作会社「テレビマンユニオン」の今野勉が演出した初の3時間ドラマ『海は甦える』が，TBSで放送された。帝国海軍を育てた山本権兵衛（仲代達矢）とその妻（吉永小百合），日露戦争で活躍した広瀬武夫中佐（加藤剛）の3人を軸にして，28.5％の高視聴率を取った。この成功を受けて，TBSは伊藤博文を主人公にした第2弾『風が燃えた』など一連の3時間ドラマを放送した。

長時間ドラマのブームは，NHKにも波及した。看板ディレクターの和田勉は1980年，安宅産業倒産事件を基にした『ザ・商社』で経済ドラマに挑んだ。1981年には，ドキュメンタリーとドラマの手法を融合させ，日米の混血児を通して太平洋戦争の時代を描いた岡崎栄演出の『マリコ』が放送された。また，自ら脚本を書く個性派ディレクターの佐々木昭一郎は『四季・ユートピアノ』（1980年），『川の流れはバイオリンの音』（1981年）などで詩的な映像美の世界を作り上げ，国際的に権威のあるイタリア賞や芸術祭大賞など国内外の数々の賞に輝いた。

2．トレンディードラマ旋風

1980年代に2時間ドラマやスペシャルドラマが隆盛を極めた背景には，連続ドラマがマンネリ化し，視聴率に翳りが見えてきた事情に加え，テレビ界全体の構造的変化も指摘しなければならない。フジテレビは1981年，ビートたけし，明石家さんま，山田邦子らのお笑いタレントが出演する『オレたちひょうきん族』を，1982年にはタモリを司会者に据えた昼の帯番組『笑っていいとも！』をスタートさせた。新しい笑いをふりまいて，若者たちに支持されたたけし，タモリ，さんまは「お笑い御三家」の地位を確立し，バラエティー番組が台頭した。その一方では，テレビ朝日が1985年，民放のプライムタイム（夜7～11時）で初の報道番組『ニュースステーション』を久米宏キャスターで開

始したように，民放に「報道の時代」が到来した。

　連続ドラマから離れつつあった OL ら若い世代向けに作られたのが，「トレンディードラマ」と呼ばれる恋愛ドラマだった。フジテレビは，若い女性に人気のある俳優たちが都会的センスあふれる生活の中で恋愛模様を繰り広げる集団恋愛劇を積極的に制作した。1988 年，浅野ゆう子と浅野温子が共演した『抱きしめたい！』がヒットし，「W 浅野」ブームを巻き起こした。この成功を機に，月曜夜 9 時台で『君の瞳に恋してる！』『愛しあってるかい！』などのヒット作を連打し，「月 9」と呼ばれたこの枠はトレンディードラマの代名詞となった。ここから野島伸司，坂元裕二らの若手脚本家，陣内孝則，柳葉敏郎，鈴木保奈美，安田成美らの若手俳優が育ち，1990 年代に活躍の場を広げていく。

　バブル景気がはじけた 1990 年代に入っても，フジテレビの好調は続いた。1991 年に放送された『東京ラブストーリー』と『101 回目のプロポーズ』は「純愛」をテーマにして，若者や OL の間で大きな話題を呼んだ。こうした恋愛ドラマ路線は，スポンサーの意向に合致していた。広告主の強い要請によって，世帯視聴率とは別に，性別・年齢層別の視聴者構成がわかる「個人視聴率」の機械式調査が導入された 1997 年以降，「流行に敏感で，消費行動も活発」とされる 20 歳～30 代半ばの女性を主なターゲットとするドラマ作りに拍車がかかった。

　同工異曲の恋愛ドラマが氾濫するとともに，ドラマのジャンルや内容の幅も狭まり，作家性や社会性，テーマ性の強い大人向けのドラマは作りにくくなった。中高年層が好む時代劇のレギュラー枠は，TBS の長寿番組『水戸黄門』や中村吉右衛門の代表作となったフジテレビの『鬼平犯科帳』などを除くと，次々に姿を消した。ホームドラマにしても，1990 年から TBS で始まった橋田壽賀子作の『渡る世間は鬼ばかり』シリーズだけが健闘し，退潮傾向が著しい。

第4節　テレビドラマの現在と今後

1. 強まるプロデューサーシステム

　一世を風靡したトレンディードラマは，連続ドラマの作り方を大きく変えた。このブームを担ったフジテレビの山田良明，大多亮プロデューサーは「制作者が作りたいものから，ターゲットとする視聴者が見たがるものへ」と転換した。プロデューサーは企画を立てて脚本家や配役を決め，制作費を管理し，視聴率の結果を含め番組のすべてに責任を持つ。演出を担当するディレクターは撮影現場の最高責任者である。両者は上下関係というより，一種の役割分担という面もあったが，このころからプロデューサーが脚本の内容まで主導する「プロデューサーシステム」が強まった。

　女性の社会進出もあって，1990年代には女性脚本家の台頭が目立った。NHKの朝の連続テレビ小説では，OL出身の内館牧子が1992年に『ひらり』をヒットさせたのに続き，大石静は1996年，『ふたりっ子』をヒットさせた。北川悦吏子はTBSの『愛していると言ってくれ』（1995年）やフジテレビの『ロングバケーション』（1996年）などのヒット作で，ラブストーリーの第一人者の地位を確立した。2000年代に入っても女性脚本家の活躍は続き，法曹界に詳しい井上由美子は『マチベン』（NHK，2006年）で向田邦子賞を受賞し，田渕久美子は2008年のNHK大河ドラマ『篤姫』をヒットさせた。

　プロデューサー主導型の制作システムは，時代に吹く新しい風を敏感にとらえるメリットがある反面，加速する一方の視聴率至上主義の風潮の中で，脚本家や演出家の個性，作家性を希薄にさせる弊害も指摘された。2000年代のヒット作では日本テレビの『ごくせん』，TBSの『花より男子』，フジテレビの『のだめカンタービレ』などが挙げられるが，いずれも人気漫画のドラマ化である。漫画の原作が主流になるにつれて，脚本家のオリジナル作品は減った。

　NHK・民放の連続ドラマの本数は，夜の時間帯だけでも週20本前後を数えるが，ヒット作の『相棒』など刑事ドラマに力を入れるテレビ朝日を除くと，各局のカラーやドラマ枠の特徴は見えにくくなった。その中で，NHKの『土

曜ドラマ』はアクチュアルな社会の動きを真正面から取り上げる制作姿勢を保ち続け，国内外の賞をさらった『ハゲタカ』（2007年）などで気を吐いている。

2．テレビと映画の連動

　民放で目立つ傾向では，映画との連動が挙げられる。最も成功した事例はフジテレビの『踊る大捜査線』だろう。東京都内のある警察署に勤務する若い刑事（織田裕二）を主人公にして，所轄署を見下す警視庁のエリートとの対立を織り交ぜながら事件を解決する刑事ドラマで，1997年に連続ドラマとして放送された。この亀山千広プロデューサーは，テレビと同じスタッフ，キャストで1999年，映画版を作り，興行収入50億円のヒットを飛ばした。続いて，2003（平成15）年に公開された2作目は，173億円という驚異的な興行収入を記録した。アニメを除く邦画の1位に躍り出て，映画関係者を驚かせた。

　フジテレビはもともと映画製作に力を入れてきたが，積極的にテレビと映画の相乗効果を狙っている。海上保安庁の潜水士が活躍する『海猿』シリーズの場合，まず映画でスタートし，次に連続ドラマを作り，また映画を作って完結編とする戦略を立てた。2006年に公開された映画の2作目は期待通り，1作目を上回るヒットを飛ばした。こうした背景には，インターネットの浸透などでテレビ広告費が伸び悩み，微減傾向をたどっているため，民放各局は放送外収入の増加を経営課題としている事情がある。

　2010年の邦画の興行収入ベスト10（日本映画製作者連盟調べ＝表5－2）をみると，テレビ局が出資・製作した映画でほぼ独占される。中でも，『海猿』『踊る大捜査線』『のだめカンタービレ』『SP』の4作はいずれも，フジテレビの連続ドラマから生まれた映画である。民放の間では劇場公開に合わせ，映画と連動した単発ドラマなどを放送する手法が広がっている。テレビドラマは「映画の長い予告編」なのだろうか。自局がらみの映画を盛り上げるため，公共の電波を使うなりふり構わない手法は，「放送の公共性」への自覚が乏しいと言わざるをえない。

表5-2　2010年の邦画の興行収入ベスト10

(日本映画製作者連盟調べ)

	作品	興行収入(億円)	出資したテレビ局
1	借りぐらしのアリエッティ	92.5	日本テレビ
2	THE LAST MESSAGE　海猿	80.4	フジテレビ
3	踊る大捜査線 THE MOVIE 3　ヤツらを解放せよ	73.1	フジテレビ
4	ワンピース フィルム　ストロングワールド	48.0	フジテレビ
5	劇場版 ポケットモンスター　ダイアモンド＆パール　幻影の覇者 ゾロアーク	41.6	テレビ東京
6	のだめカンタービレ　最終楽章 前篇	41.0	フジテレビ
7	告白	38.5	
8	のだめカンタービレ　最終楽章 後篇	37.2	フジテレビ
9	SP　野望編	36.3	フジテレビ
10	名探偵コナン　天空の難破船	32.0	日本テレビ

3．求められる海外への発信

　2003年から2004年にかけて，NHKの衛星放送や総合テレビで放送された韓国の純愛ドラマ『冬のソナタ』は，日本にも「韓流」ブームが打ち寄せるきっかけとなった。このドラマは2002年に開催されたサッカー・ワールドカップ日韓大会とともに，日本人にとって「近くて，遠い国」だった韓国・韓国人観を一変させ，好感度や親近感を高める大きな役割を果たした。これに続き『宮廷女官 チャングムの誓い』もNHKでヒットし，民放系のBSデジタル放送では韓流ドラマが次々に放送されている。

　韓流ドラマは中国や台湾，東南アジアでも人気を集めている。韓国は官民一体でテレビドラマや映画などの文化産業に力を入れ，2006年にはドラマの国際コンクール「ソウル・ドラマアウォード」が創設された。韓国コンテンツ振興院によると，伸び続けるテレビ番組の輸出額は2006年，中国向けが減ったため落ち込んだが，翌年からまた増加に転じ，2008年は120億円に迫った。ドラマが9割を占める。日本は立ち遅れが目立ち，テレビ番組の輸出額は2008年度，92億円と見込まれ，韓国には及ばない。アニメが圧倒的に多く，ドラマは1割にすぎない。

日本では2007年秋から，ゲームソフトや漫画，映画，アニメ，テレビ番組などを世界に売り込むため，「JAPAN国際コンテンツフェスティバル（コ・フェスタ）」が経済産業省主導で始まった。新規イベントの目玉は，NHKと民放などが主催する「国際ドラマフェスティバル」だった。2回目の2008年には，海外にも通用する作品を顕彰する「東京ドラマアウォード」が創設され，官民で国際展開に本腰を入れだした。日本のドラマをどう海外に発信するかは，グローバル化時代の大きな課題となっている。

　地上波テレビは広告媒体としての力が下がり，視聴率も全体に落ちている。ドラマも「15％取ればヒット」と言われ，不振が叫ばれている。しかし，日本のテレビドラマをリードしてきた山田太一は「ピンチはチャンス」と語る。「作り手が視聴率に振り回され，自分を見失っているという気がする。視聴率を狙ってもなかなか取れない時だからこそ，一度それを脇に置き，自分たちが本当に作りたいドラマを作るいい機会だと思う」。この至言で本稿を締めくくりたい。

（鈴木　嘉一）

参考文献

東京ニュース通信社編『テレビ50年』東京ニュース通信社，2000年
日本放送協会編『20世紀放送史』日本放送出版協会，2001年
日本放送作家協会編『テレビ作家たちの50年』日本放送出版協会，2009年
日本民間放送連盟編『民間放送50年史』日本民間放送連盟，2001年
読売新聞芸能部編『テレビ番組の40年』日本放送出版協会，1994年

第6章　ワイドショーとバラエティ

　2000（平成12）年以降の日本の地上波テレビ放送の番組編成には，ふたつの際立った特徴が見られる。ひとつは個別番組の長時間化，もうひとつは旧来の番組の分野や形式の融合とも言うべき番組群の増加である。このうち前者は"ワイドショー"の定着，後者は番組総体としての"バラエティ化"として集約的に表現されることが多い。しかし，ワイドショーにしてもバラエティにしても，定義が曖昧で多義的である。そのせいもあってか，ふたつの番組は編成で重要な位置を占めながら，研究がほとんど進んでいない。ただ明確なのは，両方とも放送というメディアが創造した不定形の表現の分野で，時代とともに変化を遂げ，厳しい批判の対象となってきたという共通点を持っていることである。

　なぜこれらの番組が隆盛なのか，その背景に何があるのか，またなぜ批判にさらされて来たのだろうか。この章ではこれらの点について述べる。

第1節　ワイドショーの隆盛と批判

　ワイドショーは，1960年代から70年代にかけて個別番組の長時間化を牽引し，最近の番組編成でも重要な比重を占めている番組である。しかし，定義が曖昧で広範である。このため，最初に始まった主婦向けの番組とその系譜に繋がる番組ばかりでなく，エンタテイメント系の番組やショー的な要素の強いニュース番組までもが一様にワイドショーと呼ばれることがある。その一方で，この種の番組には，共通の意味，性格，番組形式があるように思われる。すなわち，従来の番組と比べて放送時間が長いという文字どおりの意味と題材の選択の幅が広いという含意，純然たるエンタテイメントとは違うがショー的な色彩を帯

びているという性格，それに大半の番組が知名度の高い司会者を起用し，会話（トーク）を中心に番組を進行し，複数のコーナーを設けて種々の題材を盛り込むマガジン・フォーマットと言われる形式を採っていることである。しかし，このような基準を当てはめてもまだまだワイドショーの幅は広い。そのため，ここでは，主婦層を主な対象として午前から午後の時間帯に編成されてきた長時間の番組に絞って，論ずることにする。

1．不毛の時間帯の開発

　ワイドショーは，1964（昭和39）年4月に日本教育テレビ（NET，1977年4月テレビ朝日に改称）が朝の時間帯に新設した1時間の『木島則夫モーニングショー』（～68.3，8:30～9:30）が始まりというのが定説である。この番組は，アメリカ三大ネットワークNBCの朝の番組『TODAY』を参考にして，ニュースショーを目指して出発した。同じ時間帯には，早くも翌1965年5月にフジテレビが1時間半の『奥様スタジオ　小川宏ショー』（～82.3，9:00～10:30，80.4から8:30～9:55）を組んで参入した。

　昼の時間帯には，同じ1965年4月にNETが1時間の『ただいま正午　アフタヌーンショー』（～85.10，12:00～12:55）を始め，翌年から落語家の桂小金治を司会者にたてた。そして昼下がりの時間帯には，1968年4月にフジテレビが女優の高峰三枝子と元TBSアナウンサーの木元教子を司会に起用して1時間の『奥様スタジオ　3時のあなた』（～88.4，15:00～15:55）を設けた。この番組は，豪華なサロン風のスタジオに芸能人らを招き，対談と時事問題や芸能情報などで構成するトーク・ショーの性格が強いものであった。

　朝と午後の時間帯は視聴率の低い不毛の時間帯と言われていたが，ワイドショーは主婦層を照準にたった4年でこの荒地を開拓した（表6－1参照）。そして1970年4月には，午前と昼にそれぞれ3本，午後に1本，合わせて7本を数えた。このほか深夜の時間帯には，題名に初めて"ワイドショー"と謳った『ワイドショー11PM』（1965.11～90.3，23:15～24:15，曜日を決めて日本テレビと読売テレビが製作）があったが，これは成人男性向けの番組であった。

表6-1　主婦層を対象とした初期のワイドショー

時間帯	朝	昼	午後
番組名 放送局	『木島則夫モーニングショー』 日本教育テレビ	『ただいま正午　アフタヌーンショー』 日本教育テレビ	『奥様スタジオ　3時のあなた』 フジテレビ
放送時間 放送期間	08:30～09:30 1964.4～1968.3	12:00～12:55 1965.4～1985.10	15:00～15:55 1968.4～1988.4
主な出演者	木島則夫，井上加寿子， 栗原玲児	榎本猛（～69.1）， 桂小金治（～73.8） 草笛光子，大沢嘉子， 市川靖子	高峰三枝子（～73.5） 木元教子（～69.3）， 山口淑子（～74.3）

出典）各放送局の社史などをもとに作成

　主婦向けのワイドショーの急拡大の要因は，何よりも番組が新鮮で主婦層の共感を呼んだことに求められる。司会者の親しみやすさや番組で涙ぐむなどの人間的な感情の発露，斬新な番組形式，暮らしや美容，育児，芸能などの情報，「今週の歌」「初恋談義」「おふくろ談義」などのコーナー，これらが魅力であった。また，番組のコーナーが10分内外で視聴のリズムに適していたこと，コーナーとコーナーの間にコマーシャルを挿入しやすく製作費もドラマなどに比べて格段に廉価だったことも一因であった。このように初期のワイドショーは，放送局にとっても視聴者にとっても従来にない新しい形式の番組で，文字どおり"ワイドなショー"という受け止められ方をしていたと思われる。

2．過熱した競争が招いた変質と批判

　ワイドショーは，TBSがフジテレビの『3時のあなた』に対抗して5年後の1973年7月に『3時にあいましょう』（～92.10，15:00～15:55）を開始したころから，変質の兆しを見せ始めた。TBSに続いて日本テレビも午後2時台に同様な番組を始め，これに朝と昼の番組が加わって，1980年4月には1日に9本のワイドショーが競合した（表6－2参照）。こうして激化した視聴率競争を背景に，ワイドショーは1970年代後半を境に次第に芸能人の結婚やスキャンダル，衝撃的な事件など視聴者の卑俗な関心に訴える番組へと傾斜していった。これらの題材は視聴率が上がるという理由からどの局もが競って放送した。

表6−2　競合するワイドショー　1980年4月

時間帯	日本テレビ	TBS	フジテレビ	テレビ朝日
朝	『ルックルックこんにちは』 08:30〜10:00	『奥さま8時半です』 08:30〜10:00	『小川宏ショー』 08:30〜09:55	『溝口泰男モーニングショー』 08:30〜09:30
昼	『ワイドショー』 12:00〜13:00			『アフタヌーンショー』 12:00〜12:55
午後	『2時のワイドショー』 14:00〜14:55	『3時にあいましょう』 15:00〜15:55	『3時のあなた』 15:00〜15:55	

出典）各放送局の社史などをもとに作成

　そのなかから芸能リポーターという新種の職業人が登場し，他人のプライバシーを侵しかねない強引な取材をしてそのまま放送した。また現場からの中継が増え，同じ題材の映像がVTRで繰り返し放送された。さらに事件の渦中の人物が頻繁にスタジオに出演した。

　この背景には，民放各局間の競走の激化のほかに，1970年代後半から新しい撮影収録システムENG（Electric News Gathering）が導入されたことがあった。ENGはビデオカメラとビデオレコーダーを一体化したもので，機材が小型で軽量化したため自由で機敏な取材が可能である。また，VTRは従来のフィルムと違って現像を必要とせず，編集したVTRは番組に何度も使用できる。さらに，ENGは送信機と組み合わせることで中継も可能であった。

　ワイドショーの過熱した事件取材が頂点に達するのは，1985（昭和60）年の「ロス疑惑」の時であった。この事件は，1981年11月に雑貨品輸入業を営む三浦和義とその妻がロサンゼルス郊外で何者かに銃撃され，妻が意識不明に陥り1年後に死亡したというものであった。この事件について『週刊文春』は1984年1月から「疑惑の銃弾」と題するシリーズを掲載し，三浦が妻に掛けた保険金を詐取する目的で友人に銃撃させたのではないかと報じた。この報道をきっかけにワイドショーは，週刊誌やスポーツ紙とともに，警察の捜査に先行して三浦とその家族を執拗に追い駆け，三浦自身を何度もスタジオに招いた。翌1985年9月，三浦は銀座のホテルの駐車場で逮捕されたが，その時三浦の車にはテレビ朝日の『モーニングショー』のディレクターが"密着取材"のた

めに同乗していた。

　この事件をめぐるワイドショーの過熱した取材と放送は，厳しい批判を受けた。それは，三浦を頻繁に出演させ言い分をそのまま放送することによって番組が三浦に有利なように利用されたという批判と，刑事被告人にもなっていない人物を大勢の取材陣が追い廻し名誉やプライバシーを侵害したという批判であった。にもかかわらず，この教訓は活かされず，1995年春のオウム真理教事件では，3月に発生した地下鉄サリン事件から教団代表の麻原彰晃らが逮捕される5月まで，過熱した取材，"オウム漬け"と呼ばれるような連日の放送，それに教団幹部の度重なる出演が繰り返された。

　「ロス疑惑」直後の1985年10月には，今度はテレビ朝日の『アフタヌーンショー』(1965.4〜85.10, 12:00〜12:55) に"やらせ"があったことが明らかになった。これは，番組のディレクターが中学生に現金を渡して女子中学生に対する性的なリンチを仕組んで撮影したというものであった。この事件では放送の倫理が問われ，テレビ朝日は20年以上続いた番組を10月で打ち切った。

　さらに1996年4月には，TBSの坂本弁護士テープ事件が起こった。この事件は，1989年秋に『3時にあいましょう』(1973.7〜92.10, 15:00〜15:55) のプロデューサーらがオウム真理教被害対策弁護団の一員として教団との折衝に当たっていた坂本堤弁護士にインタビューし，それを聞きつけた教団幹部に強要されてテープを見せ，その直後に坂本弁護士一家が教団に殺害されたというものであった。この事件は，プロデューサーらがテープを事前に見せたうえにそれが殺人にまで繋がったという点で，放送に携わる者の倫理を根底から問う事件であった。TBSは，社長が辞任し，『3時にあいましょう』の後番組の『スーパーワイド』(1992.10〜96.5, 14:00〜15:55) も5月に打ち切り，ワイドショーを担当していた社会情報局を廃止した。

　このような過熱取材や一連の事件をとおして，ワイドショーには，俗悪番組，放送倫理を欠如した番組という否定的な意味が付与されてゆく。

3．新しい意味づけ

　ワイドショーは，1990年後半ごろから，政治的な問題や社会的な問題を採り上げる頻度が増し，司会者のほかに専門家らがコメンテーターとして常に出演する形式が浸透した。この変化は，番組の参照機能とも言うべき機能を一段と強化し，ワイドショーに新たな意味づけをしたように思われる。

　放送に限らずマス・メディアは，一般的に，視聴者や読者がそこで展開される論点や意見を基準にして自分の意見が社会の大勢にそっているかどうかを確認する機能を持っているとされている。このため，同じような論点や意見がマス・メディアで繰り返し提示されると，視聴者や読者の意見が特定の方向に向かう恐れがある。その結果として，ワイドショーには，この番組が同様な題材を繰り返し放送する傾向が強いがゆえに，国民の感情やムードを一定方向に誘導しかねない番組という意味がさらに加わった。

　その一例として挙げられるのは，2005（平成17）年9月に行われた第44回衆議院議員総選挙に関する放送である。この選挙は，小泉純一郎首相が参議院での郵政改革法案の否決を受けて衆議院を解散して実施されたもので，郵政改革選挙とも言われた。小泉首相はかねてから政治状況を対決の構造でとらえ論点を短く表現する術に長けていた。それは時間が限定されているテレビ放送に適合し，そのサウンド・バイトの繰り返しは政治的な効果を生むと指摘されていた。また，自民党はこの選挙で郵政改革法案に反対した議員を公認せず，対抗馬として女性を中心とした"刺客"と呼ばれる候補者を該当する選挙区に擁立した。ワイドショーは，小泉首相の遊説や女性候補同士が争う刺客の選挙区を重点的に取材し，頻繁に放送した。選挙の結果は自民党が圧勝し，小泉首相と当選した刺客たちはワイドショーで再び脚光を浴びることになった。こうした傾向は，年金や雇用などの重要な争点がありながらそれらを背後に追いやり郵政改革だけを唯一の争点にしてしまったと論評された。また，マス・メディアが小泉首相のメディア戦術に操られ議題設定という本来の機能を見失い，国民感情を一定の水路に誘導したと批判された。こうした批判の中心に置かれたのが，またもやワイドショーであった。

このように，ワイドショーは，放送時間が長く幅広い題材を扱うという本来の意味を失わないものの，そのほかの意味を付与されながら現在に至っている。しかし，この番組は，事象をわかりやすく伝え視聴者の知識を深めるという点で貢献してきた。また，親しみやすさや感情移入のしやすさによって，視聴者とテレビ放送を結ぶ共感の回路とも言うべき役割を果たしてきた。その一方で，番組が競合し同じ題材を繰り返し放送するために，その累積効果によって否定的に意味づけられてきた嫌いがあるように思われる。

ここでは主に民放キー局の番組を対象としたが，NHK総合テレビの番組に"ワイドショー"がないわけではない。たとえば，朝の時間帯には『木島則夫モーニングショー』に続くかたちで新設された『スタジオ102』(1965.4～80.3，7:25～8:00) とその後継番組，『こんにちは奥さん』(1966.4～74.3，8:45～9:35) から『朝イチ』(2010.4～，8:15～10:00) に続く一連の女性向けの番組がある。しかし，いずれもショー的な要素を極力抑制し，前者はニュース番組，後者は生活情報番組の枠を堅持としているように思われる。

第2節　番組の"バラエティ化"

バラエティ番組という言葉も定義が曖昧で，多義的な使われ方をしている。"バラエティ"は，国語辞典では，第1に多様性，第2に歌・踊り・寸劇を取り混ぜた寄席風の大衆演芸あるいはその放送番組と記されている。日本のテレビ放送の番組のなかで第2の意味が正確に当てはまるのは初期の番組に限られている。しかし，最近では第1の意味が援用され，エンタテイメント系の番組はもとより，情報系や教養系の番組にもバラエティという言葉が広範に使われている。なぜこのような多義的な使い方が生じたのだろうか。また，番組総体としてのバラエティ化とは何を指し，その要因は何なのだろうか。ここでは，この番組の系譜を歴史的に辿ることによって，バラエティの意味と番組の変化を帰納的に分析してみたい。

1. 東京のバラエティ番組と大阪の上方コメディ

　日本のテレビ放送の初期のバラエティ番組を象徴するのは、寄席からの中継と3本の先駆的な番組である（表6-3参照）。寄席中継はテレビ放送開始後の早い時期から行われ、寄席で演じられる落語・漫才・奇術などの様々な芸が放送された。この場合は、寄席の演目そのものが多様性に富んだもの、すなわちバラエティであった。これに対して、日本テレビの『光子の窓』（1958.5〜60.12）と『シャボン玉ホリデー』（1961.6〜72.10）、それにNHK総合テレビの『夢であいましょう』（1961.4〜66.4）は、スタジオでバラエティを創作するという画期的な番組であった。いずれもアメリカの番組『ペリー・コモ・ショー』や『エド・サリバン・ショー』に影響を受け、歌と踊りと寸劇で番組を構成した。『光子の窓』では、歌も踊りもできる俳優の草笛光子を起用し、喜劇役者・ダンス団・楽団を配して、視覚に訴える番組を作り上げた。『シャボン玉ホリデー』では、双子の歌手のザ・ピーナッツとジャズ楽団出身でギャグを連発するハナ肇とクレージー・キャッツを主役に据えた。両番組とも複数の作家が構成を担当し、井原忠高が演出した。一方、『夢であいましょう』はデザイナーの中嶋宏子を司会にたて、歌手の坂本九や俳優の黒柳徹子、浅草軽演劇出身の渥美清らが出演した。中村八大が音楽、永六輔らが構成を担当し、末盛憲彦が演出して、都会的でしゃれた番組に仕立て上げた。この3番組に共通していたのは、第1に歌・踊り・寸劇という異なる芸能の組み合わせ、第2に笑いが醸し出す楽しさ、第3に出演者の魅力であった。その後の"バラエティ番組"は、この

表6-3　初期のバラエティ番組

番組名 放送局	『光子の窓』 日本テレビ	『夢であいましょう』 NHK	『シャボン玉ホリデー』 日本テレビ
放送時間 放送期間	日曜日 18:15〜19:00 1958.5〜1960.12	土曜日 22:00〜22:30 1961.4〜1966.4	日曜日 18:30〜19:00 1961.6〜1972.10
演出	井原高忠	末盛憲彦	井原高忠
主な出演者	草笛光子, 藤村有弘	中嶋宏子,坂本九,黒柳徹子 渥美清,中村八大,永六輔	ザ・ピーナッツ, ハナ肇とクレージーキャッツ

出典）『20世紀放送史』『大衆とともに25年』をもとに作成

3つの要素のいずれかに重点を移しながら変容してゆくことになる。この3番組はいずれも東京のテレビ局の所産であった。

　一方，大阪では，1956（昭和31）年12月に関西初の民放テレビ局大阪テレビ（1959.6 朝日放送に合併）が放送を始めたのに続いて，短期間に讀賣テレビ（1958.8 開局），関西テレビ（1958.11），毎日放送（1959.3）が開局し，数多くの"上方コメディ"を放送した。上方コメディは花登筺らが脚本を担当し，人気の漫才師らを主役に起用した。その最初は『びっくり捕物帳』（1957.4〜60.5，大阪テレビ／朝日放送）で，人気絶頂にあった漫才師の中田ダイマル・ラケットと若手俳優の森光子が出演した。1959年3月には，空襲で多数の寄席と演芸場を失い映画製作と興行に社業を転換していた吉本興業が，毎日放送の開局に合わせて，大阪・梅田に演芸場うめだ花月を開場して事業に復帰した。そして，花菱アチャコや大村崑らを中心に，静的で重厚な松竹新喜劇とは対照的な動きの早いドタバタの吉本新喜劇をテレビ放送に定着させた。その代表作は，股旅物の喜劇『てなもんや三度笠』（1962.5〜68.3，朝日放送）であった。沢田隆治が演出したこの番組は，公開番組で，後に渋い演技派俳優となる藤田まことが初めて主役を務め，吉本新喜劇の白木みのると軽妙なやり取りを繰り広げて笑いをふりまいた。また，松竹新喜劇の藤山寛美は『親バカ小バカ』（1959.12〜60.4，讀賣テレビ）などの番組で舞台の人気をさらに高めた。こうした一連の上方コメディは，東京で製作された正統的なバラエティ番組と異なり喜劇に属する番組であったが，後の"バラエティ番組"に見られる笑いの要素とその人材を供給する出発点となったのではないかと思われる。

2．笑いの変化と"タレント"の登場

　1960年代末ごろからテレビ番組が作り出す笑いの主流は，コメディからバラエティに移ったと言われた。これを象徴するかのように『てなもんや三度笠』の終了前後から，フジテレビの『コント55号の世界は笑う』（1968.9〜70.3），日本テレビの『コント55号の裏番組をぶっとばせ！』（1969.4〜70.3），TBSの『8時だヨ！全員集合』（1969.10〜85.9）が始まった。これらの番組は，喜劇役者や

音楽バンドを主役に滑稽な動作やせりふで笑いを引き出すもので，筋書きよりも役者の動きやアドリブが重視された。初期のバラエティ番組が共有していた要素のうち，歌・踊り・寸劇の組み合わせが消え，出演者の魅力と笑いの要素が前面に出ていた。そして，この種の番組が，多様な要素を盛り込んでいるという意味からか，いつしか"バラエティ番組"と呼ばれるようになった。

コント55号は，浅草軽演劇出身の萩本欽一と坂上二郎がコンビを組み，萩本がつっこみ役，坂上がボケ役に徹して，激しい動きのコントを演じて人気を集めた。しかし，じゃんけんで負けた相手が衣服を1枚ずつ脱いでゆく野球拳で，低俗番組の批判を浴びた。2人はその後別々に番組に出演するようになるが，演出家でもある萩本は公開番組『欽ちゃんのドンとやってみよう！』（1975.4～80.3，フジテレビ）で，お笑いとは縁のなかったゲストや視聴者から素人が持つおかしみを引き出し，人気を確固なものにした。

一方，同じ公開番組の『8時だヨ！全員集合』は，いかりや長介をリーダーとするコミックバンドのザ・ドリフターズが出演し，大掛かりなセットを使った動き，加藤茶らのギャグ，「いい湯だな」などの歌で高い視聴率を得た。企画の練り直しと稽古に週4日をかけ，ドタバタやアドリブまでもが計算し尽くされていた。この番組もまた，「ちょっとだけよ」というストリップまがいの踊りや「カラスの勝手でしょ」の替え歌で低俗番組の批判を受けた。いずれの番組も公開かスタジオに観客を入れる形式で，観客と視聴者というふたつの受け手を持つことによって，笑いを共有する新たな空間を作り出したと指摘された。

1980年代に入ると，明石家さんま，ビートたけし，タモリの3人が，豊かな個性と即妙なアドリブで，笑いを牽引する存在となった。明石家さんまは関西の落語家出身，ビートたけしは浅草の漫才から出発し，タモリは4ヶ国語麻雀などの奇芸で売り出し，ともにラジオ放送のディスク・ジョッキーでの人気をもとにテレビ放送に進出した。1981年度の編成から"楽しくなければテレビじゃない"を打ち出したフジテレビは，『オレたちひょうきん族』（1981.5～89.10）で明石家さんまとビートたけしを主役に据え，無手勝流とも言われる自在なアドリブで笑いを獲得した。そして，その1年後には，タモリを司会に起

用してその本名を題名にとった『森田一義アワー　笑っていいとも！』(1982.10〜現在) を平日の昼の時間帯に新設した。この番組は生放送の公開番組で，タモリが遊び感覚のような軽妙なアドリブで番組を進行し，根強い人気を保った。両番組とも横澤彪がプロデューサーであった。さんまもたけしも『さんまのからくりTV』(1992.4〜96.3, TBS) や『天才・たけしの元気が出るテレビ!!』(1985.4〜96.10, 日本テレビ) など，自らの名前を冠した番組で司会を担当して人気を呼んだ。彼らは，テレビ番組の累積効果として，一介の芸人から"タレント"に成長し，芸の実演よりも司会や話から滲み出る人間性そのものに価値が見出された。

　この"タレント"という言葉も定義が曖昧であるが，1960年代半ばごろから本業や経歴を超えてテレビ放送で活躍する人たちを指す言葉として定着した。なかでもバラエティ番組は，種々の要素の寄せ集めであるがゆえに，当初から出演者の多様な芸や技能，すなわちタレントに依存する性格が強かった。この依存傾向は，タレントの名前を付けた番組が増えた1980年代後半からいっそう顕著になった。そのなかでタレントは，笑いと司会を担うことで視聴者の共感を集め，番組と視聴者とを繋ぐ媒介の役割を果たしていった。

　1980年代初めには短期間ではあるが漫才ブームが起こり，そのなかから関西漫才界の横山やすし・西川きよしや島田紳助らが現われた。その後，とんねるず (石橋貴明・木梨憲武)，ウッチャン・ナンチャン (内村光良・南原清隆)，ダウンタウン (浜田雅功・松本人志)，爆笑問題 (太田光・田中裕二) らが登場した。彼らの特徴は，芸能界の経歴が浅いかあるいはほぼ無縁に近いところから出発したことと，何よりもテレビ番組が育て作り上げた人材であることであった。たとえば，漫才ブームを作ったと言われる『花王名人劇場』(1979.10〜90.3, 関西テレビ) や『THE MANZAI』(1980.4〜82.6, 『火曜ワイドスペシャル』の枠内で11回放送，フジテレビ) は，その放送を通じて多くの人材を供給した。こうした芸能人は当初はお笑い番組と称される番組に出演者の一員として出ていたが，その後活躍の場を司会業やほかの番組分野にまで広げた。たとえば島田紳助は，政治討論番組『サンデー・プロジェクト』(1984.4〜2010.3, テレビ朝日)

で司会を 14 年間も務め，爆笑問題は『爆笑問題のニッポンの教養』(2007.3～現在，NHK 総合)で従来は教養番組に分類されていた分野に進出した。そしてタレント化した。

3. 番組分野の曖昧化

　一方，1980 年代後半から，従来の堅苦しい教育・教養的な番組に娯楽番組の形式と要素を採り入れた新番組が開発され，旧来の番組分野が曖昧化する現象が進んだ。その萌芽は 1970 年代後半から見られ，たとえば『ウルトラアイ』(1978.5～86.3，NHK 総合)は，司会の山川静夫アナウンサーが自ら体験を重ねながら科学の謎を解いてゆく演出を採り，科学番組に娯楽性を加味した。また，鈴木健二アナウンサーが主任教授役を務めた『クイズ面白ゼミナール』(1981.4～88.4，NHK 総合)は，教科書に載っている事柄や歴史上の事実などをクイズ形式で回答者と会話を交えながら解いてゆく先駆的な番組であった。

　それが 1980 年代後半になると，教育(エデュケーション)と娯楽(エンタテイメント)を組み合わせた「エデュテイメント」を標語する番組が登場した。フジテレビは，『クイズ面白ゼミナール』に触発されて，『たけし・逸見の平成教育委員会』(1991.10～97.9，94.10 からは『平成教育委員会』)を開発した。エデュテイメントと称したこの番組は，ビートたけしが先生，アナウンサーの逸見政孝が生徒となって，クイズ形式で国語や算数などの問題を解く内容であった。また，関口宏が司会した日本テレビの『知ってるつもり?!』(1989.10～2002.3)と三宅祐司が司会を務めた朝日放送の『驚きももの木 20 世紀』(1993.4～99.10)は，歴史上の人物や事件の知られざる面を映像とスタジオでの話で紹介する番組であった。一方，島田紳助が司会をするテレビ東京の『開運！なんでも鑑定団』(1994.4～現在)は，家の宝物や骨董品の値打ちを専門の鑑定家らが判定する内容であった。これらの番組は，旧来の教育・教養番組にクイズの形式や出演者の興味深い話（トーク）を採り入れて娯楽の要素を加味し，番組分野の融合とも言うべき番組を作り上げた。これらの番組もまた，融合の結果生まれた多様な要素を理由に，バラエティ番組と呼ばれた。

このようにバラエティ番組は，当初の歌・踊り・寸劇で構成された正統的な番組から出発して，その後は笑いの要素とタレントの魅力に傾斜し，さらにクイズとトークを採り入れることによって，ほかの番組分野も侵食していった。バラエティ番組は，こうした変幻自在さによって，従来の番組分野の隙間を埋めるように拡大していったのである。これが，最近の"番組総体としてのバラエティ化"ではないだろうか。

4．バラエティ化と番組批判

友宗・原・重森（2001）は，2000年11月1週間の関東の地上波テレビ放送6チャンネル（NHK教育テレビを除く）の放送番組を調査し，対象とした419本の番組のうち137本，約33％がバラエティ番組と分析している。そして，バラエティ番組の特徴として次の5つの特性を挙げている。第1はタレントの個性の利用，第2はトークがもたらす笑い，第3は構造の複雑さ，第4は出演する素人の多彩さ，第5は乗り降り自由な番組構成である。このほとんどは，今まで見てきたバラエティ番組の変容要因と一致している。

では，なぜ番組総体としてのバラエティ化が進展しているのであろうか。その答えは容易ではないが，大別して3つの理由があるように思われる。第1は，前述したようにバラエティ番組がその領域を歴史的に拡大してきたことである。第2は，放送そのものが当初から娯楽の性格が強く，放送事業者が自らの放送の性格を意図的に堅持しない限り娯楽に傾斜しがちであるという事実である。第3は，最近の視聴者にはテレビ放送を当然の所与と考え時間を快適に過ごす装置としてとらえる日常感覚が浸透していて，こうした感覚に添った気楽に見られる番組の需要が強いという事情である。

一方，バラエティ番組もまた，前述したワイドショーとともに，厳しい批判にさらされてきた。この番組は，1960年代後半から，出演者がふざけすぎて下品で卑猥な言葉を使い，イジメや差別を平気で話題にし，物や人間を粗末に扱いすぎるなどと批判されてきた。批判が頂点に達したのは，2007年1月に関西テレビが放送した『発掘！あるある鑑定団Ⅱ』における事実の捏造であっ

た。こうした状況のなかで，NHK と民間放送事業者でつくる放送倫理・番組向上機構（BPO）は，2009 年 11 月，問題があった番組や放送事業者に出される通常の見解や警告とは違う異例の「最近のテレビ・バラエティ番組に関する意見」を発表した。「意見」は，まず，バラエティ番組は揶揄や笑いによって社会を批判する機能を備え，報道やドラマに比べ不定型なるがゆえに視聴者の心を解放し放送を通じた自由な公共空間を作る動きがあると記している。しかし，番組制作者らの倫理の欠如や真剣な番組制作からの逸脱は，表現の自由を損ない視聴者のテレビ離れを招きかねないと警告している。そして，視聴者を取り巻く現実を直視し，そこから新しいバラエティ番組を作って欲しいと述べている。

　ワイドショーもバラエティ番組も，時代とともに変容を重ね，その自在さによって番組編成で重要な位置を占め続けてきた。この傾向は将来も継続すると思われる。しかし，両番組は，初期に持っていた革新性，不定型なるがゆえの自由さ，社会に対する批判性を喪失してはならない。

（古田　尚輝）

参考文献

浅田孝彦『ワイドショーの原点』新泉社，1987 年
居作昌果『8 時だよ！全員集合伝説』双葉社，1999 年
株式会社東京放送編『TBS 50 年史』株式会社東京放送，2002 年
株式会社フジテレビジョン社長室編『フジテレビ十年史稿』株式会社フジテレビジョン，1970 年
小林信彦『テレビの黄金時代』文藝春秋社，2002 年
全国朝日放送株式会社総務局社史編纂部編『テレビ朝日社史—ファミリー視聴の 25 年』全国朝日放送株式会社，1984 年
友宗由美子・原由美子・重森万紀「日常感覚に寄り添うバラエティー番組」『放送研究と調査』2001 年 3 月号，日本放送出版協会
日本テレビ放送網株式会社社史編纂室編『大衆とともに 25 年』日本テレビ放送網株式会社，1978 年
日本放送協会編『20 世紀放送史』日本放送出版協会，2001 年
読売新聞社大阪本社文化部編『上方お笑い史』読売新聞社，1999 年

第7章　教育・スポーツ・国際放送

第1節　教育放送

　放送が持つ教育的効果は，ラジオ放送の開始時から認識され強調されてきた。たとえば，1925年3月に日本で初めてラジオ放送を始めた社団法人東京放送局の後藤新平総裁は，開局日の放送で「耳から各種の学術知識を注入することの効果は講堂教育や印刷物教育の及ぶところでない」と述べた。しかし，教育効果がある一般的な番組が順調に発展する半面で，教育放送は幾多の課題に直面してきた。まず第1は教育放送の実施に要する安定的な財源の確保である。これは，どのような放送事業者が教育放送を実施するかという問題と関連してくる。第2は，教育放送の中核をなす学校教育番組の公教育における位置づけである。第3は，効果的な教育放送に必要な放送局のネットワークの整備と番組利用者の組織化である。

1．教育放送を担う大学と公共放送

　教育放送（educational broadcasting）の実施主体は，二つに大別される。ひとつは教育機関自らが運営する放送局，もうひとつは一般の放送局である。
　アメリカでは，ラジオ放送の初期に大学などが相次いで放送局を開設した。しかし，条件の悪い周波数を割り当てられ資金不足に悩み，多くが短期間で消滅した。その後，全国ネットワークのNBCとCBSを中心に商業放送の支配が進むと，片隅に追いやられた非営利の教育放送は，1930年代から一定割合の周波数の配分を要求する政治活動を展開した。NBCとCBSはその批判に応えるかたちで『American School of the Air』など若干の教育番組を放送したが，

1940年代にほとんどを終了した。教育放送局の窮状は第二次世界大戦後まで続き、連邦通信委員会（FCC）の1945年7月のFM放送用周波数割当と1952年3月のテレビ放送用周波数割当によって、ようやく一定の帯域の周波数を確保した。それでも財政基盤の脆弱さは改善されず、1967年公共放送法（Public Broadcasting Act of 1967）によって初めて連邦予算から非営利放送への支出が認められた。こうして誕生したアメリカの公共放送（Public Broadcasting）は、細々と生き長らえてきた教育放送に自治体等による非営利の放送が合流した放送であった。その際、従来の教育放送の範疇からより公共性の高い放送へと、概念の止揚が図られたのである。

一方、イギリスと日本では、公共放送のBBCと日本放送協会（NHK）が教育放送を推進した。しかし、児童や生徒が集団で番組を視聴する学校放送（school broadcasting）は、教育課程と教師・教科書中心の教育が制約となって、実施までに時間がかかった。日本では、教育放送の監督権をめぐって文部省と逓信省が対立したため、ようやく1933年9月に日本放送協会の大阪放送局がローカル放送で学校放送を始めた。全国放送の学校放送が実現したのは、2年後の1935年4月であった。しかし、番組の聴取はあくまで正統的な「教育の補助」という位置づけであった。

これが転換するのは、第2次世界大戦後である。日本放送協会は教育放送を目指して1931年4月に第2放送を開始したが、戦前には実施局は大都市の3局に止まった。しかし、戦後はGHQの指導によって全国で第2放送の開局が進み、NHKは1953年4月に学校放送をすべて第2放送に移行した。また、放送による教育を推進する機運が高まり、1950年に現場の教師によって放送教育研究会全国連盟が設立され、番組利用者の組織化と教室での番組視聴が浸透した。

そして1959年1月にはNHK教育テレビが放送を始め、視覚を重視した学校放送番組が登場した。教育テレビはまた、放送による教育の機会均等を掲げ、1960年代から70年代にかけて通信教育番組を大幅に拡充した。これには、放送番組の視聴を単位認定要件として認め通信制による広域校の設置を許可した文部省の方針が寄与している。

2. 商業放送による教育放送の挫折と放送大学

　放送行政を担当する郵政省は，1957年秋，テレビ局の大量開局を控えて，放送事項の編成比率を基準として，放送局を総合番組局と教育専門局に分類した。この制度は，教育放送の重視と放送の多様性の確保を目的としていたが，折からの低俗番組批判に応える措置でもあった。これによって，1959年1月にNHK教育テレビジョン（教育79％以上・教養14％以上の編成が免許条件），2月に日本教育テレビ（NET，現在のテレビ朝日，教育53％以上・教養30％以上）が教育専門局として相次いで開局した。また，1964年4月には，東京12チャンネル（現在のテレビ東京，科学技術60％・一般教育15％以上）が科学技術教育専門局として開局した。

　しかし，民間放送の2局は，受信料収入に支えられた全国組織のNHKと異なり，教育番組にスポンサーが集まらず経営を圧迫し，教育放送に必要な放送局のネットワークの形成と利用者の組織化も無から始めなければならなかった。このため，二局とも1973年11月には収益性のある一般の総合番組局に移行し，商業放送による教育放送は15年弱の短い歴史を終えた。

　その後，1985年4月には，放送による大学通信教育を行う放送大学の授業放送がテレビ放送とFM放送で始まった。この放送は，国の補助金を受けて運営される特殊法人放送大学学園が放送局免許を得て実施する放送で，公共放送でも商業放送でもない第三の放送と言われた。こうして，1980年代以降，教育専門局は，NHK教育テレビと放送大学だけとなった。

3. NHK教育テレビの性格

　NHK教育テレビと放送大学の放送は，同じ教育放送とはいえ性格が異なる。まず，放送大学の放送は，通信制大学という大学の性格から科目ごとの授業番組で構成され，放送の性格も一貫している。単位の取得は，番組の視聴，レポート等の添削指導，スクーリングへの出席が条件とされている。こうした授業番組は，アメリカではInstructional Television（ITV）と呼ばれ，ほかの教育放送と区別されることがある。

これに対して，NHK教育テレビの放送は，授業番組に分類される学校放送番組や通信教育番組のほかに，趣味番組，子ども番組，福祉番組，教養番組，芸術番組など多様な番組で構成されている。そして，その性格も1959年の放送開始から50年間に変化してきた。図7-1は教育テレビの番組編成の推移を示したもので，毎年4月1週間の番組を分類し時間数を算定して作成した。これを見ると，教育テレビの番組は，第1に学校教育番組（学校放送番組や通信教育番組など），第2に生涯学習番組（趣味・実用番組，語学番組など），第3に子ども・少年少女・若者向け番組が三大要素となっていることがわかる。そして，これら3つの番組群の比率が年代によって変化し，それによって教育テレビの性格が規定されている。

まず，放送開始から1970年代にかけては，学校放送番組と通信教育番組が長時間編成されていて「学校教育波」の性格が強い。それが1982年度から，折からの学校教育から生涯学習へという教育方針の変更を受けて，趣味番組や語学番組などの比重が増し「生涯学習波」の性格が強まる。そして，1990年

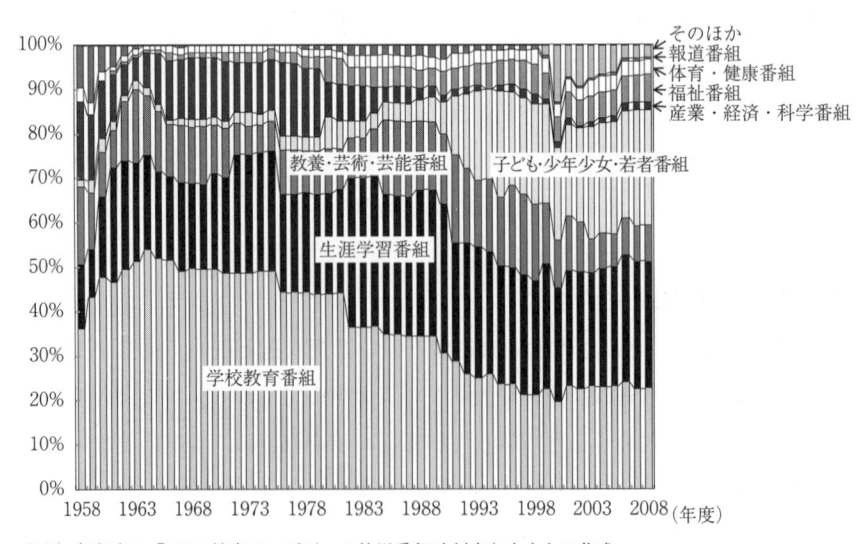

出典）毎年度の「NHK教育テレビジョン放送番組時刻表」をもとに作成

図7-1　NHK教育テレビの番組編成比率（1週間，4月）

度からは，これに子ども・少年少女・若者番組が加わり，「混合波」の性格を帯びて来ている。また，『NHK手話ニュース』(1997年度〜)や『福祉ネットワーク』(2003年度〜)など障害者や少数者向けの番組を一貫して編成しているのも特徴である。このように，NHK教育テレビは，番組編成の重点を変えることによって，教育放送という枠内で性格の変化を遂げてきたのである。

第2節　スポーツ放送

　スポーツ放送は，ラジオ放送の開始時から現在に至るまで，娯楽番組と並んで高い人気を保っている。特にテレビ放送のスポーツ中継は，選手やチームが披瀝する極限の技と予測もつかない展開を即時に生き生きと伝え，視聴者の興味をさらに高めた。この状況は，人気スポーツの放送を"キラー・コンテンツ"に高め，放送局間の激しい放送権獲得競走を招いた。現在では各局とも莫大な放送権料を支払って人気スポーツの放送の独占を図り，自らマラソンなどの競技大会を主催し放送して，視聴率と放送局のイメージを競い合っている。

1．技術の進歩と国際映像の制作

　スポーツ中継は，臨場感と即時性を増すことによって，価値がより高まる。それは，主に中継技術と伝送技術の進歩に依存してきた。テレビ放送では，1964年10月に開催された第18回オリンピック東京大会が転機となった。この大会では，選手の動きを即座に再生するスローモーションVTRやヘリコプターを中継点とするマラソン用の送受信装置など，多くの新鋭機器が初めて使用された。機器の開発は，その後も，選手の泳法を映し出す水中カメラやサッカーのゴールに取り付けられた小型カメラなどに受け継がれ，競技場での観戦にも勝る「見るスポーツ」の楽しみを視聴者に提供している。

　東京オリンピックではまた，NHKが大会組織委員会から委託を受けて国際映像を制作し，オリンピック史上初めて衛星中継で海外に伝送した。国際映像は，競技の映像とアナウンスのない現場の音声からなり，各国の放送局はこれ

に自国語のアナウンスをつけて自国で放送する。国際映像方式による放送は，東京オリンピックを機に，オリンピックはもとより，ほかの競技の国際大会にも採用された。制作者も，大会の規模が拡大するに従って，開催国の放送局ばかりでなく，国内と海外の放送局の混成チーム，さらにはスポーツ中継専門のプロの組織へと広がった。また，国際映像を制作するカメラ以外に，自国選手の活躍やインタビューを伝える専用のカメラ（ユニ・カメラ）も採り入れられ，国際映像と組み合わせて放送されている。

2．人気スポーツの放送権料の高騰

　1990年代に入って，オリンピックとFIFAワールドカップサッカーの大会の放送権が異常な高騰を続けた。原因となったのは，大会経費の大半を放送権収入に依存する国際オリンピック委員会（IOC）や国際サッカー連盟（FIFA）など主催者の価格の吊り上げ，それに自国での放送の独占を狙う放送事業者，特に有料放送事業者の思惑であった。1990年にイギリスで有料衛星放送を始めたBSkyBは，自国の人気サッカーリーグの独占放送で契約者を伸ばし，さらに莫大な金額を提示して2000年のシドニー・オリンピックの放送権を獲得しようとした。IOCは最終的にヨーロッパ放送連合（EBU）に放送権を与えたが，BSkyBの提示額はその6倍と言われた。また，1996年には，ドイツで有料衛星放送を行うキルヒ・グループは，スイスのスポーツ・エージェントとともに，開催地も決まっていないFIFAワールドカップサッカー2002年大会と2006年大会の北米を除く放送権を驚異的な高値で獲得した。その額は2002年大会だけで1998年大会の10倍にも上った。

　こうした放送権料の異常な高騰は，各国の放送事業者に放送権料の過大な負担を強いた。また，有料放送による人気スポーツ放送の独占は，それまで無料の地上波放送で中継を見ていた視聴者から観戦の機会を奪うものであった。このため，一般の視聴者が見ることができる地上波放送に人気の高い競技や大会の放送を保証する"ユニバーサル・アクセス"を法制化する措置が，ヨーロッパ諸国やオーストラリアでとられた。

日本では，オリンピックの放送は，放送権の高騰を抑制するために，従来からNHKと民放が連合を組んで地上波テレビ放送の放送権を共同で獲得し，各放送局に開閉会式と競技の放送を配分してきた。FIFAワールドカップサッカーの放送も，地上波テレビ放送に関しては2002年大会から同じ方式を踏襲している。ただし，放送衛星によるBS放送はNHK，通信衛星によるCS放送はスカイパフェクTV！が放送権を獲得している。

3．スポーツ中継の課題

スポーツ中継が現在直面している課題の第1は，上述した放送権料の高騰と人気スポーツの放送を独占する"囲い込み"への対応であろう。第2は，アマチュアよりプロスポーツ，プロ野球中継では巨人戦やセ・リーグ戦など，スポーツ中継がとかく人気の競技やチームの試合に偏りがちなことの是正である。また，アナウンサーの絶叫調の描写も課題であろう。

第3節　国際放送

1．世界の国際放送

スポーツなどのイベントや，政変，地震・津波・落盤など自然災害などを伝える映像音声は国境を越え，世界中を駆け巡っている。瞬時に国境を越え，地球を一周する映像音声には，予定されているイベントや突発的に起こる事件事故を伝えるもののほかに，もう一つの流れがある。

それは，世界の主権国家が，一定の方針に沿って編成された番組を，定時に世界に向けて発信する形態で，一般に国際放送と呼ばれているものである。現在，世界では，113の国が短波・衛星波・インターネットなど，さまざまなメディアを使い，国際放送を実施している。

国際放送の目的は，世界の人々に当該国に対する理解を深め，国際間の文化や経済交流の発展に寄与し，ひいては，国際親善と人類の福祉に貢献すること，と謳っている国が多い。しかし，国際放送の歴史をたどってみると，その起点

は必ずしも，国際親善にあったわけではないし，現在でも，かかげられた目的が十分達成されているとはいえない。

世界的にみて，早い時期に，短波を使用し定時の国際放送を開始した，放送機関としては，ソビエト連邦の政府機関ラジオ・モスクワ（1929年，現ロシアの声），バチカンラジオ（1931年），BBC（British Broadcasting Corporation，イギリス放送協会，1932年）などがある。

1930年代，国際放送を，自国政策の正当性の宣伝と，敵対国に対する誹謗中傷を行う対外プロパガンダ機関として，明確に位置づけたのは，ナチスドイツで，ヒトラーが政権を獲得した，1933年には，アメリカ・中南米がカバーエリアに入っている。第2次世界大戦中，ドイツ，イギリスなど，国際放送で先行していた国々が放送を拡大するとともに，1942年3月には，アメリカ政府が運営するVOA（Voice of America）が国際放送を開始し，第2次世界大戦終了時，その規模は，送信機台数は国内外を含め39機，使用言語数40と，世界有数の国際放送機関に成長した。冷戦期には，ラジオ・モスクワを一方に，VOA及びBBCを他方とする3者間で，激しいプロパガンダ合戦が展開された。

2．日本の国際放送の現状

日本で国際放送が始まったのは，1935（昭和10）年6月である。日本で唯一の放送機関だった社団法人日本放送協会（以下放送協会）が，在留邦人に故国の音楽芸能番組を提供して，人の心を癒すとともに，国際連盟脱退後の日本の立場を認識させることを目的に，北米西部向け，ハワイ向けに放送を始めた。コールサインは「ラジオ東京」。使用言語は英語と日本語で，当時，日本が国外の受信者に向けて行っていた放送は，国際放送とはいわず，海外放送と呼ばれていた。

その後，日中戦争から太平洋戦争へと，戦線が拡大していくなかで，日本の海外放送は，日本の対外政策を正当化する一方で，敵国の日本に対する批判を反駁するための手段として活用されていった。敗戦後，日本はGHQ（連合国軍最高司令官総司令部）の占領管理下に置かれるが，GHQは，占領開始直後の

1945年9月、放送協会による外国語及び日本語による海外放送を禁止した。日本で海外放送が国際放送として、再開されるのは、日本の独立直前の1952年2月である。

日本では、国際放送を放送法第二条二号において「外国において受信されることを目的とする放送であって、中継国際放送及び受託協会国際放送以外のものをいう」と定義しており、NHKは、放送法の規定により、ラジオとテレビで国際放送を実施している。短波によるラジオ国際放送は、「NHKワールド ラジオ日本」の呼称で、衛星伝送によるテレビ国際放送は、「NHKワールドTV」の呼称で、それぞれ行っている。

「NHKワールド ラジオ日本」の歴史は、海外放送として開始された1935年まで遡る。戦後GHQの命令で一時中断されていたが、1952年、国際放送として再開された。「ラジオ日本」は、日本語と英語で放送する「全世界向け放送」と、地域ごとの言語で放送する「世界各地域向け放送」の二つで構成されていたが、国際放送の重点がラジオ短波放送からテレビに移行していったため、「世界向け放送」を廃止し、地域に応じた効率的な情報発信を進めることになり、現在、使用言語数は18、放送時間は1日49時間20分となっている。

「ラジオ日本」では、短波放送以外に2006年度から、衛星を使用したラジオ国際放送を開始しており、現在、欧州及び中東に向けて、アラビア語で行う一方、全地域向けに日本語・英語など11言語で、1日4時間40分放送している。さらに、国際理解の促進を図るとともに、インターネットによる国際放送のニュース提供なども行っている。

外国人向けのテレビ国際放送「NHKワールドTV」は、1995（平成7）年から放送を始め、1998年4月から、デジタル化によって、アジア・太平洋地域にも、日本語と英語で1日18時間の放送を開始した。10月からは、ほぼ全世界向けに拡大され、24時間放送に移行した。2008年10月、NHKワールドTVの英語化率は100％に達した。

NHKは、2009年2月、国際放送の番組改定を行い、「NHKワールドTV」は、英語ニュースを大幅に拡充し、新設したニュース専用スタジオから、24時間

毎正時にニュースを編成するとともに，日本及びアジアの情報を伝えるさまざまな番組についても，できるだけ，世界各地の好適視聴時間帯に放送できるような編成を行っている。

NHKは，インターネットも活用した国際放送「NHKワールド・インターネットサービス」も行っている。2000年2月，ニュースと情報番組のライブ・ストリーミング（インターネットと放送をほぼ同時に提供すること）を開始，2007年10月からは，ニュース18言語，情報番組17言語で，24時間サービスを行っている。2009年2月からは，NHKワールドTVの生映像も配信されている。

日本では，NHKの国際放送のほかに，2009年4月，外国人向けテレビ国際放送の充実のために，株式会社日本国際放送（JIB）が新設された。同社は，NHKと民間放送及び民間企業の出資で構成されており，海外の在留邦人ではなく，外国の受信者を対象に，24時間のテレビ放送を行っているのが特徴である。視聴者は推定で，現在，1億2,500万世帯に達している。

3．国際放送の将来

NHKの国際放送番組は，年度ごとに作成される「編集の基本計画」で，番組の編成方針や重点事項など基本事項が定められている。現在，NHKが国際放送で最も重視している編集方針の一つは，英語による映像発信の拡張及び充実である。それは，英語ニュースを24時間毎正時に放送しているほか，英語番組では，日本の政治・経済から，伝統文化，ライフスタイル，ポップカルチャーまで，視聴者の幅広いニーズに応えた多様なコンテンツを発信していることに表れている。

NHKの国際放送予算は，2009年度139億円（ラジオ35億円，テレビ104億円で，同予算には，政府交付金が充てられている。2006年11月，NHKのラジオ短波国際放送に対し，総務相が北朝鮮の拉致問題について留意するよう命令を出した。放送法は国の重要など3項目について，政府がラジオ国際放送に命令を出す権限を認めているが，拉致問題という特定事項の命令は異例であ

った。VOA や BBC など民主主義国家の国際放送機関でも，政府からの放送機関に対する圧力が問題となるケースがある。NHK の国際放送も，そうした問題とは無縁でないことを，常に自覚しておく必要があろう。

(古田　尚輝，向後　英紀)

参考文献

Engleman, Ralph (1996) *Public Radio and Television in America*, Sage Publications

Head, Sydney (1985) *World Broadcasting Systems*, Wadsworth Publishing Company

日本放送協会編『20世紀放送史』日本放送出版協会，2001年

日本放送協会放送文化研究所編『NHK 年鑑 2010』日本放送出版協会，2010年

橋本一夫『日本スポーツ放送史』大修館書店，1992年

古田尚輝「教育テレビ放送の 50 年」『NHK 放送文化研究所年報 2009　第 53 集』日本放送出版協会，2009年

第8章　放送倫理・人権

第1節　放送局と視聴者の間の約束事として

「ワイドショーが，同じような話題を一斉に追いかけ，延々と取り上げ，そして一斉に忘れるという現象がある。海老蔵しかり不倫騒動しかり。その前は…何があったかなんて誰も覚えてもいない。あれはテレビの非常に嫌な面だと僕は思っている。内部でも苦々しく思っている人は多い。でも続いている。なぜか。あれ，視聴率が取れてしまうからだ。世間一般ではWikileaks問題なんかよりよっぽどリオン×海老蔵の方が数字取れてしまうのだ。で，民放は商売でやっている都合上，視聴率が取れる方に走ってしまう（倫理と商売の優先順位という側面はあるけど，これも脇に置く）。

だが，視聴者サイドから『見ない』という選択肢を突き付けることにより，アテにならないテレビ内部の自浄作用に依らずとも改善する余地はある。でも出来ない。だってみんな池に落ちた犬を安全圏から叩くの大好きだから。今回みたいな。そして毎分視聴率は正直にその欲望を数値化し，翌日からの番組方針に影響を与える。

つまり今のテレビは，叩きたいだけ叩きたいという願望の行き着いた先だ。違いはコメントスクラムがメディアスクラムに，匿名名無しがみのもんたに具現化されただけ」[1]

この文章は，地方テレビ局勤務というあるブロガーが書いたものだ。

放送は，現代社会を構成する巨大なシステムの1つだ。しかし，そのとき，放送という業に携わる人々（送り手）だけを，そのシステムに属する人として

イメージするのは間違いだ。名の知られたメーカーが10万人を超える社員を雇用しているのに比べ、NHK職員は約1万人、民放では最大手の在京キーテレビ局でも千数百人の社員数に過ぎない。放送を職業としている人の数は限られている。しかし放送局は、社会に起きたさまざまな出来事を「情報」に変換して、数万～数千万単位の人にばら撒くことができる。英語のbroadcast（放送）は、broad（広く）、cast（ばら撒く）で構成され、日本語の放送は、「送りっ放し」と送りガナをすることができる。放送というシステムは、受信機を通して、それを視聴するマス（大衆）によって支えられている。先のブログの記事にあるように、マスが支持するものしか、放送は提供しない（または、できない）。

　もちろん、マスが放送するものやことを決めると同時に、放送がマスが欲するものやことを決めている。そこは両義的で、悪く言えば、共犯関係が成立している。歌舞伎役者の市川海老蔵氏が深夜の六本木で暴力沙汰を起こしたことは事実だ。しかし、それをテレビ（およびマスメディア）が伝えなければ、それを知りたいという欲求は起きず、「事件」にはならない。tele-visionは、遠くを見るという意味だが、人々の遠くを見たいという意思を喚起、強化することで、テレビというコミュニケーションは成り立っている。視聴者はテレビを見ることをとおして、このシステムの一員となっている。

　この巨大な社会システムにとって「放送倫理」とは何なのだろうか？

　さきのブログのなかに、「倫理と商売の優先順位」という言葉がある。民間放送（商業放送）の場合、「商売」は、番組の間に挿入されるCMを販売することで成り立っている。そのCMは、大雑把に言えば、視聴率の高低によって値段が付けられる。視聴率が高ければ高値で販売でき、低ければ値は下がる。一方、NHKが中期経営計画で掲げている経営目標は、NHKに接触している人の率の向上で、視聴率の向上が接触者率の向上に直結するとは限らないが、視聴率を当然意識している。

　多くの場合、より多くの人に見られる番組は質的にも良い番組だ。しかし、最大多数の関心に焦点をあわせるがゆえに、その番組が低俗に流れることもあ

る。本来は，一歌舞伎役者が泥酔して殴られたことよりも，Wikileaks が暴き出した各国政府の秘密のほうがニュースとして重要だが，Wikileaks で暴かれた内容を広く一般の人に理解させることは難しい。国際ニュースを理解するためには，視聴者の側にも前提となる知識が必要で，それを伝えるには制作者の側にもスキルと手間が求められる。楽に視聴率が取れるネタに流れていく。このことが，そのネタに人々の関心を集中させる結果を生み，その集中がさらなる番組を生むというわけだ。

　しかし，現実のテレビはその種の番組だけで覆われてはいない。そこには，もう1つの原理である「放送倫理」が働いている。

　放送メディアの力の源泉は，放送メディアに対する人々の信頼感である。「テレビで言っている以上，嘘ではないだろう」「子どもと一緒に見ていても安心だ」という最低限守られるべき規範と同時に，社会的な不正義を告発する報道番組，質の高い娯楽番組などを提供することで，信頼感が醸成される。民放の場合は，その信頼感があるがゆえに，CM を高い価格で広告主に販売することができるし，NHK は受信料を徴収することが可能になる。「放送倫理」は放送という事業（なりわい）が継続するために不可欠のものだ。

　見方を変えれば，「放送倫理」は，放送というコミュニケーションの場を共有する放送局と視聴者の間の約束事と捉えることができる。視聴者は低俗な番組を求めるとともに，この約束事の履行をも求めるのだ。この20年ほどの間に，その約束事が明文化もされ，約束を守るための仕組みの整備が進んできた。それはどのようなものであろうか？

第2節　放送倫理基本綱領

　NHK と社団法人日本民間放送連盟（民放連）が共同で定めた「放送倫理基本綱領」という文章がある。

放送倫理基本綱領

1996（平成8）年9月19日制定

　日本民間放送連盟と日本放送協会は，各放送局の放送基準の根本にある理念を確認し，放送に期待されている使命を達成する決意を新たにするために，この放送倫理基本綱領を定めた。

　放送は，その活動を通じて，福祉の増進，文化の向上，教育・教養の進展，産業・経済の繁栄に役立ち，平和な社会の実現に寄与することを使命とする。

　放送は，民主主義の精神にのっとり，放送の公共性を重んじ，法と秩序を守り，基本的人権を尊重し，国民の知る権利に応えて，言論・表現の自由を守る。

　放送は，いまや国民にとって最も身近なメディアであり，その社会的影響力はきわめて大きい。われわれは，このことを自覚し，放送が国民生活，とりわけ児童・青少年および家庭に与える影響を考慮して，新しい世代の育成に貢献するとともに，社会生活に役立つ情報と健全な娯楽を提供し，国民の生活を豊かにするようにつとめる。

　放送は，意見の分かれている問題については，できる限り多くの角度から論点を明らかにし，公正を保持しなければならない。

　放送は，適正な言葉と映像を用いると同時に，品位ある表現を心掛けるようつとめる。また，万一，誤った表現があった場合，過ちをあらためることを恐れてはならない。

　報道は，事実を客観的かつ正確，公平に伝え，真実に迫るために最善の努力を傾けなければならない。放送人は，放送に対する視聴者・国民の信頼を得るために，何者にも侵されない自主的・自律的な姿勢を堅持し，取材・制作の過程を適正に保つことにつとめる。

　さらに，民間放送の場合は，その経営基盤を支える広告の内容が，真実を伝え，視聴者に役立つものであるように細心の注意をはらうことも，民

> 間放送の視聴者に対する重要な責務である。
> 　放送に携わるすべての人々が，この放送倫理基本綱領を尊重し，遵守することによってはじめて，放送は，その使命を達成するとともに，視聴者・国民に信頼され，かつ愛されることになると確信する。

　基本綱領の冒頭には，「各放送局の放送基準にある根本理念を確認し」と書かれている。

　放送法は第三条の二で「放送番組の編集の基準」を定めることを放送事業者に義務付けており，基本綱領の冒頭にある「放送基準」とは，この「放送番組の編集の基準」のことである。

　多くの産業では，事業の実施にあたって細かなところまで法的な規制が及び，行政による監督が行われている。しかしながら，放送は表現活動そのものであり，これに法的な規制や検閲が行われることになれば，憲法21条に定められた「言論・表現の自由の保障」に反することになる（詳しくは本書第9章「日本の放送制度と放送法制」を参照してほしい）。このため，放送法は番組内容に関しては第4条で，以下の4つを定めているだけである（「番組編集準則」と呼ばれる）。

　1）公安及び善良な風俗を害しないこと。
　2）政治的に公平であること。
　3）報道は事実をまげないですること。
　4）意見が対立している問題については，できるだけ多くの角度から論点を明らかにすること。

　そのうえで，放送が野放図に行われないことを担保するため，放送基準を定めること，放送基準を定めるときには，それぞれの放送事業者が設置する番組審議会に諮問をして，その意見を尊重して，公表することになっている。多くの放送局は，自社のホームページで放送基準を公表している。「〇〇テレビ」「放送基準」と検索すると見つけることができるので，探してみてほしい。放送基準の内容について法的には，さきの編集準則以外には何の定めもない。このように，放送という産業では表現の自由を守るかたちで，法と倫理の接続が図られている。

この番組基準について，民放連の会員社の場合ほとんどが，民放連が民間放送業界の共通の規範として定めた「日本民間放送連盟・放送基準」を準用している。その民放連の放送基準は，次のような内容についてそれぞれ基準を立てている。

　個人の人権への配慮，法と政治，児童および青少年への配慮，家庭と社会，教育・教養の向上，宗教，報道の責任，暴力・犯罪表現，性表現，視聴者の参加と懸賞・景品の取り扱い

　広告の責任，広告の取り扱い，広告の表現，医療・医薬品・化粧品などの広告，金融・不動産の広告，広告の時間基準

　詳しくは民放連のホームページ（http://www.nab.or.jp）に掲載されているので，これも参照してほしい。

　こうした放送基準に加えて，各社は番組制作にあたってのより実践的なガイドラインを設けている。NHKと関西テレビは，そのガイドラインをホームページ上で公開しているので，一度参照してほしい[2]。こうした放送にかかわる倫理規範を整理すると，表8-1のようになる。

第3節　BPOと放送倫理

　放送倫理・番組向上機構（BPO）という組織をご存知だろうか？　BPOはNHKと民放連が共同で設置している機関だ。BPOの規約には，その目的が次のように掲げられている。

　「本機構は，放送事業の公共性と社会的影響の重大性に鑑み，言論と表現の自由を確保しつつ，視聴者の基本的人権を擁護するため，放送への苦情や放送倫理上の問題に対し，自主的に，独立した第三者の立場から迅速・的確に対応し，正確な放送と放送倫理の高揚に寄与することを目的とする」（BPO規約第3条）

　BPOはこの目的を達成するために，放送界以外の第三者が委員を務める3つの委員会を設置して運営している。

表8-1 放送倫理にかかわる主な規範

名称	制定主体	性格	主な内容
放送倫理基本綱領	NHKと民放連	自主的に制定された規範、放送の基本理念をうたう。	放送の使命として、「福祉の増進」「文化の向上」「教育・教養の進展」「産業・経済の繁栄」「平和な社会の実現」の5つとする。そのうえで、公共性の重視、人権の尊重などの放送にあたっての基本を掲げる。
民放連放送基準	民放連	民放各局が放送法に基づいて制定義務を負っている番組基準のひな形。	18章152ヵ条で構成。人権、法と政治、児童および青少年への配慮、家庭と社会、教育・教養の向上、報道の責任、宗教、表現上の配慮、暴力表現、犯罪表現、性表現、視聴者の参加と懸賞・景品の取り扱い、広告の責任、広告の取り扱い、広告の表現、医療・医薬品・化粧品などの広告、金融・不動産の広告、広告の時間基準。
民放連報道指針	民放連	民放の報道活動の具体的な指針。	「報道の自由」「報道姿勢」「人権の尊重」「報道表現」「透明性・公開性」の5つのパートで構成。
各社番組基準	放送各社	放送法に基づく番組基準。	民放の場合、自社の放送に当たっての基本理念を述べ、民放連放送基準の遵守や準用を記載する場合が多い。民放連放送基準の全文または一部を抜粋して自社番組基準にしている場合もある。
社内ガイドライン	放送各社	担当者が制作にあたって実際に参照するための指針。	取材・制作上配慮すべき点、守るべき点などを列挙。BPOの委員会決定、過去に問題とされた事例、判例などを例示。
集団的過熱取材対応策	民放連（新聞協会と連携）	民放各社の集団的過熱取材への対応を定める。	集団的過熱取材に関する取材上の留意点、集団的過熱取材への対応策の2章で構成。記者クラブ単位での対応を原則として、必要に応じて民放連レベルでの対応や新聞協会と連携することをうたう。 ※NHKは新聞協会の会員としてこの対応策に参加。

　放送倫理検証委員会は、放送倫理全般の問題を審議するとともに、虚偽・ねつ造放送の調査・審理を行う。放送と人権等権利に関する委員会（放送人権委員会）は、放送によって名誉やプライバシーといった人権を侵された人からの苦情を受けて、その救済にあたる。放送と青少年に関する委員会（青少年委員会）は、放送の子どもへの影響を調査したり審議を行う。BPOには視聴者応

対の窓口があり，放送番組に関する苦情や意見を受け付けている。

BPOの目的を記したこの一文を読みとくことで，放送倫理の成り立ちを考えてみよう。

1．「放送事業の公共性と社会的影響力に鑑み」

冒頭に出てくるのは「放送事業の公共性と社会的影響力の重大性」という言葉だ。

「公共性」について辞書には「広く社会一般に利害や正義を有する性質」(『広辞苑第5版』)とある。つまり，放送という営みが，限られた人々にではなく，みんなとかかわっている。そして，利害のみならず，正義（何を正しいと考えるか）にかかわっているということだ。

2007年，テレビ業界を揺るがした大事件に，納豆を使ったダイエット法を伝える番組で，データなどがねつ造された事件がある。ねつ造が発覚する前は，各地のスーパーでは納豆の売り切れが続出し，メーカーが増産体制を敷いたと報じられていた。事件は，『週刊朝日』の取材により放送から12日後に発覚したが，仮にこのスクープが3ヵ月後であったと想像してみよう。

納豆の増産を目指すメーカーは，穀物商社に大豆を大量発注し，大豆相場が高騰し，翌年度の大豆の作付面積が急増する。また，増産のために，新規に工場建設を決定し，用地の買収，必要な生産機械の発注も行ってしまった。ところが，その後に，データのねつ造などが発覚，ダイエット目的の消費者が納豆を買わなくなった。こんな流れもシュミレーションできる。そうすると，納豆メーカー，穀物商社，大豆農家，新工場への用地提供者，生産機械の受注者……無数とも言える人に重大な損害を与えたはずだ。

正義（何を正しいと考えるか）についてはどうだろうか。例えば，BPOの青少年委員会は，2004年12月8日に「『血液型を扱う番組』に対する要望」を発表した。当時，血液型による性格診断をネタにした番組が多数編成されていた。その中には，「番組内で血液型実験と称して，児童が被験者として駆り出されるケースが多く，この種の"実験"には人道的に問題があると考えざる

を得ない」と指摘されるものまで含まれていた。言うまでもなく，血液型による性格診断は科学的に実証されていない。つまり，正しいものとはされていない。にもかかわらず，放送で伝えられることにより，人々はそれを正しいものとして感じてしまう。大人の世界では"遊び"で許されることも，判断力の未成熟な子どもを巻き込んだときの影響を委員会は危ぐした。放送をとおした表現活動には，このような意味で公共性があるわけだ。

2.「言論と表現の自由を確保しつつ」

　次のキイワードは「言論・表現の自由」だ。BPO にとって，「言論と表現の自由を確保」することには 2 つの意味がある。一つは，権力からの介入に対する防波堤としての役割。もう一つは BPO 自体が，「言論・表現の自由」を侵さないように活動するという意味だ。

　BPO には 3 つの委員会があるが，いずれも権力規制の動きへの対応として生まれた。

　放送人権委員会設置の背景には，テレビ朝日の報道局長が選挙報道の公平さを疑わせるかのような発言をした事件（1993 年），坂本弁護士のインタビューテープを対立するオウム真理教関係者に TBS が見せた事件（1995 年秋発覚）などがある。郵政省は 1995 年に，民放連・NHK の両会長らを委員とする「多チャンネル時代における視聴者と放送に関する懇談会」を設置し，1996 年に報告書をまとめた。その中には，放送番組に対する苦情を処理するために，「法定機関の設置」と「放送業界の自主的機関の設置」が選択肢として示された。BPO 初代理事長の清水英夫氏は，「そもそも BRC（放送と人権等権利に関する委員会）は，今の放送に問題があり，それを監視しなければならないという行政側の圧力に押されるような形で設立された」（『朝日新聞』2003 年 6 月 26 日）と述べている。

　その後，先述の懇談会が積み残した課題を検討するために，郵政省は「青少年と放送に関する調査研究会」（1998 年）を開き，その流れのなかで，青少年委員会（2000 年設置）も生まれることになる。

もっとも新しいのは、放送倫理検証委員会の設置（2007年）である。その契機は、先述の納豆ダイエットのデータねつ造問題だ。ねつ造問題を受けて、政府は、放送法を改正して、総務大臣に放送局に対して再発防止計画の提出を求める権限を付与しようとした。改正法案は国会に提出されたものの、BPOに放送倫理検証委員会を設置するという放送界の対応を受けて、当時野党であった民主党の反対などにより、この問題条項が削除されて成立した。同改正案が、衆参の委員会で可決される時の附帯決議には、BPOの効果的な活動等が図られるよう、関係者の不断の取組みに期待するとの文言まで盛り込まれた。放送倫理検証委員会の設置は、法改正の動きを止めたことになる。

このように権力による介入を防ぐためにつくられた機関だが、反面、放送局から見れば、放送番組を規制する機関とみられる可能性もある。BPOの各委員会は、具体的な放送番組を検討し、それについて放送局に対して説明を求め、「見解」を表明し、場合によっては「勧告」を行うこともある。こうした行為を、BPO以外の機関が行えば、言論・表現の自由を侵す行為として批判を受けるだろう。

言論・表現の自由に対するBPOのこうした二面性は、「放送による表現の自由」そのものの性格をあらわしている。1つひとつの放送局が、何を放送し何を放送しないかは、他からの介入を受けずに判断がなされるべきだ。報道機関として、政府の活動を監視する役割を担っていることを考えれば、その自由はきわめて重要だ。

その反面、放送というメディアは、活字媒体やインターネットなどと異なり、誰もが自由に設立することはできない。それゆえに、放送人が何を放送するかを判断する際に、視聴者の立場を意識することが求められる。好き勝手なことを放送できるという意味での自由は、放送局には存在しない。

3．「視聴者の基本的人権を擁護する」

BPOの放送人権委員会は、放送によって名誉やプライバシーを傷つけられた人からの申立てを受け付けている。委員会は申立人と放送局双方の言い分を

聞いたうえで，その放送に問題があったかどうかを判断する。裁判に比べ，無料かつ迅速，簡易に放送による人権侵害からの回復が図れる仕組みだ。

この放送人権委員会の判断の基本的な枠組みには，裁判における名誉毀損の法理が準用されている。その法理は，何らかの報道で，ある人の社会的評価（名誉）が傷ついたとしても，次の3つの条件が満たされれば，責任を問われないというものだ。① その報道された事実が真実である（または，報道機関が真実だと信じてもしかたのない理由がある）。② 報道された事実が公共の利害に関することである。③ 報道が公益を図る目的である。プライバシーを侵したかどうかの判断でも，類似した判断枠組みが用いられる。

放送は常に何らかのかたちで，人の社会的評価を低下させたり，プライバシーを暴いたりする可能性をもっている。特に事件・事故の報道では，容疑者にしても，被害者にしてもその可能性が高い。放送人権委員会は発足以来の11年間で29の事案について決定を下しているが，人権侵害を認定し勧告したものが5つ，重大な放送倫理違反として勧告したものが1つ，「放送倫理上問題あり」または「放送倫理違反」としたものが20もある。

「視聴者の基本的人権を擁護する」という言葉には，もう1つの意味あいが込められていると，考えている。基本的人権には，広い意味では「知る権利」が含まれているからだ。最近の放送人権委員会決定から，一文を引こう。「一般に，報道機関が公職選挙によって選出された議員など公的立場にある者について，しかるべき情報源からの裏金情報に接したような場合，捜査機関をはじめ，事前に対象者から取材をするなど，可能なかぎりの裏付け調査を行ったうえで，自らの責任においてその疑惑を追及し，報道することは，国民の知る権利の保障という観点から望ましいことであって，決して閉塞されることがあってはならないと考える」（「広島県知事選裏金疑惑報道」事案決定，08年12月3日）。この決定は裏金を受け取った疑いがあると，中国放送に報道された元県議会議員から申立てを受けたものだ。中国放送は独自取材により，知事選の裏金疑惑に対するキャンペーン報道を行った。単にトラブルを避ける報道をすることが，人権を擁護する報道とは言えないことがわかるだろう。

第4節　絶えざる不祥事～いわゆる"やらせ"をめぐって

　放送界には，番組制作にあたってガイドライン，放送基準があり，それを守るための仕組みとして社内的には考査や番組審議会という仕組みがあり，放送業界横断の仕組みとして放送倫理・番組向上機構（BPO）がある。

　先述のとおり，実は，こうした仕組みそれ自体がさまざまな不祥事をとおして，強化されてきたものだ。表8－2は放送界の不祥事と自律を強化するためのこの20年ほどの主な事項をまとめたものだ。どうしてこのようないたちごっこが続くのであろうか。そのことを，いわゆる"やらせ"を例に探ってみる。

　元は放送の業界用語であった"やらせ"だが，いまや一般に使われるようになった。1990年代の初めに，2つの民放番組が"やらせ"を理由に批判され，

表8－2　放送の自主規制と公的規制の動き

	放送界が批判を受けた主な事象	放送界の自律強化	規制立法等の動き
1990年代前半	やらせ事件（主なもの） 朝日放送『素敵にドキュメント―追跡！ OL・女子大生の性24時』（1992年7月17日放送） 読売テレビ『どーなるスコープ！』（1992年11月放送） NHKスペシャル『ムスタン王国』（1992年放送，1993年2月発覚） テレビ朝日椿報道局長発言事件（1993年） 松本サリン事件報道（1994年）	民放各社の報道ガイドライン・ハンドブックの整備（1993年頃から進む）	総務省による厳重注意の乱発（1992年の"やらせ"事件頃から顕著に） 放送法第3条の2，第4条などを理由に。放送法上，総務大臣がこの種の権限を行使できるかどうかについては，大変疑問が残る。 郵政省「多チャンネル時代における視聴者と放送に関する懇談会」（1995～1996年） 民放連会長，NHK会長も委員となり，旧郵政省が放送内容に関する本格的検討を行った。BRC設立の契機に。
1990年代後半	サブリミナル的映像手法使用（1995年）TBSがオウム関連ニュースで，日本テレビがアニメで麻原彰晃の映像をサブリミナル的に使用。 TBSオウムビデオ事件（1996年発覚） 事件は1989年10月26日，日本テレビが1995年10月にスクープ，1996年3月25日にTBSが認める。	放送倫理基本綱領制定（1996年） 民放連とNHKが共同で制定した。 BRC／BRO設立（1997年設立） 「放送と人権等権利に関する委員会」（BRC）と，BRCの運営母体になる「放送と人権等権利に関する委員会機構」（BRO）を設立。	郵政省「青少年と放送に関する調査研究会」（1998年）／「青少年と放送に関する専門家会合」（1999年） 多チャンネル時代における視聴者と放送に関する懇談会の流れを受けて，青少年問題に限って検討。Vチップの導入がテーマ。放送と青少年に関する委員会設立の契機に。

時期			
1990年代後半	ポケモン光感受性発作事件（1997年12月発生） ドラマ『ギフト』でバタフライナイフシーン（1997年放送），中学生がバタフライナイフで教師を刺殺した事件（1998年1月） CM間引き事件（1999年発覚，福岡放送，静岡第一テレビほか） テレビ朝日 所沢ダイオキシン報道（1999年2月放送） "やらせ"事件（主なもの）フジテレビ『愛する二人別れる二人』（1999年）偽夫婦が出演。	民放連・報道記者研修会（1997年～），民放連・報道指針制定（1997年） 民放連，青少年と放送に関する対応策を発表（1999年）青少年に見てもらいたい番組，メディアリテラシーへの取り組み，青少年に配慮する時間帯（午後5～9時）の制定，青少年に関する第三者委員会の設置など。	盗聴法（通信傍受法）1999年成立 民放連などが報道の自由への配慮を求めた結果，検察庁は運用面では報道機関の取材に関する通信は傍受しないことを表明。なお，新聞協会は動かなかった。
2000年代前半	テレビ東京 窃盗団報道（2002年5月放送）窃盗の実行を事前に察知して取材，窃盗団の1人に現金を供与。 日本テレビ・プロデューサーによる視聴率不正操作（2003年10月発覚） "やらせ"事件（主なもの）日本テレビ『ニュースプラス1』で3件（2003～2005年） テレビ東京『教えて！ウルトラ実験隊』（2005年）花粉症治療法の紹介。 日本テレビで点滅映像，サブリミナル的映像使用が発覚（2004年）	放送と青少年に関する委員会設立（2000年設立） NHKと民放連が青少年に関する苦情を受け付け，審議する第三者機関として，放送番組向上協議会のなかに設立。これまでの青少年委員会の見解・勧告等としては，バラエティ番組『おネプ！』『めちゃ²イケてるっ』の2コーナー打ち切り，消費者金融CMの自粛，児童殺傷事件等の報道，血液型を取り上げた番組などがある。 集団的過熱取材対応策（2001年～） 民放連，新聞協会が連携して開始。その後，都道府県単位の対応組織の整備が進む。 BROと放送番組向上協議会をBPOに改組，放送番組委員会を新設（2003年） 放送番組向上協議会にあった放送番組向上委員会を廃止し，新に放送事業者委員を含む放送番組委員会を設置。	名誉毀損・プライバシー侵害の損害賠償額の高額化 2001年春頃から。名誉毀損・プライバシー侵害に関する損害賠償額は，従来数十万～100万円が相場だったが，数百万～1,000万円の損害賠償を命じる判決が頻出するようになった。杉浦正健・自民党議員（元法務大臣），沢たまき・公明党議員などが国会で，損害賠償額が低すぎるとの指摘を行い，その後，最高裁が下級審の判決を誘導したとの指摘もある。 個人情報保護法 2001年国会提出，2002年廃案，2003年再提出・成立，2005年全面施行 民放連，新聞協会の運動もあり，報道機関が報道目的で個人情報を取り扱う場合は，個人情報取扱事業者としての義務から除外されたが，公的機関の情報隠し，取材相手の萎縮などの悪影響が出ている。なお，読売新聞が2002年5月に中途半端な修正案を紙面で提言したため，新聞協会は途中から運動できなくなった。

時期				
2000年代前半		放送人基礎研修開始（2003年～） 民放連，NHKが新人の研修を共同開催。 民放連，日本放送文化大賞を新設（2005年）	人権擁護法案　2002年国会提出，2003年廃案に 　報道による人権侵害（取材・報道の両面）を，新たに設置する人権委員会の特別救済の対象に。勧告・公表などが可能。民放連は，新聞協会と共同歩調をとって対応中。2007年通常国会への提出に向けて，法務省から報道関係団体と協議したい旨の申し入れがあった。 青少年有害環境対策法案 　2000～2003年にかけて提出の動きが続いた。 　自民党参議院議員が，議員立法での提出を目指している。中心人物は，中曽根弘文・田中直紀ら，郵政民営化反対の動きを示したため，党内基盤が弱体化。最近は動きが止まっている。来年の参議院選挙向けに再燃するおそれは残る。	
2000年代後半	NHKプロデューサーの番組制作費使い込み（2004年7月発覚） 日本テレビ『カミングダウト』で女性タレントが窃盗の過去を告白（2005年2月） NHK「ETV2001シリーズ　問われる戦時性暴力」改変問題　2001年放送，2005年朝日新聞が報道	NHK，「デジタル時代のNHK懇談会」設置（2005年7月）などの対応を行う。	犯罪被害者等基本計画　2005年12月策定 　2004年に成立した犯罪被害者等基本法に基づいて，政府が定めた計画。犯罪被害者の個人情報保護が盛り込まれ，警察の匿名発表が進む。基本計画の策定段階で，民放連・新聞協会などは匿名発表につながりかねない項目についての修正・削除を求めたが，受け入れられなかった。	
	関西テレビ『発掘！あるある大事典Ⅱ』で納豆ダイエットについてデータを捏造していたことが発覚（2007年1月） NHK職員によるインサイダー取引疑惑が発覚（2008年1月） 日本テレビ『真相報道バンキシャ！』の岐阜県裏金疑惑の報道が虚偽であったことが判明（2009年3月）	放送倫理・番組向上機構（BPO）に，虚偽・ねつ造放送を審理する「放送倫理検証委員会」が設置　2007年5月 NHK，『新・放送ガイドライン』を作成・公表　2008年3月 BPO放送倫理検証委員会が『バンキシャ！』問題で初の勧告　2009年7月	放送法改正案に，総務大臣に，放送局に対して再発防止計画の提出を求める権限を付与する条文　2007年 　「虚偽の説明により事実でない事項を事実であると誤解させるような放送であって，国民経済又は国民生活に悪影響を及ぼし，又は及ぼすおそれがあるものを行い，又は委託して行わせたと認めるとき」に権限を行使。12月に成立した時点では当該条文は削除。	

続いてNHKの看板番組である『NHKスペシャル』の「奥ヒマラヤ 禁断王国・ムスタン」で"やらせ"があったとして批判を受けた。『ムスタン』の場合は，朝日新聞が1993年2月3日朝刊の一面トップで大々的に報じ，活字メディアから集中的な批判を浴びた。その後，民放のニュースやワイドショー，情報系バラエティ番組などが，"やらせ"として批判を受ける事例が続いた。

"やらせ"は辞書には「事前に打ち合わせて自然な振舞いらしく行わせること。また，その行為」（『広辞苑』第5版）とあるが，"やらせ"は事実に反したり歪曲したりことを批判する言葉として使われてきた。ノンフィクション系の番組の場合，正確な事実を伝えることは最低限の倫理的な義務だ。にもかかわらず，"やらせ"といわれる事件が続く背景には，実は映像メディアであるテレビの性格がある。

一例として，専門家である大学教員の意見を聞くシーンについて考えてみよう。テレビではよくあるシーンで，教員の背景はかならずと言っていいほど専門的な書物が並ぶ書棚になっている。

さて，その映像が撮られる前に次のような行為があったとした場合，どこからが倫理に反すると考えられるだろうか。

① インタビューを受ける本人が，テレビに映ってほしくない本を外す。
② インタビューを受ける本人が，別の書棚にある本をそこに並べる。
③ 制作者が事前に書棚を背景に撮影することを伝えた結果，インタビューを受ける本人が，それらしい本をわざわざ購入してそこに並べる。
④ 制作者が事前に書棚を整えておいてくれるように依頼した結果，本人が①②③のような行為をする。
⑤ 制作者やカメラマンが，その場でテレビに映ってほしくない本を外す。
⑥ 制作者やカメラマンが，その場で別の書棚にある本をそこに並べる。
⑦ 制作者やカメラマンが，それらしい本を持ち込んでそこに並べる。

ありのままを撮影するのがテレビだと考えれば，すべてが倫理的に問題のある行為ということもできるかもしれないし，インタビューの内容に直接関係ないので，すべて問題ないと言うことができるかもしれない。①②は本人の行為

なので，放送倫理の問題にはならないだろう。③も制作者が働きかけたわけではない。④は制作者の働きかけがあるが，本人が行為者。⑤⑥は制作者自身の行為だ。⑦は少し倫理的に問題がありそうだが，どうだろうか。もう一歩進んで次のようなことも考えられる。

⑧　制作者やカメラマンが，無関係な本（例えば，エロティックな本）を持ち込み撮影・編集の際にそこをアップにして視聴者の笑いを取る。

ここまで来れば，事実のねつ造で，明らかに倫理的に問題だ。場合によってはその大学教員の名誉を侵害したことになるだろう。

テレビの映像は事実それ自体ではなく，写し絵（複製）にすぎない。映し出されたものは現実の一部を切り取って編集（再構成）したものだ。そこには，視聴者に伝えるための演出が必然的に伴う。そもそも書棚を背景に撮影すること自体が，その教員の学識を示すための演出である。また，撮影する行為は対象への働きかけを含んでおり，被撮影者が自身を演出することも避けられない。必要な演出とねつ造の間には明確な一線があるわけではなく，境界領域が存在する。

一例として，次のような場合の是否を考えてみてほしい。

⑨　そのエロティックな本がもともとあったもので，それをアップにしてナレーションやテロップで強調する。

また，ニュースでは倫理的に問題がある場合でも，バラエティー番組の場合は許容されることもあると思わないだろうか。もちろんバラエティー番組でも事実を扱うときに，「ねつ造」は許されない。しかし，演出の余地は広がる。たとえば，次のようなケース。

⑩　大学の教員のインタビューではなく，お笑いタレントの自宅を訪問してインタビューする番組で，⑨のようなことをする。

このことは，放送倫理が視聴者との約束事であることに由来する。視聴者がニュースに期待することと，娯楽番組に期待することはおのずと異なるからだ。したがって，一つひとつのケースについて，よしあしを判断していくしかないわけだ。実際には，ここに制作にかけられる時間や費用という制約が加わる。

ベテランの制作者である今野勉氏の『テレビの嘘を見破る』（新潮新書）は、"やらせ"をめぐる突っ込んだ考察をした優れた本だ。このなかで、今野氏は自身の体験として、海外取材の際に往路で撮影に相応しいポイントを確認しながら目的地に進み、復路にそのポイントでバスを逆方向に走らせて、往路の映像を作った経験を紹介している。海外取材のような制約の多い条件下はやむを得ないことだ。常に時間との競争を強いられるテレビ制作の現場において、撮影上必要な工夫は多い。また、制作にかけられる時間はコストにも直結している。

こうした制約の中で、テレビの制作者は時に必要な演出を超えて、倫理的に問題がある"やらせ"をしてしまうことにつながる。

放送にかかわるさまざまな倫理的な規範を守って番組が制作されなければならないことは言うまでもない。しかし、"やらせ"の例でみるように、実際の制作過程を考えた場合、白黒が明確につけられる場合ばかりでないことがわかるだろう。放送番組は、工業製品のように規格化して線引きをすることはできない。放送倫理は、一つひとつの番組を通じてなされる視聴者と制作者のコミュニケーションというダイナミズムのなかにあるからだ。

（本橋　春紀）

1）「グルーポンおせちを擁護してみる」、ブログ『ニセモノの良心』2011 年 1 月 6 日、http://soulwarden.exblog.jp/
2）「NHK 新放送ガイドライン」http://www.nhk.or.jp/pr/keiei/bc-guideline/pdf/guideline2008.pdf
　「関西テレビ番組制作ガイドライン」http://www.ktv.co.jp/info/grow/pdf/070626/070626_ktv_production_guideline.pdf

参考文献
今野勉『テレビの嘘を見破る』新潮新書、2004 年
＊本稿の第 3 節は『月刊民放』2009 年 3 月号に掲載した「放送倫理と BPO」に加筆修正したものである。

沖縄の放送

放送局開局まで

　首都東京から沖縄県の那覇まで，海を挟んで延々 1,600 km。さらに那覇から八重山諸島の南端までは 500 km の距離がある。19 世紀末までは，この陸路海路を，人間自ら移動して物を運び，情報と文化を伝えていた。

　やがて，活字出版物や電信電話，写真や映画が伝達の主役となったが，20 世紀に入りラジオが登場することによって，伝達のスピードと情報量は飛躍的に増大した。日本の辺境の人々が，一瞬にして，大都市東京の情報・文化に接することができるようになった。ラジオの登場は，遠隔地沖縄にとって，まさに画期的なメディアになる筈であった。

　日本で初めて東京・大阪・名古屋でラジオ放送が始まったのは 1925（大正 14）年であるが，早くも沖縄県南端の八重山で，かすかな電波をキャッチしたという記事が 1926 年 1 月の「八重山新報」にある。聴取体験をした記者は「名古屋放送局の家具の改良という演題で講演していた。言語ははっきりしていたが雑音が妨げていた。音楽の如きは隣の座敷で歌っているようで千数十海里の空間を流れてくるとは思われなかった」と驚嘆している。

　その 3 年後の 1928 年 4 月，民俗学者柳田国男の招きで上京した八重山の 14 人の青年たちが，東京の JOAK のスタジオから，八重山民謡を初めて全国放送をした。かすかに流れてくる娘たちの歌声を聞き，石垣島測候所のラジオの周りに集まった人々は，感極まって涙を流したという。ラジオは，辺境の人々の声も，東京経由であるが全国へ伝える能力を持った文明の利器であった。

　1942（昭和 17）年 3 月には待望の社団法人日本放送協会沖縄放送局が開局した。しかし，1945 年 3 月，米軍が上陸する直前の空襲で放送機器が破壊され，20 人の局員は解散，うち 7 人はその後の激しい地上戦に巻き込まれて死亡した。わずか 3 年間の短い命の放送局であった。

戦後の放送

　戦後，沖縄は日本本土と分断され米国の統治下に置かれた。米軍は住民向けのラジオ局を作り，大半は東京の NHK の番組を中継し放送した。1952 年 4 月，日本が沖縄を切り離して独立した後は，沖縄独自のニュース・番組中心にするよう米国は指導した。米国は沖縄を「永久的な軍事基地」にしようとし，日本国内の放送の流入を警戒した。施政権の分離とは，日本本土と沖縄の情報交流を分断することであった。

　1950 年代後半，本土はテレビ普及時代に入ったが，沖縄でも少し遅れてフ

ジ系とTBS系の2つの民放テレビが開局した。番組のほとんどは本土のキー局からフィルムやテープで毎日空輸され，数日遅れで放送された。1964年の東京オリンピックを契機に，本土と沖縄を結ぶマイクロ回線が建設されると，番組をリアルタイムで伝送できるようになった。

　NHKは放送局設置を許されなかったが，番組調達に困った民放テレビが『NHKニュース』『紅白歌合戦』などをCM付きで放送する時期もあった。

　一時は日本と沖縄の情報分断を図った米国であったが，テレビを通じた「大量の日本情報，日本文化の流入」は，もはや止めようもなく，人々の本土との一体感を強めた。その点テレビは沖縄の祖国復帰に寄与したと言える。

　1967年には，宮古・八重山など先島でもテレビが見れるように公共放送のOHK（沖縄放送協会）が設立され，NHK番組を中心に放送を始めた。OHKは1972年5月15日の本土復帰とともに，NHKに承継された。

沖縄の放送の使命

　沖縄のように，同じ日本人でありながら，体験した歴史が本土とはかなり異なる場合，互いに認識不足を生じやすい。400年間の琉球王国という体験，太平洋戦争の悲惨な地上戦の体験，異民族の軍事支配下に27年間も置かれた体験，本土復帰した後も米軍事基地の74％が集中している状況下での生活など，いずれも簡単には伝達できない重い体験である。これらの体験の差，認識の格差を埋める努力も，現在のメディアの使命である。特に，映像という強い表現力，電波という速くて広い伝達力を持つテレビの役割は大きい。

　1995年9月，沖縄の基地の街で，小学生の少女が米兵3人に暴行される無残な事件が起きた。少女のプライバシーに配慮しながら，事件を報道し問題点を正面から指摘続けた地元沖縄の各メディアに比較して，当初，日本政府や本土の大手メディアの反応は鈍かった。「騒ぎ過ぎ」と評した閣僚，「沖縄ローカルのニュース」といったメディアのデスクがいた。この事件は，戦後50年間全く変わらない米軍基地の重みに対する県民の怒りに火をつけたが，同時に，基地が住民の生命と生活そして尊厳を脅かしている現状が，本土にほとんど伝わっていないことを示し，県民を苛立たせた。

　無知は偏見を生み，誤解と争いの種を作る。それゆえ，正確な情報と背景説明の提供をメディアは求められている。正確な事実に基づいた相互理解こそ，人と人，中央と地方，国家と国家の間の，友好・平和の基礎であり，優れた伝達能力を持つメディアが果たすべき役割である。本土から見ると遠隔地の沖縄がたどった歴史と，その直面する現実を見る時，メディアとしての放送が持つ可能性と，果たすべき使命が見えてくるように思う。

（座間味　朝雄）

第9章 日本の放送制度と放送法制

第1節 「放送」の意義とハード・ソフト一致の原則

1．狭義の放送と広義の放送

　2010（平成22）年11月，放送に関する法律全体にわたる大幅な見直し・統合を行うための法律改正が行われ，新しい放送法（2011年から施行）が成立した（以下，新しい放送法を新放送法，新放送法の条文を新〇条，新放送法施行前の放送法・条文を旧放送法・旧〇条，と表記する）。放送概念と放送番組に関する規律の変遷を中心に，日本の放送制度と放送法制を概観する。

　「放送」という用語は，放送制度の上で，狭い意味で用いられる場合（狭義）と広い意味で用いられる場合（広義）がある。狭義の放送は，「公衆によって直接受信されることを目的とする無線通信の送信」（旧放送法第2条第1号）とされていたように，テレビ放送やラジオ放送のような電波を利用する無線の放送である。

　無線の放送については，第2次世界大戦後の日本の放送制度は，1950（昭和25）年に制定された電波法・放送法・電波監理委員会設置法の「電波三法」が礎となって形成された。

　それ以前の日本の放送は，社団法人日本放送協会が独占的に行っていたが，放送法は，民間放送の出現も想定して制定された法律である。社団法人日本放送協会は，放送法に基づいて設立される日本放送協会（NHK）に改組された。制定時の放送法は，NHKには，放送の全国普及義務など公共放送事業体としての責務を負わせる一方，民間放送は自由闊達な放送を行う主体として制約をできる限り少なくしようとの考え方に基づいて作られ，NHKに関する規定を

中心とし，必要に応じて民間放送にもその規定を準用する構成となっていた。日本の放送制度の大きな特色の一つは，NHKと民間放送の併存体制を放送法が当初から仕組みとして持っていたことである。ヨーロッパ，特に大陸諸国では公共放送独占の時代が長く続き，ドイツ，フランスなどに民間放送ができたのは1980年代の半ばのことである。

1952年に電波監理委員会が廃止されてからは，郵政省（現在は総務省）所管のもと，電波法・放送法が基本的構造を維持しつつ，新しい放送メディアの発展や放送のデジタル化などに対応した改正を経ながら運用されてきた。

広義の放送は，無線の放送に，同軸ケーブルなどの導体を通じて行われる有線の放送との両方を合わせたものを意味している。「有線放送」は，通常，音楽番組などを放送している有線ラジオ放送の意味で用いられているが，有線の放送は，有線ラジオ放送と，CATVと略称される有線テレビジョン放送からなっている。それぞれ，有線ラジオ放送の運用の規正に関する法律（有ラ法），有線テレビジョン放送法（有テレ法）が制定され，放送法に規定された無線の放送に関する規定が準用され，運用されてきた。

旧放送法が狭義の放送を対象とした法律であったのに対し，2011年から施行される新放送法は，広義の放送を対象とした法律である。

2．「放送」固有の規律の存在～放送番組規律～

無線の放送は，放送用の電波を用いて行われる。電波は，放射線，紫外線，可視光線，赤外線より下の「300万メガヘルツ以下の周波数の電磁波」（電波法第2条第1号）と定義されている。電波は，光と同じ速度で伝わり，また，信号・音声・映像等を伝送するのに有用な媒体であり，周波数によって伝わり方が違うなど特有な性質・特徴をもっていることから，無線電信，ラジオ放送，テレビ放送，携帯電話を始め，周波数に応じた様々な用途に使用されている（図9-1）。しかし，特定の目的に使用できる周波数帯には限りがあることから，電波は有限希少な資源と呼ばれている。

また，電波は，同一周波数を同時に使用すると混信を惹き起こす性質がある

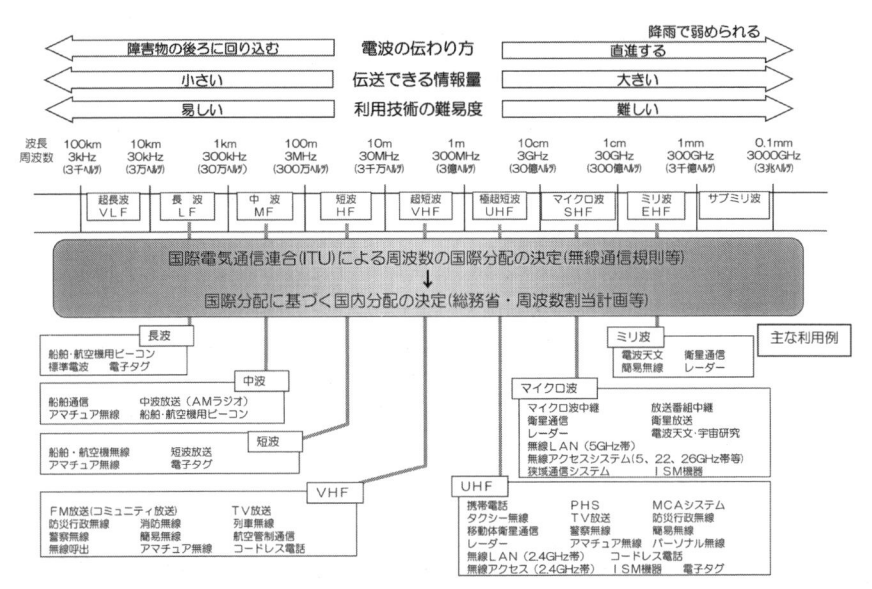

第9章 日本の放送制度と放送法制　133

図9－1　電波の周波数と利用状況

出典）総務省作成資料

ことから，どの周波数をどのような用途にどれくらいの帯域を使うのかなど周波数の使用方法，発射する電波の強さなど，電波を利用するための設備の条件，無線局を使うにはどのような資格を持った人が運用すればよいのかという無線従事者の要件，無線局を誰にどのような条件で使わせるかという免許の仕方などについて，一定のルールが欠かせない。このため，電波については，国際的には，国際電気通信連合で世界の地域ごとに使える周波数の割当て・調整が行われるとともに，国内的には，電波法によって電波の用途に応じた割当てや無線局の監理が行われている。

　放送は，無線局の一形態である「放送局」から放送用の電波を送信して行われるものであることから電波法の規律対象となっている。携帯電話事業を営むためには，携帯電話に電波を送るための数多くの「基地局」と呼ばれる無線局の免許を電波法に基づいて受ける必要があるが，電気通信事業法という法律に従って別に「電気通信事業」を営むことについての資格を得なければならない。

これに対し，無線の放送事業を行おうとする場合には，放送法制定時から新放送法ができるまでの基本となる仕組みでは，「放送事業」の免許ではなく，電波法に基づく無線局としての「放送局」の免許を受け，この電波法の免許を受けると，自動的に放送法上の「放送事業者」という地位が与えられることとなっていた（旧放送法では，「放送事業者」とは「電波法の規定により放送局の免許を受けた者」をいうと定義）。このように放送を行うための設備の設置者が放送局の免許主体であるとともに，放送番組の編集を行う主体となっていることを「ハード・ソフト一致」の原則と呼び，放送制度の根幹とされてきた。

一方，放送法では，放送電波によって視聴者に提供される放送番組という放送の内容に着目して，放送を行う事業者が守らなければならない事項を規定している。その中で問題となってきたのは，放送は日本国憲法第21条の表現の自由を同じように享受する立場であるにもかかわらず，新聞，雑誌等の他のメディアには見られない固有の規制が存在することである。これが放送番組規律と呼ばれるもので，放送法はわが国唯一の言論立法であるというような表現もされている。

放送番組規律の代表的な例としては，放送番組は政治的に公平でなければならないことなどを規定している放送番組編集準則，報道・教育・教養・娯楽の各部門の放送番組が調和よく編成されなければならないとする放送番組調和義務，番組編集の指針となる放送番組基準の策定義務，有識者による放送番組の審議を行うための放送番組審議機関の設置義務がある。このような規律を行うことができる根拠としては，伝統的には電波の有限稀少性と放送の持つ大きな社会的影響力の2つが理由として挙げられてきた。放送法に関連しては，放送に固有の規制を行えることの根拠，放送番組規律のあり方が大きな問題点として議論されてきた。また，放送番組規律違反と考えられる場合の取扱いについて，行政の対応などをめぐって大きな問題となってきた。

放送事業を行うには，電波法に基づいて放送局の免許を得るだけで放送事業者となるわけであるが，放送法で放送事業者としての規制を受けることになるので，放送局の免許に際しては，無線局としての運用上の条件ばかりでなく，

省令で免許の基準を定めることができると規定している電波法第7条第1項第4号に基づいて、一般の無線局に適用される「無線局の開設の根本的基準」とは別に、「放送局の開設の根本的基準」という省令が設けられ、放送法で求められている放送事業者としての運営上の要請内容を取り込んでいる。放送局の免許の審査の基準として、電波法と放送法が結びついているわけである。

放送局の免許については、そもそも有限希少の電波を割り当てるものであり、その免許に当たっては、誰にどのような方法で行うのかが問題となり、免許の審査との関係では、どのような条件で免許を行うのといった点が問題となってきた。

無線の放送は、中波によるラジオ放送から始まり、その後テレビ放送、FMによるラジオ放送、多重放送などさまざまな種類の放送が出現し、多様な放送が行われるようになってきた。このため、郵政省（当時）のニューメディア時代における放送に関する懇談会（放送政策懇談会）で放送のあり方全般にわたる検討が行われ、1987年に提言が行われた。提言の中で、放送番組規律のあり方については、メディアの特性に応じて高度な規律を課すメディアと緩やかな規律を課すべきメディアをきめ細かく整理すべきだとして、番組編集準則は全ての放送が守るべきものとする一方、番組調和原則や番組審議機関設置義務については放送によっては緩和すべきものとされた。1988（昭和63）年の放送法改正で、NHKを中心とする法律構成も改められ、NHKと民間放送の共通の放送番組の編集に関する規定は、両者に共通の通則としておかれ、その中で、番組調和原則はテレビジョン放送に限定（NHKについては、ラジオ放送も適用）され、多重放送については番組審議会の委員の数を縮減するなどの措置が採られた。

第2節　通信・放送の融合の進展とハード・ソフトの分離

1. 受託・委託放送制度の導入

日本の衛星放送は、1989（平成元）年にNHKによって本放送が開始された。

ハード・ソフト一致の放送制度の下で，NHK は，NHK 自らが打ち上げ主体となった放送衛星（BS）から，NHK が放送衛星局の免許を得て BS 放送を行ったのである。

　日本では，電気通信事業は，日本電信電話公社（NTT の前身）と国際電信電話株式会社（KDDI の前身）によって国内・国際に区分して行われていた独占事業であったが，1985 年に電気通信事業法が制定されて電気通信事業が民間に開放された。1989 年に，2 つの民間衛星通信事業が通信衛星（CS）を打上げ，個人向けの映像配信や音楽配信など，通信衛星でも BS による衛星放送と同様のサービス（通信と放送の境界領域的なサービス）が可能な状況が出現した。

　郵政省（当時）は，このようなサービスへの制度的な対応のため，通信と放送の境界領域的サービスに関する研究会を設けて検討を行い，1989 年（平成元年）2 月に報告書が発表された。

　この研究会は，通信と放送の境界領域的なサービスの出現という通信と放送の伝送路の融合に対応して，放送と同様のサービスを行おうとする者が衛星調達等の大きなリスクを負うことなしに，容易に放送に参入して事業が展開でき，また，それによって多様な番組サービスが可能となるよう，放送局の免許を取得せずに放送サービスを実施できる制度の創設を提言した。

　この提言を基に，放送設備の設置者と放送番組に編集責任を持つ者とを分離（ハード・ソフトの分離）することによって衛星放送事業への参入を容易にする仕組みとして，受託・委託放送制度が 1989 年の放送法改正によって導入された。

　放送番組の編集を行う委託放送事業者（ソフト事業者）は，国が通信に用いられる周波数から衛星放送用に割り当てた周波数（「放送普及基本計画」の番組目標数）の枠内で，放送法で定められた要件についての「認定」を得て衛星放送に参入することができる。認定は，要件の確認行為と説明されている。委託放送事業者には，放送番組の制作・編集に責任を持つ者として，放送番組規律，番組審議機関の設置義務など放送番組規律が適用される。一方，受託放送事業者（ハード事業者）は，国が指定する放送用電波について免許を取得し，

放送のみに使用する。受託放送事業者は委託放送事業者から送信を委託された放送番組をそのまま放送する（「受託国内放送」）という仕組みである。ハード事業者には，放送番組規律の適用は除外され，提供条件の届出義務などが課されている。

　この仕組みは通信衛星を利用した衛星放送（CS放送）に関して導入されたもので，CS放送は，1992（平成4）年4月のサービス開始時からこの仕組みで運用された。放送法の「受託国内放送」の定義は「人工衛星の無線局により行われるもの」と記され，BS放送にも適用可能であった。BSデジタル放送の開始に当たっては，受託・委託放送制度で行うことが適切とされたことを受け，NHKにもこの仕組みが可能となるように1998（平成10）年に放送法の改正が行われた。BSデジタル放送は，2000年12月の開始当初から受託・委託放送制度で行われ，衛星放送ではハード・ソフトの分離が進んで行った。

2.「放送」と「通信」の区分

　1989（平成元）年2月の通信と放送の境界領域的サービスに関する研究会の新たな制度に関するに提言の背景にあるのは，「通信」は「通信」として，「放送」は「放送」として扱うという考え方である。

　「放送」と判断されたものについては，通信にはない規律，放送に固有の放送番組規律がかかることになり，他方，通信と判断されたサービスについては，放送番組規律の制約なく行えるので，「通信」と「放送」をどのように区分するのかという点が大きなポイントである。

　「放送」は，「公衆」によって「直接受信」されることを「目的」とする送信と定義されており，「公衆」・「直接受信」・「目的」という3つの要素からなり，その中で最も重要な要素は，「公衆」である。「公衆」とは，「不特定多数」を意味することから，「特定」，「不特定」を判断する要素として，

　① 送信者と受信者の間の紐帯関係の強さの程度，受信者における属性の強さの程度
　② 通信の事項（通信の事項が送信者と受信者の紐帯関係や受信者の属性を

前提としているかどうか）
　③情報伝達方式の秘匿性
　④受信機の管理
　⑤広告の有無

この5つの要素を総合的に判断することとされた。これらの要素から，特定の者にのみ受信させることを目的として送信しようとする送信者の意図が，送信者の主観だけでなく，客観的にも認められるものが「通信」として「放送」と区別される。

　これらの要素の中で，直接的な判断基準は①と②で，③から⑤は送信者の意図を推定する際の間接的な判断基準である。

　1988（昭和63）年の放送法改正で，有料放送も放送とされたが，有料放送についてみると，料金を払えば，受信者が任意に受信の意思表示をすれば，放送事業者側は原則的には拒否することができず契約が成立するという意味で受信者の特定性はないとされ，放送として整理される。

　1987年当時，予備校が各教室に対して行う通信衛星による授業の配信は通信サービスとして行われていたが，予備校による受験生宅への通信衛星を使った授業配信などの新たなサービスについては，通信・放送のどちらとして考えるかが不明確となっていたので，具体的で明確な基準が必要となっていた。

　1997年12月，通信衛星による事業の促進を目的に「通信衛星を利用した通信・放送の中間領域的な新たなサービスに係る通信と放送の区分に関するガイドライン」で，予備校が予備校生に対して行う映像配信は「通信」とするなどの判断が示された。2001年には，デパートがそのカード会員に対して行うような特定会員限定の情報通信サービスについて，その会員でなければ視聴できないように秘匿性のある伝達方式で行われる場合には特定性を認めて「通信」と区分するなどの類型追加がなされた。

3．電気通信役務利用放送法の制定

　1990年代後半に入って，インターネットの普及，通信衛星や光ファイバー

等による電気通信回線の広帯域化などを背景に，インターネット放送などの通信と放送の双方の性質を併せ持つ中間領域的なサービスの拡大や，CATV 回線を利用したインターネット接続サービスなど共通の伝送路による放送サービスと通信サービスの提供など，通信と放送の融合現象が顕在化し，これに対応した制度の整備を求められるようになってきた。

1998 年 2 月には，経団連が「一つの衛星中継器を，簡易な手続きで機動的に，通信・放送いずれの用途にも使うことができるようにすべき」旨の緩和要望を提出したことなどを受け，規制緩和の政府方針が示され，総務省の「放送政策研究会」で検討が行われ，2000 年 12 月に「審議経過報告」がとりまとめられた。その中で，通信・放送融合に対応した制度整備についても具体的な方向性を提示し，それに基づいて提出された電気通信役務利用放送法案が 2001 年の第 151 回通常国会で成立し，2002 年から施行された。

電気通信役務利用放送法は，電気通信事業者の施設提供を柔軟にして周波数と電気通信設備の有効利用を図るとともに，ソフトの提供者側にも初期投資の負担を軽減して，参入の容易化とコンテンツ制作の活性化を図ることを目的としている。電気通信役務利用放送法は，省令の電気通信役務利用放送法施行規則で，衛星役務利用放送と有線役務利用放送の 2 種類とされた。

電気通信役務利用放送制度は，放送普及基本計画や放送用周波数使用計画にとらわれない仕組みである（どの周波数がこの仕組みに利用可能かは周波数利用計画のみに規定）。これにより，需要に応じた衛星放送用設備の利用が可能となり，参入もしやすくなるが，放送を行うものであることから参入者には一定の適格性を要求する登録制としている。

CATV の分野では，有線テレビジョン放送法は，自ら設置した施設を用いて有線テレビジョン放送を行うことを前提とし，電気通信事業者の回線設備を利用することを想定しない規定となっていた。このため，電気通信事業者の回線設備を利用するには，通信事業者側での電気通信事業法の許可と CATV 事業者側での有線テレビジョン放送法の施設設置許可（いわゆる二重許可）が必要であったが，電気通信役務利用放送法の登録によって，電気通信事業者が提

供する電気通信役務を利用したCATV事業が可能となった。

また，IPマルチキャスト方式というインターネット技術を用いた一斉同報型のサービスが可能となり，IPマルチキャスト放送が有線役務利用放送として認められた。しかし，これは著作権法上は「自動公衆送信」（ホームページの閲覧などのように利用者からサーバに対して要求があった場合のみ送信が行われる通信形態）として扱われ，実演家等に権利許諾を求める必要があった。地上デジタル放送への完全移行に向け，IPマルチキャスト放送による地上デジタル放送の同時再送信については，有線放送と同様の取扱い（報酬請求権化）とし，実演家とレコード制作者への許諾を不要とする著作権法の改正が2006年に行われた。

第3節　放送事業への参入規制とマスメディア集中排除原則

1．免許手続きと免許条件

免許申請は，免許を受けようとする者からの申請に基づいていつでも受け付けるのが原則であるが，全国または一定の地域において周波数を占用的に使用する無線局については，競願状態が生じる可能性が高いため，オープンな形で免許手続を進めることが必要である。

放送局については，競願状態が生じた場合は，比較審査によって処理することが省令（放送局の開設の根本的基準）で定められていたが，大量の免許申請があった場合の知事による1本化調整の不透明さ，免許権限を持つ大臣の放送業界への発言が強まっていくことへの批判があった。また，他の一般の無線局については，免許申請が競願状態となった場合の免許処理手続きについては，省令でも明文の規定は置かれていなかった。

2000（平成12）年の電波法改正で，携帯電話等の基地局，電気通信業務用の人工衛星局，放送局については，申請期間を設けて広く免許申請を公募することが規定された（電波法第6条第7項）。これは，免許条件を明らかにして，免許申請が割り当てる周波数を上回った場合には比較審査に基づいて免許人を定

める趣旨で設けられた規定である。

　携帯電話等の基地局については，さらに，多数の基地局全体の開設計画について，開設指針に基づく比較審査により認定を行う特定基地局の開設計画の認定制度が導入された（電波法第27条の12～17）。

　放送局は，電波法上，一般の無線局とは異なった取扱いがされている。一つはどのような場合に免許を与えないかを定めた欠格事由で，もう一つは免許の審査の条件である。欠格事由では，外資に関する規制で，一般の無線局では外国法人の議決権の3分の1までは許されているのに対し，放送局では5分の1までしか許されない（電波法第5条）。

　免許の審査の条件では，一般の無線局では，①工事設計が技術基準に合致すること，②周波数の割り当てが可能であること，③省令で定める「無線局の開設の根本的基準」に合致することの3つであるのに対し，放送局の審査では，③が「放送局の開設の根本的基準」となり，その上に，④放送事業を維持して行くことができる財政的基礎があること，⑤マスメディア集中排除原則に合致することが求められている。

2．マスメディア集中排除原則

　「マスメディア集中排除原則」は，民間放送に参入する際の審査基準として設けられている出資の制限などの法令上の規定，仕組みの通称である。これは，1957（昭和32）年に，テレビジョン放送の一斉予備免許の条件として集中排除義務が課されたのが始まりとされている。1969年には，「放送局の開設の根本的基準」を適用するための方針を示した通達の中にこの考え方が盛り込まれ，その後長年運用されてきた（「一般放送事業者に対する根本基準9条の適用方針」とこれに基づく「審査要領」）。

　1988年の放送法改正で，放送法2条の2で「放送普及基本計画」にマスメディア集中排除の指針を定めることとされ，具体的な放送局の免許基準は「放送局の開設の根本的基準」9条に規定されることとなった（廃案となった1966年の放送法改正案では，放送法自体に規定（51条））。

その後，1989年の放送法改正による受託委託放送制度の導入時には，委託放送業務の認定基準として放送法施行規則に，2001年の電気通信役務利用放送法の制定に際しては，電気通信役務利用放送の業務の登録基準として電気通信役務利用放送法施行規則に，それぞれマスメディア集中排除に関する規定の整備が行われた。

　また，2007年末に成立した放送法等の一部を改正する法律で電波法も改正され，放送局の免許の審査要件の一つとして，改正後の電波法第7条第2項第4号で，「放送による表現の自由享有基準」という総務省令で定める基準に合致することとされ，マスメディア集中排除原則が電波法上に明記されるとともに，独立した省令として定められた。

　マスメディア集中排除原則は，「放送をすることができる機会をできるだけ多くの者に対し確保することにより，放送による表現の自由ができるだけ多くの者によって享有されるようにする」（旧放送法第2条の2第2項第1号）ためのものである。

　直接には，限られた周波数を有効利用し，さまざまな放送主体を確保して健全な民主主義の発達に寄与すること（多元性）を目的としている。この多元性の確保によって，視聴者がさまざまな放送番組を選択し，情報を入手すること（多様性）を可能にするとともに，視聴者に地域に根ざした情報発信メディアを確保するという役割（地域性）も果たすことがこの原則の政策目的とされている。

　マスメディア集中排除原則は，1社が所有又は支配できる放送局等の数を制限し，原則として1に限るとする複数局支配の禁止と，テレビ，ラジオ，新聞の3つを支配することを禁止する三事業支配の禁止の2つからなっている。

　「支配」の基準は，議決権保有と役員兼務の2つがある。議決権保有基準の原則は10％超保有であり，役員兼務基準は，①非常勤を含む役員の1/5の役員兼務（監査機関を除く），②代表権を有する役員，常勤役員の兼務（監査機関を除く）の2つである。基準ごとにさまざまな例外が設けられ，条文を読んで理解するには難解なものとなっている。近年，ローカル民放局の経営支援の

ための措置として規制緩和が行われてきているが、それによりさまざまなケースや参入者とメディアの組み合わせが想定され、さらに分かりにくいものとなってきた。

三事業支配の禁止はクロスメディア規制とも呼ばれ、「各地域社会における各種の大衆情報提供手段の所有及び支配が原則として、放送局の置局によって特定の者に集中することを避ける」（放送普及基本計画）ためのものである。もともとはテレビと、ラジオのうちの中波放送との兼営は認めるものの、新聞までもの兼営は禁止する原則である。2008年の見直しで、中波放送とFM放送とを区別する理由はないものとして、同一地域でのテレビとFM放送との兼営も求められたので、三事業支配の禁止は、テレビ、ラジオ、新聞の3つの事業を兼営することを禁止するものとなった。ただし、同一地域で他の事業者がいて、情報・ニュースの独占の恐れがない場合は例外とされ、事実上適用はない。

第4節 放送番組規律違反と行政処分

1．倫理規範・法規範

放送番組編集規律のうち、制定時の放送法で規定されていたのは番組編集準則のみで、当初の番組編集準則は、①公安、②政治的公平、③報道の真実性、④多角的論点解明の4項目であった。

その後、低俗番組批判にこたえる形で成立した1959年の放送法改正で、番組編集準則の第1項に良俗（善良な風俗）が加えられるとともに、放送番組調和原則、放送番組基準策定義務、放送番組審議機関設置義務などの規定が盛り込まれた。この時の法改正について、当時の放送行政担当者は、次のように解説している。

「今回の放送番組の向上適正を図るための法改正の構想において、第一に考えられた点は、表現の自由との関係、すなわち、憲法及び法によって保障されている表現の自由を尊重するため、政府が放送番組の編集について寸毫も関与す

ることなく，放送番組の向上適正を図るためには，どうすればよいかという点であった」

　この説明の根底には，放送番組規律は，放送事業者が自律的に守るべき精神的規定，倫理規範であるという考え方がある。このような考え方が，学説では通説であり，政府も伝統的に行ってきた説明であった。

　一方，放送番組規律は法規範であるとする考え方がある。電波法の「総務大臣は，免許人がこの法律，放送法若しくはこれらの法律に基く命令又はこれらに基く処分に違反したときは，三箇月以内の期間を定めて無線局の運用の停止を命じ，又は期間を定めて運行許容時間，周波数若しくは空中線電力を制限することができる」（第76条第1項）と規定している中の「放送法」に放送番組規律も含まれており，放送番組規律違反があった場合には，この規定に基づいて放送局の運用制限や免許の取消しを行うことができるという考え方である。

　1993年7月の衆議院議員総選挙で与党の自由民主党が過半数を割って野党に転落し，自民党以外の政党による細川連立政権が誕生した。1993年9月に行われた日本民間放送連盟の放送番組調査会の会合でテレビ朝日報道局長であった椿貞良氏が，選挙時の報道姿勢について，反自民の連立政権を成立させる手助けになるような報道を行おうという方針で局内をまとめたなどとの発言を行ったことが，放送の政治的公平に違反するのではないかと大きな問題になった。この椿発言事件を契機に，政府は，重大な放送法違反があった場合には電波法に基づいて放送局の運用制限や免許の取消しが行えるとし，放送番組規律は法規範であるという説明に転換した。

　有線テレビジョン放送法では，放送法3条1項の放送番組編集準則等を準用し，これについての違反に対し3か月以内の期間を定めて業務の停止を命令することができる規定としていた。他の放送関係法律では，免許等の取消しの有無や電波監理審議会等への諮問の要否などまちまちとなっていたが，新放送法第174条では，放送事業者が新放送法または新放送法に基づく命令もしくは処分に違反したときは，電波監理審議会への諮問は不要で，総務大臣が3か月以内の期間を定めて放送の業務停止を命ずることができることになっている。

2010年11月26日の参議院総務委員会で，平岡秀夫総務副大臣は，「番組準則については，放送法第3条の2第1項で規定しているわけでありますけれども，この番組準則については，我々としては法規範性を有するものであるというふうに従来から考えているところであります。したがいまして，放送事業者が番組準則に違反した場合には，総務大臣は，業務停止命令，今回の新放送法の第174条又は電波法第76条に基づく運用停止命令を行うことができるというふうに考えているところであります」と答弁している。

また，業務停止命令等については，法律の規定に違反した放送が行われたことが明らかであることに加え，その放送が公益を害し，放送法の目的にも反し，これを将来に向けて阻止することが必要で，同一の事業者が同様の事態を繰り返し，かつ事態発生の原因から再発防止のための措置が十分でなく，放送事業者の自主規制に期待するのでは法律を遵守した放送が確保されないと認められるといったような極めて限定的な状況にのみ行うこととしており，極めて慎重な配慮の下で運用すべきものであるというふうに従来から取り扱ってきていると説明している。

2．放送番組規律違反に対する行政指導

椿発言事件などを踏まえて郵政省（当時）に設けられた「多チャンネル時代における視聴者と放送に関する懇談会」（「多チャンネル懇」）は，1996年12月に報告書を公表し，その中で「将来，義務履行確保制度を諸外国において講じられている措置を参考として，国際的にも普遍的な制度となるように見直す必要が生じることも考えられる」と指摘している。「国際的にも普遍的な制度となるよう」とは，日本の放送制度が諸外国の制度と比較すると，義務履行確保の仕組みを持たない稀な制度だということを意味している（表9-1）。

電波法第76条第1項等に基づいて放送局の運用制限や免許の取消しの措置がとられた場合には，放送そのものが送出できなくなり，放送局の経営ばかりでなく視聴者に与える影響も大きいことから，よほどの重大で悪質な事例でない限り，解釈上は可能としても実際に適用することは困難である。この放送局

表9－1　放送番組規律についての国際比較

			日本	米国	英国	仏国	独国	韓国
放送を規律する根拠法令			・放送法 ・電波法	・刑法 ・34年通信法 ・96年通信法 ・FCC規則等	・90年放送法 ・96年放送法 ・03年通信法 ・Ofcom番組基準	・視聴覚通信法 ・CSAと放送事業者との協定	・放送州間協定 ・各州放送法 ・青少年保護州間協定	・放送法 ・放送審議規程
行政による強制的措置	行政上の措置	番組基準の制定		○	○	○	○	○
		訂正放送等の命令／課徴金		○	○	○	○	○
		免許停止・取消し	○	○	○	○	○	○
	刑事罰			○		○	○	○
放送事業者の自主的取組を求める規律（番組基準の作成，番組審査機関の設置）			○					

出典）総務省資料

の運用制限や免許の取消しが放送法違反を理由に適用された実績は一度もない。

そこで，このような放送法，電波法を背景に，放送番組規律違反が問題となった場合の行政の対応措置として行われてきているのが，いわゆる「行政指導」である。行政指導は，総務省から放送事業者に対し，放送番組規律の中では，放送番組準則のうちの政治的公平，報道の真実性の違反，放送番組基準の違反などを理由に行われている。違反の程度に応じて「警告」，「厳重注意」，「注意」，「口頭注意」の形で行われている。

放送番組問題についての行政指導は，ほとんどが抽象的に自主規律を要請するもので，具体的な措置を要請するものではなく，その担保手段もないことから，規制色が薄く，一般的に法律上の権限を必要としないものであり，放送法第3条に定める干渉，規律には該当しないという考え方がある。また，多チャンネル懇報告書は，「我が国において行政指導が果たしてきた役割や社会的状況を考えると，こうした解決の在り方は十分に機能しており，また，放送事業の性格を考えた場合，望ましいとの意見がある」としている。

他方，放送局の免許権限を背景に行われ，放送事業者への圧力，放送番組への萎縮効果をもたらすことになるとの批判や，現実の行政指導に際しては，再発防止のための具体的措置や具体的施策の遂行状況についての四半期ごとの報

告などを求める例も見受けられ，行政指導というよりも実質的には改善命令と異ならないとの批判などがある。

　2007年，関西テレビが製作し，フジテレビ系列局で放送された『発掘！あるある大事典Ⅱ』での番組捏造問題などを契機に，放送法改正案に，捏造番組再発防止策として問題を起こした放送事業者に総務大臣は再発防止計画の提出を求めることができるとする条項が盛り込まれたが，法案修正で削除された。また，2010年の第176回臨時国会に提出された放送法等の改正案では，電波監理審議会は，放送法第1条に規定する事項について総務大臣に建議を行うことができるとする条項が盛り込まれていたが，総務大臣がこの条項を隠れ蓑に利用して放送の自由に干渉する懸念があるとして，与党自らがこの条項を削除する修正案を提出し，削除された。

第5節　地上デジタル放送と衛星デジタル放送

1. 地上アナログテレビジョン放送の終了と携帯端末向けの新しい放送

　地上アナログテレビジョン放送の終了は，法律そのものに裏付けられ，義務付けられたものだが，地上アナログテレビジョン放送の終了期限をいつまでにすると法律の条文に明示されているわけではない。

　2001年の電波法改正で，携帯電話（陸上移動局）の急増や無線ブロードバンドへの周波数需要に対応して，一定の期間内に古い無線システムから新しい無線システムに変更するなど総務大臣が一定の要件を満たす周波数割当計画などを変更する場合には，その変更のための無線設備工事を行う免許人に給付金などの援助（特定周波数変更対策業務）をできることとし，これに電波利用料を充てることができることとした（電波法第71条の2，第103条の2）。この仕組みを地上アナログテレビジョンに割り当てられている周波数に適用し，地上テレビのデジタル化に必要となるアナログ周波数から他のアナログ周波数への変更対策のための地上テレビ局の費用に充てたのである。

　古い無線システムから新しい無線システムに変更する要件は，①古い無線シ

ステムの周波数の使用は計画変更後10年以内に停止すること，②新しい無線システムの周波数は，古い無線システムの周波数の4分の3以下であること，③5年以内に新しい無線システムが開始可能であることである。

　これにより，地上アナログテレビ放送の終了によって空き周波数帯域が生まれるとともに，地上アナログテレビ放送の終了時期が確定されたのである。地上アナログテレビジョン放送の終了は，アナログ周波数変更などのための費用に電波利用料を投入するものであることから，アナログ周波数の使用停止と開放という義務付けを伴っている。

　具体的なアナログ放送の終了時期については，周波数割当計画，周波数使用計画の変更が2001年7月25日の官報（号外第153号）で告示され，地上アナログテレビジョン放送用に割り当てられた周波数帯，周波数の使用期限が「2011年7月24日までに限る」と明示された。

　地上テレビ放送の完全デジタル化に伴う空き周波数の利用については，2007年6月の総務省情報通信審議会の一部答申で，VHF帯周波数の一部を2011年7月から移動体向けのマルチメディア放送等に使用できるようにすることが適当とされた（図9-2）。これを受け，総務省は「携帯端末向けマルチメディア放送サービス等の在り方に関する懇談会」を設置し，事業化に向けてのビジネスモデルや社会的役割の在り方，制度的・技術的課題について検討が進められ，2008年7月，報告書が取りまとめられた。

　懇談会報告書では，携帯端末向けマルチメディア放送の定義づけについて，「映像・音響・データ」，「リアルタイム・ダウンロード」といったサービスを自由に組み合わせることを可能とすることが考えられるとし，放送対象地域別には，3つのタイプの放送を想定し，まず，①「全国向け放送」と②「地方ブロック向け放送」に専用の周波数帯域幅を割り当てることなどが提言された。

　2009年の電波法・放送法の改正で，携帯端末向けマルチメディア放送を「移動受信用地上放送」と名付け，「自動車その他の陸上を移動するものに設置して使用し，又は携帯して使用するための受信設備により受信されることを目的とする放送であつて，人工衛星の無線局以外の無線局により行われるものをい

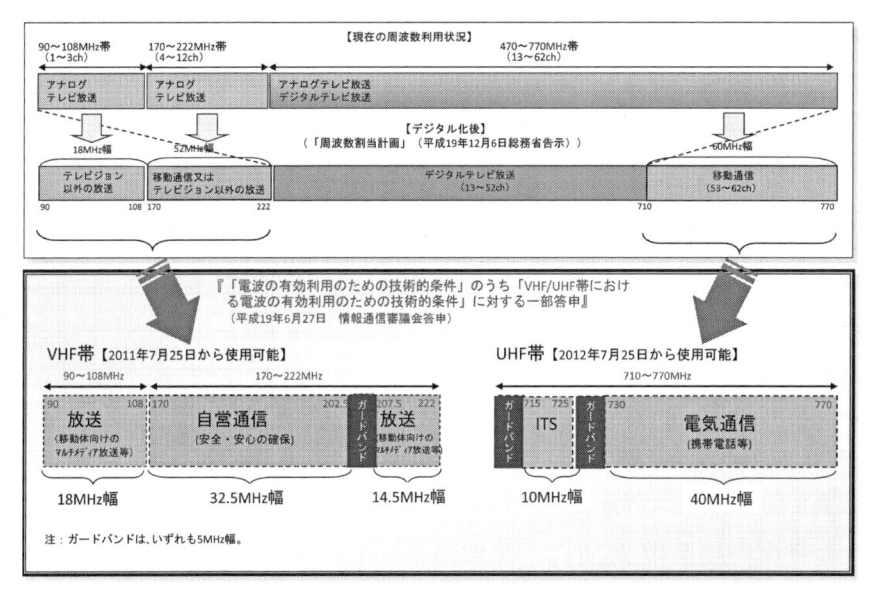

出典）「ラジオと地域情報メディアの今後に関する研究会報告書」（2010年7月9日）

図9−2　地上テレビ放送のデジタル移行完了後の空き周波数の利用

う。」（旧放送法第2条第2号の2の6）と定義された。

　電波法では，移動受信用地上放送の無線局について，事業者がその創意工夫により柔軟に設置できるよう，電気通信業務に適用されている特定基地局の開設計画の認定制度を導入（第27条の12，13等）し，放送法では，移動受信用地上放送について，多くの事業者の参入機会を確保するため，受託委託放送の制度が適用された（旧放送法第52条の13等）。

2．BSデジタル放送

　衛星放送は，1989（平成元）年にNHKによりBSアナログ放送の本放送が開始され，1990年には日本衛星放送（WOWOW）により日本で初めての有料放送が開始された。4周波数を用いたBSアナログ放送は，いわゆるハード・ソフト一致型の免許制度の下で実施されていた。

　2000年12月には，BSデジタル放送が新たに4周波数を用いて始まり，

NHKのほかに，無料の衛星民間放送が誕生した。BSデジタル放送では，多数の委託放送事業者が一つの衛星を利用することとなったことから，公平・中立な中継器の提供を確保する必要のために，サービス開始時から受託・委託放送制度が適用された。

2007年12月には，NHKのBSアナログハイビジョン放送の終了で使用可能となる1周波数を利用して，新たに高精細度テレビ放送を行うBSデジタル放送3社（無料放送2社，有料放送1社）が放送を開始した。

放送普及基本計画等で，地上アナログテレビ放送と同様に，BS放送も2011年7月24日までにアナログ放送が終了することが決められ，アナログ放送に使用している3周波数と，2000年の世界無線通信会議で日本のBS放送用に追加割り当てされた4周波数の利用のあり方が課題となった。

総務省では，2008年8月に「平成23年以降に開始される予定の新たなBSデジタル放送に係る委託放送業務の認定に関する基本方針」を公表し，2011年から新たに始まるBSデジタル放送の制度整備を行った。

制度整備の要点は，BS放送と東経110度CS放送を「特別衛星放送」として統合し高精細度テレビジョン放送を中心とする普及政策を一体化すること，マスメディア集中排除原則を大幅に緩和すること，ショッピング番組批判への対応として無料放送で広告放送の割合が3割を上回るものについては比較審査で劣後することとしたことである。

新規参入についての比較審査の結果，2009年6月に11チャンネル，2010年10月に7チャンネルが決まり，BS放送は，8周波数を使用した12チャンネル時代から，2011年以降には，使用可能な12周波数全てを用いた30チャンネルという多チャンネル時代に入ることとなった（正確には，NHKが3チャンネルから2チャンネルになるので，29チャンネルである）。ただし，審査基準の広告放送比率などの関係で，無料放送は，放送大学学園，ディズニー放送のうちの1チャンネルで，BS放送は有料放送が多数を占めることとなった。

第6節　総合的な法体系の検討と新放送法

1．総合的な法体系の検討開始と2007年放送法改正

　2004年のNHKの経理不祥事や，通信・放送の融合の進展，コンテンツ産業としての放送への期待などを背景に，2006年，竹中総務大臣（当時）の下に，「通信・放送の在り方に関する懇談会」が設置された。

　懇談会の2006年6月6日の提言を基に，6月20日に「通信・放送の在り方に関する政府与党合意」が行われ，その後の放送政策の方向性が定められた。NHK関連事項では，NHKのガバナンス強化に向け経営委員会の抜本的な改革を行うこととし，一部委員の常勤化，事務局の抜本的強化，コンプライアンス組織の設置，メンバー構成の再検討などを早急に行い措置すること，保有チャンネルの削減の検討を行うこと，民間放送関連では，マスメディア集中排除原則を自由度の高い形で早急に緩和すること，通信・放送の融合関連では，通信と放送に関する総合的な法体系について基幹放送の概念の維持を前提に早急に検討に着手し2010年までに結論を得ることとされた。

　この検討を基に，2007年末に放送法の改正が行われ，NHKについて，経営と執行の分離の明確化，常勤経営委員を設けること，監事制度を廃止して経営委員による監査委員会制度を設けることなどのコンプライアンスの強化が図られ，また放送済みの番組を電気通信回線で直接提供できるようになった。民間放送については，認定放送持株会社制度が設けられ，この仕組みによる場合は，BS放送1社を完全子会社とすることができるなどのマスメディア集中排除原則の緩和が行われた。

2．総合的な法体系の具体化

　総合的な法体系の検討については，2006年8月に設置された「通信・放送の総合的な法体系に関する研究会」で検討が行われ，2007年12月に，従来の通信・放送の縦割りで9つの法律で構成されている法体系から，コンテンツ，プラットフォーム，インフラという横割りの構造にして「情報通信法（仮称）」

という一つの法理にまとめる構想が示された。コンテンツに関しては、通信・放送を問わず情報通信ネットワークを流通するものを対象とし、「公然性を有するもの」は規制対象として、そのうち、「特別な社会的影響力」をもつものを「メディアサービス」として放送に課せられているような規律を課すことが考えられた。インターネットのホームページなどは、「特別な社会的影響力」を持たないものとして「オープンメディアコンテンツ」とよばれ、違法・有害な情報について対応を検討することとされた（図9-3）。この構想では、「特別な社会的影響力」とは何か、誰が判断するのかなどが大きな問題とされた。

総合的な法体系の検討は、総務省の情報通信審議会に引き継がれ、2009年8月の情報通信議会答申が行われた。答申では、インターネットによる一斉同報等の放送に類似した通信を、放送とともに「メディアサービス」（仮称）としてコンテンツ規律の対象とすることに対しては、国民からの意見招請においても、関係事業者等からの意見聴取においても、批判的意見や慎重な意見が多く、

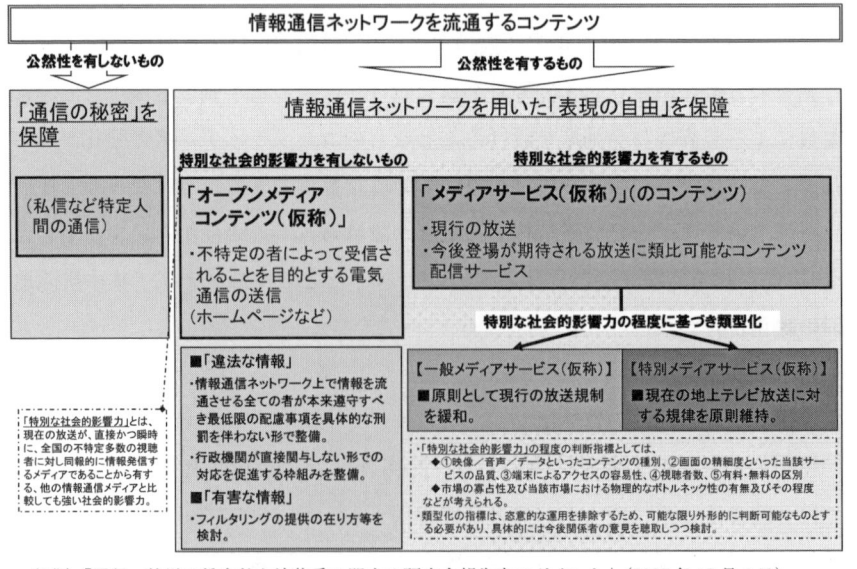

出典）「通信・放送の総合的な法体系に関する研究会報告書のポイント」（2007年12月6日）

図9-3　コンテンツに関する法的対応の考え方

新たな法体系においては,「メディアサービス」の範囲をいわゆる従来の「放送」に止めることとされた。また,① 従来の「放送」の概念・名称を維持し,旧放送法を核として放送関連4法の制度の大括り化を行うこと,② 一定の放送を確保するための枠組み（基本計画）を設けることとし,地上放送,特別衛星放送をその対象とすること,③ 放送の種別毎に一致又は分離が規定され放送事業者に選択肢はない制度から,すべての放送において,放送施設の設置と放送の業務の両方を一の事業者が行うか,複数事業者で分担して行うかについて,事業者が選択して申請できるように経営の選択肢の拡大を行うこと,④ 通信,放送の双方の目的に利用可能な無線局の免許制度を整備して,免許を受けた後に許可を受けて目的を変更することを可能とするよう電波利用の柔軟化をはかることなどが提言された。

　情報通信審議会答申を踏まえた放送法等の一部を改正する法律（改正法）が,2010年3月,第174回通常国会に提出されたが,電波監理審議会の建議に関する規定,NHKの会長を経営委員会のメンバーに加える規定など,総合的な法体系の検討では含まれず原口総務大臣（当時）の肝いりで盛り込まれたとされた条項が議論を呼んだ。与党は電波監理審議会の建議に関する規定を自ら修正して衆議院では可決されたが,参議院では審議されることなく国会が閉会し,審議未了廃案となった。

　2010年10月,第176回臨時国会に,電波監理審議会の建議に関する規定を削除した放送法等の一部を改正する法律案が再上程され,2010年国会の終盤で,NHKの会長を経営委員会のメンバーに加える条項などを削除する与野党修正協議が整い,11月末に,衆議院総務委員会では3時間,参議院総務委員会では1時間の審議で通過し,成立した。

　新放送法は,改正法附則の規定によって,施行日は,公布の日から9か月以内で政令で定める日とされている。改正法が12月3日に公布されているので,2011年には,地上アナログ放送の終了とともに,放送法制の新しい時代が始まる。もっとも,それは,放送の自由,放送の民主化という理念よりは,放送の産業化,放送事業法へ移行してしまったように思える。

3．新放送法の概要

　旧放送関連四法による法制では，無線か有線かによる区別を中心に概念が組み立てられ，放送法では，「放送」とは，「公衆によって直接受信される無線通信の送信」と定義されていた。新放送法では，近年のEU諸国が従来の放送に加えてオンデマンドのような「テレビのようなもの」も規律の対象とするというやり方ではなく，「放送」を「公衆によって直接受信される電気通信の送信」と定義したうえで，新176条で，「受信者の利益及び放送の健全な発達を阻害するおそれが無いものとして総務省令で定める放送」を適用除外とした。「電気通信の送信」は，「他人の電気通信設備を用いて行われるものを含む」とされ，旧放送法の受託・委託放送制度は廃止された。

　新放送法では，「放送」は「基幹放送」と「一般放送」に分類されている。「基幹放送」とは，「電波法の規定により放送をする無線局に専ら又は優先的に割り当てられるものとされた周波数の電波を使用する放送」とされ，それ以外の放送が「一般放送」とされている。したがって，基幹放送は「電波を使用する放送」，つまり無線のものに限られる。新91条の基幹放送普及基本計画に掲げられるものを基幹放送といい，この計画に載らないものを一般放送という。具体的には，基幹放送は，NHK，放送大学学園，地上民放，旧放送法の委託衛星放送事業者，それに携帯端末向けマルチメディア放送を行う移動受信用地上放送事業者の行う放送となる（図9-4）。

　一般放送の業務を行おうとする者は，総務大臣の登録を受けなければならない。ただし，一般放送に用いられる電気通信設備の規模などから，受信者の利益・放送の健全な発達に及ぼす影響が比較的少ないものとして総務省令で定められたものは，届出だけでよいことになっている（新126条，新133条）。

　旧放送法では，「一般放送事業者」は民間放送の法律用語として用いられていたが，新放送法では，基幹放送を行う者を基幹放送事業者といい，一般放送を行う者を一般放送事業者というものとされている。

　事業参入要件も，放送概念，放送事業者概念の整理に伴い，電波法による免許，新・放送法による業務の認定・登録・届出に整理されている（有線テレビ

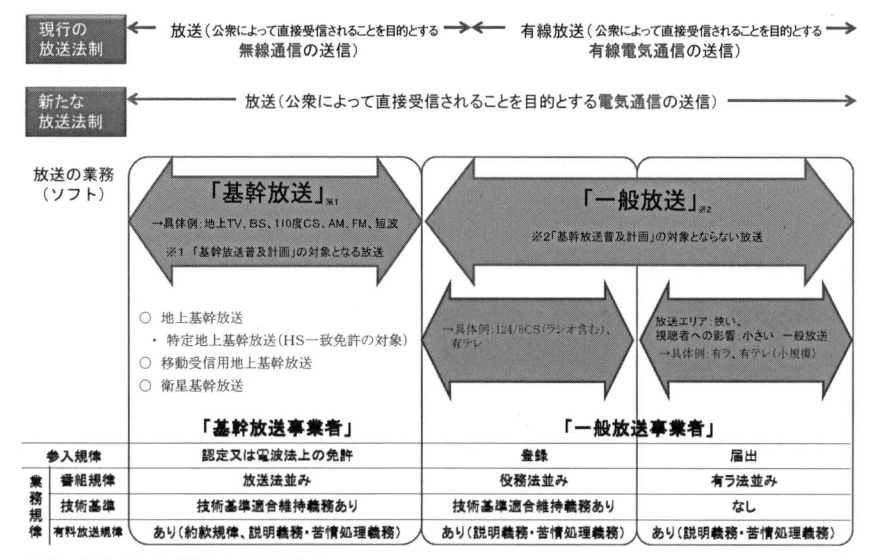

第9章 日本の放送制度と放送法制　155

図9-4　新放送法の放送の分類
出典）総務省資料「新たな放送法制」

ジョン放送法で規定されていた施設の許可・届出は，業務の登録・届出に一元化されている）。

　旧放送制度では，放送法で示された番組規律は電気通信役務利用放送や有線放送に準用するものとなっていたが，新放送法では，認定・登録・届出・事業者全体に関する番組規律を通則として掲げ，基幹放送業務の放送については，一般放送事業者にはない番組規律がまとめられている。この結果，番組調和原則や災害放送に対する責務は通則から基幹放送業務特有の番組規律に組み替えられている。また，基幹放送事業者に対する放送番組規律として，放送番組の種別の公表義務が盛り込まれ，番組審議会に報告ののち一般に公表しなければならないこととされている（新放送法107条）。

　このような放送番組規律の組み換えに対し，放送番組準則は調和原則とともに，「視聴者への約束」と考えるべきものであったのに，調和原則を通則部分からはずして放送局の「業務」のひとつとして定める形態をとるのは，これまでの放送の自由の精神的規定から免許条件という規制のための規定に性格を変

えてしまう可能性があるとの指摘がある。旧放送法は，放送事業者の自律を基本とした仕組であったが，新放送法は，何を基本理念としているのであろうか。

新174条では，放送事業者が新放送法または新放送法に基づく命令もしくは処分に違反したときは，総務大臣が3か月以内の期間を定めて放送の業務停止を命ずることができることになっている（ハードとソフトの一致の特定地上基幹放送事業者は，従来どおり電波法76条による無線局の運用の停止等）。

（山本　博史）

参考文献
片岡俊夫『新・放送概論』日本放送出版協会，2001年
金澤薫『放送法逐条解釈』電気通信振興会，2006年
鈴木秀美・山田健太・砂川浩慶編著『放送法を読みとく』商事法務，2009年
日本民間放送連盟編『放送ハンドブック（改訂版）』日経BP社，2007年

第10章 公共放送

第1節 公共放送概念を考える手がかり

1．公共サービス放送

　日本の放送事業で「公共放送」という表現及び概念がいつ頃から登場するかは，必ずしも明確ではない。ただ，日本で放送事業が始まる前に，すでに欧米の放送業界では，放送に関して，公共サービス（public service）という言葉が使われている。欧米で放送に適用されている，この公共サービスという概念は，日本でいう公共放送概念を検討する際参考になると思われる。

　例えば，1922年6月，当時，アメリカで最大，世界でも有数な通信会社に成長しつつあったRCA（Radio Corporation of America）の販売部長サーノフ（David Sarnoff）が，放送には情報を与え国民を教育する機能があるから，公共サービスとして運営されるのが望ましい，と述べている。

　その後商業放送が主流となるアメリカでも，放送初期には，放送の教育機能に着目した公共サービス放送概念があったことは，留意しておいていい。サーノフが公共サービス論を披瀝した半年後，アメリカにはラジオ局が500以上存在しているが，そのうち72局は，サーノフのいう公共サービス放送概念を基盤とするラジオ局で，その大半が大学によって運営されていた。

　1922年6月といえば，アメリカではまだ，のちに放送業界の支配的地位を占める利潤追求型の商業放送事業は確立されていない。放送が営利事業として成長する契機となるのは，2か月後，AT&T（American Telephone & Telegraph）の経営するラジオ局がニューヨークで放送時間の販売を始めたときである。

放送時間の販売による広告収入を財源とするアメリカ型商業放送が電話会社の発想から生まれていることは，興味深い。日本でもイギリスでも，1950年代初期あるいは半ばに商業放送が導入されているが，電話会社がAT&Tのような形で放送事業に関与している形跡はみられない。

公共サービス概念をより具体的に表現したのは，1922年11月に誕生した，イギリス放送会社（British Broadcasting Company）の総支配人リース（John Reith）であった。リースは後，放送会社を承継したBBC（British Broadcasting Corporation，イギリス放送協会）の初代会長に就任し，1938年に退任するまで，放送経営に尽力した人物である。リースは公共サービスの要素として，次の5点を挙げている。

1. イギリス国内のどこにいても誰でも放送を聴取できる，いわゆるユニバーサルサービス
2. 最善のものを提供し，その質の維持に努める
3. 放送は独占事業で行う。複数の放送局が存在すると，競争が生まれる。その結果，放送番組の質が低下し，マイノリティを対象にした番組が無視され，聴取者数を増やすことだけが目的となる
4. 放送財源は受信許可料（licence fee）に求める。聴取者の規模の大小によって番組製作費を決めず，必要ならマイノリティを対象にした番組にもコストをかける
5. 放送組織体として独立するとともに，編集権の独立を確保しなければならない。それは，商業圧力から，また，政治的圧力から独立するためである

イギリスでは，イギリス放送会社の発足後，政府が時宜を見計らって設置する放送調査委員会が報告書を提出している。そのなかに，ピルキントン報告書（1962年）とピーコック委員会報告書（1986年）がある。前者では，BBC経営委員長が「公共サービスに適ったいい放送を定義しても，意味はない。いい放送とはそう認識するしかない」，と述べたことが報告されている。25年後に発刊された後者には，公共サービスの原則を放送事業者から聞き出すのに苦労し

た，という記述がみられる。公共サービス概念の定義がいかに難しいかを物語っているエピソードである。

今は存在していないが，イギリスの民間の放送調査機関（BRU: Broadcasting Research Unit）が，1985年にイギリスの放送における公共サービス理念と題する書物を刊行している。その中で，公共サービス放送の要件について，次のように記述している。

(1) どこにいても，放送サービスを享受できる（ユニバーサルサービス）
(2) 特定層だけでなく，一般の人の趣味やニーズに応える
(3) マイノリティに特に関心を示す
(4) 国やコミュニティへの帰属意識を高める
(5) 特殊利益集団から距離を置く
(6) 放送機関に対し，視聴者が平等にサービス料金を支払う
(7) 視聴率ではなく，番組の質で競争する
(8) 番組制作者の活動を制限せず，むしろ，制作者の自由を保障するガイドラインを設ける

上記8つの要件のうち，例えば，(4)はイギリス人にとってアイデンティティとは何かについて問題を抱えているし，(5)については，放送機関そのものが特殊利益集団化しない保障はない。(7)は，果たして番組の質を測定する手段があるか，という疑問を惹起させる。

しかし，リースとBRUでは，放送サービスの最大限の普及，放送財源は放送サービスを享受する者が支払う，特定集団から独立している，マイノリティへの格別な関心などの点で，一致している。

リースとBRUの公共放送概念を要約すると，次のようになるであろう。

公共放送は，ユニバーサルサービスと番組の多様性を確保し，非健常者を含めたマイノリティに対する番組サービスを行う。さらに，民主主義の根幹をなす選挙に必要な情報を市民に提供するとともに，文化の向上に貢献する教育・教養番組を提供する。そうした原則に基盤を置く放送である。

公共放送が実現されるためには，その前提として，公共放送を行う事業体が，

政治権力から独立していなければならないことは、いうまでもない。放送の自主・自律が公共放送の生命線といえる。公共放送は、法律や規則で定義されている概念ではないが、そうした原則の意味を考えることが公共放送を理解する上で極めて重要である。

2．「公共の利益」概念

　公共放送を検討するうえで、もう一つ参考になる概念がある。それは、アメリカの放送事業者に課せられている「公共の利益」(public interest) 概念である。アメリカでは、放送事業の出現当時から、放送を公益事業とみなす考え方があった。電気、ガス、水道などと同じように、放送施設は利用者が対価さえ払えば自由に使えるという発想である。この考えを突き詰めていくと、放送事業者は、サービス料金さえ支払えば、誰にでも無差別に放送施設を開放する電話事業者と同じコモンキャリアになってしまう。

　放送の初期、1922年8月、アメリカではAT&Tが"放送電話室"(phone booths of the air) と名づけたスタジオを建設し、料金さえ払えば、誰でもマイクの前で話せるようにした。聞く相手はもちろん個人ではなく、不特定多数である。そこが電話とは違うところだが、重要な点は、放送局が特定の個人ではなく、発話者が不特定多数を相手に話す時間を販売したことである。

　電話事業と同じ発想であるため、AT&Tは施設を利用する者の発話内容をチェックしない。ところが、発話内容が聴く相手にとって不快な印象を与える、あるいは、特殊利益集団の宣伝になってしまう、という苦情が出て、巨費を投じた施設が遊休化してしまう恐れが出てきた。そこで、AT&Tは発話内容、後には持ち込み番組の内容をチェックするようになった。つまり、のちにいう編集権を確立して、脱コモンキャリア化を図った。電話事業の延長という考えでは放送事業を達成できないことを、AT&Tが自覚したことになる。

　AT&Tはやがて放送事業から撤退することになるが、AT&Tが考案した放送電話室は、歴史的意義をもっている。なぜなら、放送時間の売買を通して、企業（広告主＝スポンサー）と放送局が提携する放送事業が確立されていくか

らである。こうした形の放送事業は，一般に利潤追求を第一義とする商業放送と呼ばれ，アメリカにおける放送業界の中心を占めるようになるだけでなく，海外にも輸出されていく。

アメリカにおける商業放送は，公共の電波を私企業が使う形で開始され発展してきた。公共の利益概念とは，政府が放送事業者に要請している社会的責務を指す。アメリカでは1927年無線法が制定され，放送規制監督機関として合議制のFRC（連邦無線委員会）が設置された。同委員会の最初の任務は，それまで乱立状態だったラジオ局を整理統合して混信を除去する，いわば"電波の交通巡査"であったが，委員会は，整理統合が一段落すると，公共の利益概念に基づいて，ラジオ局への免許交付・免許更新許可，また，免許停止・免許更新拒否などの処分を行ったほか，さらには，番組内容のチェックも行うようになった。

1927年無線法では，ラジオ局は政府から免許を取得すれば，一定期間，電波を排他的に使用できるが，電波を私有することはできない，と規定されている。同法には「公共の利益」という文言が登場しているが，その概念は定義されていない。連邦無線委員会や，その後1934年通信法で設置された，合議制の放送規制監督機関であるFCC（連邦通信委員会）の政策をみると，放送事業者は，希少な電波を使う公共の受託者（trustee）と位置づけられていることが分かる。

電波の公共の受託者とは，国民の共有財産である希少な電波を国民を代表して使用している者という意味である。政府は私企業が放送事業を行い，利潤を追求することは資本主義社会として容認するが，公共の受託者としての放送事業者が，国民の共有財産である電波を使用することは，権利ではなく特権とされる。放送事業者には，特権の代償として，公共の利益に奉仕する責務がある。そういう考え方である。

連邦最高裁判所は1969年FCCが1949年に制定したFCC規則の一つ，「公正原則」（Fairness Doctrine）の合憲性をめぐる裁判で，政府が放送事業者に対し，事業者以外の国民の意見を番組に取り入れる義務を課しても，それは言論

の自由を保障したアメリカ合衆国憲法修正第一条には違反しない，という判決を下している（395 U.S.389）。

公正原則は，放送事業者に対し，(1)公共的争点を抱えた問題は番組として放送しなければならない，(2)これらの争点をめぐり対立見解が生じた場合，対立見解が番組で公正に提示されるようにしなければならない，という二重の義務を課すものであった。判決の基底には，放送事業者は希少な電波を使う公共の受託者という思想がある。アメリカの放送業界では，連邦政府が放送事業者の私的利益と事業者に課せられた公共の利益責務を調整するため，積極的な役割を担っていることが分かる。

日本の放送法第3条の2第4項「意見が対立している問題については，できるだけ多くの角度から論点を明らかにすること」という規定は，上記公正原則の(2)の部分が起源となっている，といわれている。

「公共の利益」という用語及び概念は，アメリカの1934年通信法のみならず，イギリスBBCの存立の基盤を規定している特許状（2007年1月1日改定発効）でも援用されている。特許状は「BBCの性格と目的」という項目を設け，BBCの存在意義が公共の利益に奉仕することと明記した上で，その主たる任務の一部として，BBCが達成すべき公共目的について，次の諸点を挙げている。

(a) 市民としての権利及び市民社会を維持する
(b) 教育及び学習を推進する
(c) 創造性を刺激し優れた文化を構築する
(d) 国家としてのイギリス，地域・コミュニティとしてのイギリスを体現する
(e) イギリスを世界に伝え，世界をイギリスに伝える
(f) 通信技術やサービスを開発し，その恩沢を国民に与えるとともに，デジタルテレビ時代に向けて先導的役割を果たす

(a)市民としての権利及び市民社会を維持する，(e)イギリスを世界に伝え，世界をイギリスに伝えるという項目が，BBCの公共の利益責務として課されている点が注目される。

第2節　日本の放送の仕組み

1．放送二元体制

　世界の放送制度は，国営放送，公共放送，商業放送（民間放送）に大別される。先進諸国では，公共放送と商業放送が併立しているケースが多い。日本でも公共放送と民間放送が併立する，いわゆる放送の二元体制が採用されている。そして，両者の概念を説明する一つの方法として，放送財源の形態に着目し，一般に，受信料を財源とする放送事業体は公共放送，広告収入を財源とする放送事業体は民間放送と区別している。

　民間放送は，私企業が利潤追求を主たる目的に行う放送であり，比較的そのイメージはつかみやすい。しかし，公共放送が受信料を財源形態としていることは，公共放送の一側面であり，公共放送全体の性格を十分説明してはいない。公共放送という概念を理解するには，日本の現在の放送制度の起点となった放送法の制定過程をたどってみることが手助けになる。

　日本の放送法の立案作業は，GHQ（連合国軍最高司令官総司令部）により1946（昭和21）年11月から開始されているが，国会における法案審議が最終段階に差し掛かった1950年1月24日，政府は第7通常国会で，法案の性格を概略次のように説明している。

　法案では，日本の放送事業形態を二つの要素で構成することにしている。一つは，全国どこでも聴取できる放送設備をもち全国民の要望を満たす国民的な公共的な放送企業体である。もう一つは，民間放送と呼ばれる放送企業体で，個人の創意工夫により自由闊達に放送文化の建設昂揚に貢献する放送事業体である。この二つの事業体が互いにその長所を発揮し欠点を補うことによって，放送が国民が公共の福祉に奉仕できるようにする。

　現在，日本の放送事業体は6,000名の社員（出資者）によって構成されている社団法人日本放送協会が行っているが，社団法人を解散し，新たに全国民に基盤を持つ公共的な特殊法人である日本放送協会（以下NHKと表記）を設立することにする。

以上が放送法案に関する政府の説明である。放送法の立案作業過程で，GHQ は 1947 年 10 月，日本政府に対し「日本放送法に関する会議における最高司令部示唆」を与えている。その示唆の中に，放送法に取り入れるべき一般原則として，「放送の自由」(Freedom of Broadcasting)，「不偏不党」(Impartiality)，「公衆に対するサービスの責任の充足」(Fulfillment of Public Service Responsibility)，「技術的諸基準の遵守」(Observance of Technical Standards) が謳われている。

　戦後の放送法制の整備段階で，公共放送という表現及び概念が最初に，いつどのような形で使われたかは定かではないが，上記の政府説明で使われている文言「公共的な放送企業体」にその淵源があるとみて，間違いはないであろう。「公共的な放送企業体」という表現は，GHQ の示唆にあった「公衆に対するサービスの責任の充足」という概念を体現したものといえる。

2．NHK の性格

　NHK は，旧協会の権利義務を承継し，1950 年 6 月 1 日，「特殊法人日本放送協会」として発足した。NHK は，既述の政府説明にもあるように，公共的な放送企業体であるが，公共的な企業体といっても，国の出資を受けて成立した公団や政府から分離独立した公社とは性格が異なる（図 10 - 1）。

　放送法は第 7 条で，NHK は公共の福祉のために，あまねく日本全国において受信できるように，豊かで，かつ，良い番組を放送するよう規定している。つまり，NHK は法律によって，どのような山間僻地であろうとも良い放送が全国あまねく受信できるように努める公共的義務を負っていることになる。

　第 7 条にいう公共の福祉を達成するため，NHK には，国会の同意を得て，内閣総理大臣により任命される 12 人の委員で構成される経営委員会が設置されている。経営委員会は，毎年度の予算，事業計画，番組編集など NHK が執行する基本計画を議決する NHK の最高意思決定機関であり，NHK 業務の執行最高責任者である会長は，経営委員会によって任命される。

　経営委員会が業務執行の最高責任者である会長を任命するということは，

NHKの自主性を保障するための措置である。

　経営委員は国民の代表ではあるが，衆参両院の同意を得て，総理大臣が任命するため，選任過程でときの政権の圧力が作用することもあり，選任過程の透明性を担保する不断の努力が要求されている。

　全国民の代表である経営委員が最高意思決定機関として存在するNHKは，理念的には全国民を基盤とする公共放送事業体といえる。このため，放送法は，NHKに対し，国民の代表で構成される国会にいくつかの義務を負わせている。これは，国民の代表によるNHKに対する公共的規制といえる。そのなかには，例えば，毎事業年度収支予算，事業計画及び資金計画，財務表，業務報告書の国会提出などがある。

　このうち，NHKの毎事業年度収支予算は，経営委員会の議決を経たのち，総務大臣に提出される。総務大臣はこれを検討して意見をつけ，内閣を経て国会に提出しその承認を求める。国会では，衆参両院の総務委員会の審議を経てそれぞれの本会議で承認される。行政と立法両機関がNHKの放送事業にかかわっていることがわかる。

　放送法は「放送番組は，法律に定める権限に基づく場合でなければ，何人からも干渉され，又は規律されることがない」（第3条）と規定しているが，NHKと国会との関係から，ときとして，政治圧力がNHKの番組内容に影響を与えることがある。2001年1月30日に放送されたテレビ番組『ETV2001』「シリーズ戦争をどう裁くか　第2回　問われる戦時性暴力」をめぐり，国会議員2名から，番組内容の一部を改変する指示が出たとされる事態が発生した。

　東京で開催された「女性国際戦犯法廷」を題材に，旧日本軍の性暴力を告発したこの番組について，議員からNHKに対し，天皇有罪のシーンをカットし，元従軍慰安婦の証言シーンを削減するよう指示があった，とされる事件である。事件の真相は十分には解明されていないが，放送法によって定められた国民の代表である国会とNHKとの関係から，皮肉なことに，政府権力が放送の自由を侵害する恐れのある事態が発生する恐れのあることを，この事件は示している。

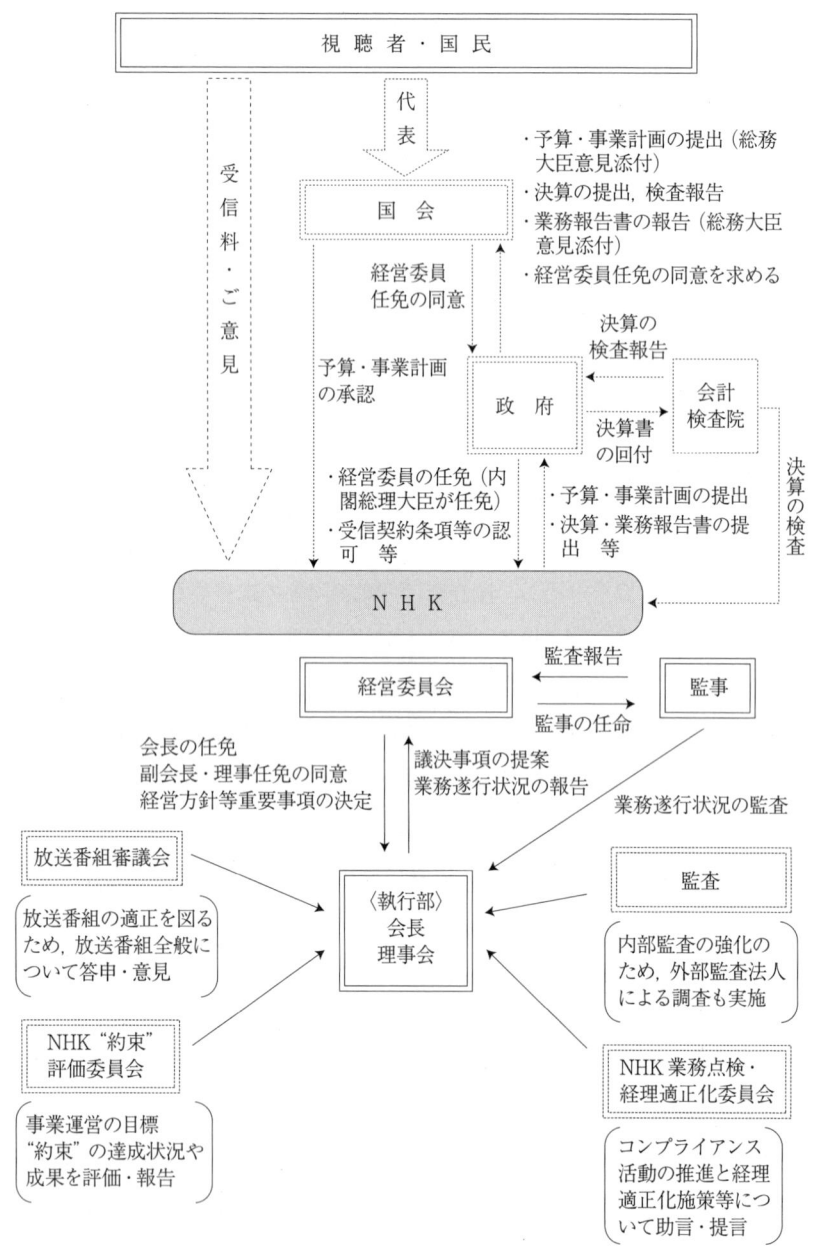

出典）NHK の新生とデジタル時代の公共性の追求　平成 18-20 年度　NHK 経営計画　資料編

図 10－1　NHK に対する公共的規制とコーポレート・ガバナンス

イギリスでは，1927年1月，公共放送のモデルといわれる現在のBBCが誕生しているが，BBC発足に備え設置された政府の放送調査委員会が，1926年3月，BBCのあり方に関する報告書を発表している。調査委員会は，社会的影響力の大きな放送事業の最終的責任は，放送事業の監督責任者である郵政長官が負うが，BBCは政府機関ではない。BBCは政府が慎重に決めた規制の枠内で，与えられた責務を果たすとともに，放送の自由（liberty）を最大限に享受することが望ましい，と述べている。

日本では1924年8月，日本における放送事業の開始に当たり，政府が放送の社会的影響力を認識したうえで，「放送事項ノ内容ニ付テハ国ニ於テ干与スルヲ要シ」と述べているが，放送の自由への言及は一切ない。イギリスでもBBC発足当初，政治番組やニュース放送の禁止など「政府が慎重に決めた規制枠」はかなり厳格であったが，少なくとも政府が「放送の自由」という概念を表白していたことは，留意しておいていい。

3．NHK受信料

日本では1925年3月22日，社団法人東京放送局が放送を開始した。放送開始日の聴取施設許可数は3,500件だった。「許可」とあるのは，当時，東京放送局の番組を聴くラジオ受信機を家庭に設置するためには，政府の許可が必要だったからである。聴取者は受信機を設置する場合，放送事業者の承諾書（聴取契約書）を添えた願書を政府に出し，許可を受ける仕組みになっていた。許可は「聴取無線電話私設許可書」という形で交付され，許可内容・私設変更・許可書の失効及び廃止・受信装置の性格などが詳細に規定されていた。

まず，放送事業者と私法上の聴取契約を結び，その上で政府の許可を得るというこの制度は，日本独特の形式であった（政府許可制はのち撤廃されている）。社団法人東京放送局に次いで，名古屋放送局と大阪放送局がそれぞれ設立され，1926年8月，3局は統合されて，社団法人日本放送協会（以下旧協会）が誕生するが，私法上の聴取契約形式は旧協会時代にも引き継がれ，現在のNHK受信料につながっている。

逓信省は，1923年8月，日本における放送事業の基本的性格を規定した「放送用私設無線電話ニ関スル議案」を作成しているが，そのなかに「広告は許さず」という文言がある。当時すでに，アメリカでは，放送時間を販売して得られる広告収入を財源とする商業放送が発達していたが，日本では放送当初から，広告放送の道は閉ざされていた。

日本の放送事業はその出発点において，日本より2年半早く放送事業を開始した。イギリス放送会社の経営形態をモデルにしている，といわれている。しかし，放送財源についてみると，イギリスの場合は放送事業の開始から受信機を設置した者から政府が免許料を徴収し，その一部をイギリス放送会社の財源として分配する形をとっている（イギリスでは，ラジオ受信許可料は1971年に廃止され，テレビ受信許可料の徴収は，BBCが外部委託の形でとっている）。

日本では既述のように，受信機の政府許可制は廃止されているが，イギリスでは現在でも政府許可制が採用されている。イギリスでは，日本のように受信料といわず，受信許可料と呼称されている所以である。また，イギリスでは，受信許可料の不払いは刑事罰の対象になり，最高1,000ポンド（約15万円）の罰金が科せられるている。

4．受信料の問題点

放送法第32条は，「協会の放送を受信することのできる受信設備を設置した者は，協会とその放送の受信についての契約をしなければならない」と規定している。ただし，放送法自体には受信料の支払い義務は明文化されておらず，総務相の認可を受けてNHKが作成した日本放送協会受信規約で，契約者の支払い義務を定めている。しかし，支払いを拒否者に対する罰則規定は，受信規約には設けられていない。

政府はこれまで，NHK受信料支払いを義務化する法案を作成あるいは，国会に提出しているが，義務化は実現していない。1964（昭和39）年，郵政省臨時放送関係法制調査会が，1950年5月に基盤が確立された放送法制の改正に関する意見書を郵政相に提出している。

意見書はその中で,「受信料は, NHK の維持運営ため, 法律によって NHK に徴収権が認められた,『受信料』という名の特殊な負担金と考えるべきである」とし, さらに負担金については, 国が徴収する租税ではなく, 国家機関ではない特殊法人として設立された NHK の維持運営のための受信料である, と説明している。受信料の性格については, この考え方が一般的になっており, 受信料をめぐる問題が表面化し, 社会的事件となることはこれまでなかった。

　しかし, 2004 年 7 月, NHK チーフ・プロデューサーによる巨額な番組制作費の着服事件の発覚を契機に, 受信料制度に対する国民の疑念が高まるとともに, 不満が噴出した。着服事件発覚 1 年後の時点で, NHK は, 受信料の支払い拒否と支払い保留件数が 117 万 1,000 件に上ったことを明らかにしている。

　着服事件以後, 国民の間で不払い件数が増えるとともに, 受信料問題に関する関心が高まってきた。その一つは, 受信契約という概念をめぐる問題で, 受信契約を双務契約とみなし, 同時履行の抗弁権（民法第 533 条）を主張できるのではないか, という見解が出てきたことである。

　双務契約とは, 契約の当事者間が互いに対価的な意味を有する債務を負担する契約をいう。客が商店から購入した商品の中身がラベルと違う場合, 商店には客が元々要望していた商品を渡す債務があり, 客には商品の対価を支払う債務がある, そういう契約である。受信契約において双務契約説が成立するとなると, 一方の契約者（NHK）が債務を履行しない限り, もう一方の契約者（NHK と受信契約を結んだ者）も自己の債務を負わないことになる, という考え方である。

　NHK の受信契約双務説を主張する者が, 2005 年 11 月, 地裁に NHK を提訴した。内容は, NHK は, 自立的に公正な放送が提供されているという信頼が成立している状態を維持する債務を履行しておらず, 受信料支払いを拒否するというものだったが, 2006 年 3 月, 原告の請求は棄却されている。

　もう一つは, 受信料支払いをめぐる法廷闘争の展開である。NHK の申し立てを受け, 簡易裁判所が受信料不払い者に督促を発した場合, 督促を受けた者が 2 週間以内に異議申し立てを行えば, 支払い督促の効力が失効し, 法廷闘争

となる。

　NHK は 2006 年以降，各地の簡易裁判所に受信料督促を申請し，異議申し立てがあった場合，訴訟を起こしてきた。このうち，2010 年 6 月，東京高等裁判所は，「受信契約義務を定めた放送法には合理性がある」として，原告の控訴を棄却している。

5．NHK の存在意義

　放送法によって設立された特殊法人日本放送協会が，放送で NHK というコールサインを使い始めるのは，1946 年 3 月 4 日である。受信機から流れる NHK というコールサインの"響き"に信頼をおき，娯楽を渇望していた国民は，まだ民放もない時代，NHK の番組に熱中した。NHK が放送していた番組には，例えば，天皇制をテーマにした座談会や，街の人の声が番組に登場するという，戦前戦時中は想像もできないような新しい手法が取り入れられていた。

　国民の多くは，新しい時代を映し出したラジオ番組が，実は，アメリカの商業放送の制作手法を参考に GHQ の指導のもとで制作されていることは知らなかった。それでも，国民の NHK に対する期待や信頼感は，ラジオの時代からテレビ時代に，それほどの障害もなく引き継がれていった。

　既述のように，1964 年，臨時放送関係法制調査会が郵政相に提出した意見書では，受信料を NHK の維持運営ための特殊な負担金と性格づけている。そのことが国民一般に受け入れられ，いわゆる"皆様の NHK"という標語が使われるようになった。

　旧協会誕生から 5 年後に勃発した満州事変を経て太平洋戦争にいたる 10 年間，旧協会は慰安・教養・講演番組など放送の持つ社会的役割の一部を担ったが，基本的には，国家の命令機関・公示機関として機能するにとどまった。

　コールサイン「NHK」がラジオから流れ始めた直後，日本放送協会から『日本放送史』と題する本が発刊されている。そのなかで，放送法制定後 NHK 初代会長に就任した古垣鐵郎は，「戦時中わが国のラジオがゆがめられたのは不可避であったとは云え，かえすがえすも残念なことに違いありません。然し，

終戦とともにラジオは再び民主主義的再建の先頭にたって，国民に呼びかけ，国民とともに平和的な歩みを進めることが出来ました」と述べている。

　放送法は，第1条で，「この法律は，左に掲げる原則に従って，放送を公共の福祉に適合するように規律し，その健全な発達を図ることを目的とする」と目的規定を行い，第一の原則として，「放送が国民に最大限に普及されて，その効用をもたらすことを保障すること」と規定している。

　これに関連する条文は，第7条のあまねく全国において受信できるようにするとする目的規定であり，第9条第5項のNHKはあまねく全国において，受信できるように措置しなければならない，とする規定である。この規定には，リースやBRUが提唱した公共放送概念のうち，ユニバーサル機能が反映されていることが分かる。

　戦後公共放送として出発したNHKが国民に提供してきた番組サービスは，その質量ともに，評価されるものはかなりある。しかし，いま，そして今後，公共放送NHKに問われる重要な課題の一つは，質の高い番組サービスを継続することに加え，日本の民主主義の発達に積極的に貢献していくことであろう。その意味で，BBCの達成すべき公共目的について，BBCに対する特許状が市民としての権利及び市民社会を維持する点を掲げていることは，NHKにとって大きな示唆を与えているように思える。

（向後　英紀）

参考文献

Scannell, Paddy and David Cardiff (1991) *A Social History of British Broadcasting*, Oxford University Press
Sterling, Christopher and John Kittross (2002) *Stay Tuned*, Lawrence Erlbaum Associates Publishers
片岡俊夫『新・放送概論』2001年，日本放送出版協会
鈴木秀美『放送の自由』2000年，信山社
長谷部恭男『テレビの憲法理論』1992年，弘文堂
長谷部恭男，ダニエル・フット編『メディアと制度』2005年，東京大学出版会
浜田純一『メディアの法理』1990年，日本評論社

第11章 民間放送

　日本は世界でも特に民放事業が発展している国のひとつである。日本の民放の制度上のモデルとされる米国では（日本や欧州と同じ意味での）公共放送は存在しない。一方，欧州諸国の大部分では，社会的影響力の観点からも視聴・聴取率の観点からも，公共放送の存在感が民放を圧倒している。また，新興国，発展途上国には公共放送しか存在しない国も多い。この章では，世界的にもユニークな"放送の二元体制"の一翼を担う民間放送の概要について述べる。

　なお，通常，"民間放送"には地上波テレビ，ラジオだけでなく，BS・CSの衛星放送事業者が含まれ，場合によってはケーブルテレビ事業者も含まれるが，この章ではそのすべてを概観はするものの，もっぱら地上波テレビを中心にみていくことにする。

第1節　民間放送事業の構造と概況

1．地域免許とネットワーク

　1925年にNHKの前身となる社団法人東京・大阪・名古屋の3放送局がラジオ放送を開始してからおよそ四半世紀経った1951年，最初の民放ラジオが放送を開始した。以後，1953年のテレビ放送開始を経て，2010年10月末時点での地上波民放はテレビ・ラジオ兼営社34社，テレビ単営社93社，ラジオ単営社66社の計193社になっている。このほか，コミュニティ放送（FM）が全国で237社ある。

　地上波の民間放送は，テレビ放送については関東，近畿，中京の3つの広域圏（3大広域圏）と岡山・香川，鳥取・島根の2県を合わせた地区，ラジオ放

送については3大広域圏と京都・滋賀，長崎・佐賀，鳥取・島根を合わせた地区を除いては県域が放送免許の単位となっている。また3大広域圏内には県域単位のテレビとラジオがあり，さらに外国語放送を行う3つのFM局（東京，大阪，福岡）は県をまたいで複数の都市圏をカバーしている。地区ごとの放送局数は，県域地区でテレビ2〜5局，中波ラジオ1〜2局，FMラジオ1〜2局程度である。また，地上波を用いた全国放送の民放として日経ラジオ社（短波ラジオ）がある。

地上波は原則として県域を放送の単位とするため，全国放送を行うためには全国にネットワークを組織する必要がある。民放のネットワークはもともと，ニュースを全国に送り届けるためのネットワークとして発足し，現在でもテレビのネットワークはニュース・ネットワークがその基本的な性格になっている。現在，民放のネットワークは主に在京社をキー・ステーションとしてテレビ，ラジオとも5系列存在する（図10-1, 2参照）。テレビにはこれ以外に3大広域圏内の県域テレビで組織する「全国独立UHF放送協議会」がある。なお，テレビの1〜3局地区ではクロスネットと呼ばれる複数のネットワークに属する局もある。中波ラジオについては大部分の地区で1局しかないため，ほとんどの局が2つのネットワークに加盟している。テレビのネットワーク内では，番組・ニュース素材の大部分がシェアされるだけでなく，ローカル局がキー，準キー局と資本上も結びついているケースが多くある。ローカル局は地域の放送事業者であると同時に，全国ネットワークの構成メンバーという性格も強く併せ持っている。一方，ラジオのネットワークは，JFNを除いては，ほぼ純粋な番組ネットワークであり，ネットワークへの帰属意識は希薄とされている。

2．資本上独立している各放送事業者

マスメディア集中排除原則の規定により，日本の地上波民放事業者はテレビ・ラジオ兼営社や一部のテレビーラジオ間を除けば（過半数を所有されていないという意味で），資本上互いに独立した別の法人となっている。キー局あるいは他の地区の放送事業者がローカル局の株を所有する場合，最大でも議決権の

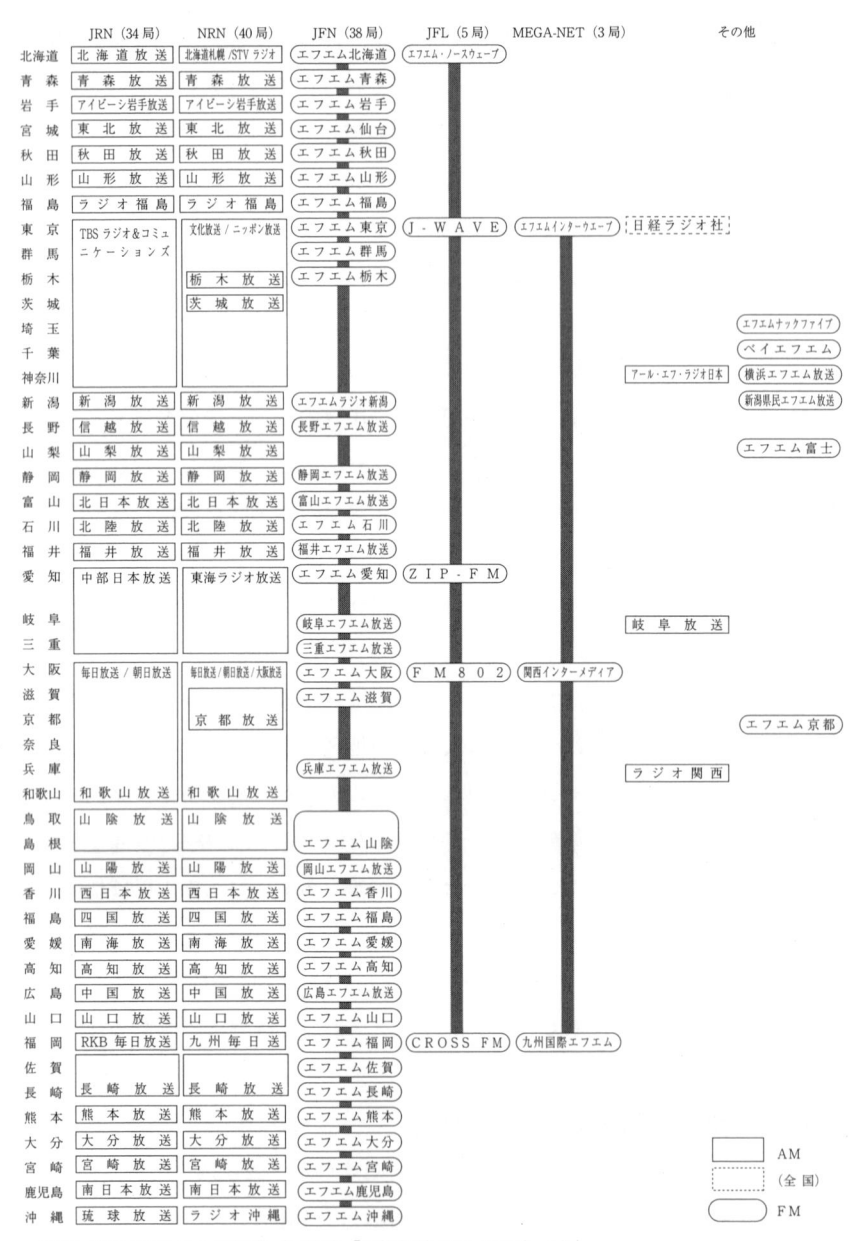

	JRN（34局）	NRN（40局）	JFN（38局）	JFL（5局）	MEGA-NET（3局）	その他
北海道	北海道放送	北海道札幌/STVラジオ	エフエム北海道		エフエム・ノースウェーブ	
青森	青森放送	青森放送	エフエム青森			
岩手	アイビーシー岩手放送	アイビーシー岩手放送	エフエム岩手			
宮城	東北放送	東北放送	エフエム仙台			
秋田	秋田放送	秋田放送	エフエム秋田			
山形	山形放送	山形放送	エフエム山形			
福島	ラジオ福島	ラジオ福島	エフエム福島			
東京	TBSラジオ&コミュニケーションズ	文化放送/ニッポン放送	エフエム東京	J-WAVE	エフエムインターウエーブ	日経ラジオ社
群馬			エフエム群馬			
栃木		栃木放送	エフエム栃木			
茨城		茨城放送				
埼玉						エフエムナックファイブ
千葉						ベイエフエム
神奈川						アール・エフ・ラジオ日本／横浜エフエム放送
新潟	新潟放送	新潟放送	エフエムラジオ新潟			新潟県民エフエム放送
長野	信越放送	信越放送	長野エフエム放送			
山梨	山梨放送	山梨放送				エフエム富士
静岡	静岡放送	静岡放送	静岡エフエム放送			
富山	北日本放送	北日本放送	富山エフエム放送			
石川	北陸放送	北陸放送	エフエム石川			
福井	福井放送	福井放送	福井エフエム放送			
愛知	中部日本放送	東海ラジオ放送	エフエム愛知	ZIP-FM		
岐阜			岐阜エフエム放送			岐阜放送
三重			三重エフエム放送			
大阪	毎日放送/朝日放送	毎日放送/朝日放送/大阪放送	エフエム大阪	FM802	関西インターメディア	
滋賀			エフエム滋賀			
京都		京都放送				エフエム京都
奈良						
兵庫			兵庫エフエム放送			ラジオ関西
和歌山	和歌山放送	和歌山放送				
鳥取	山陰放送	山陰放送	エフエム山陰			
島根						
岡山	山陽放送	山陽放送	岡山エフエム放送			
香川	西日本放送	西日本放送	エフエム香川			
徳島	四国放送	四国放送	エフエム徳島			
愛媛	南海放送	南海放送	エフエム愛媛			
高知	高知放送	高知放送	エフエム高知			
広島	中国放送	中国放送	広島エフエム放送			
山口	山口放送	山口放送	エフエム山口			
福岡	RKB毎日放送	九州毎日放送	エフエム福岡	CROSS FM	九州国際エフエム	
佐賀			エフエム佐賀			
長崎	長崎放送	長崎放送	エフエム長崎			
熊本	熊本放送	熊本放送	エフエム熊本			
大分	大分放送	大分放送	エフエム大分			
宮崎	宮崎放送	宮崎放送	エフエム宮崎			
鹿児島	南日本放送	南日本放送	エフエム鹿児島			
沖縄	琉球放送	ラジオ沖縄	エフエム沖縄			

□ AM
┊ ┊ （全国）
○ FM

出典）2010年10月1日現在（民放連『民放便覧2010/2011』より）

図11-1　民放ラジオネットワーク

第11章　民間放送

都道府県	JNN (28局)	NNN (30局)	FNN (28局)	ANN (26局)	TXN (6局)	独立U局
北海道	北海道放送 HBC	札幌テレビ放送 STV	北海道文化放送 UHB	北海道テレビ放送 HTB	テレビ北海道 TVH	
青森	青森テレビ ATV	青森放送 RAB		青森朝日放送 ABA		
岩手	アイビーシー岩手放送 IBC	テレビ岩手 TVI	岩手めんこいテレビ MIT	岩手朝日テレビ IAT		
宮城	東北放送 TOC	宮城テレビ放送 MNT	仙台放送	東日本放送 HHB		
秋田		秋田放送 ABS	秋田テレビ AKT	秋田朝日放送 AAB		
山形	テレビユー山形 TUY	山形放送 YBC	さくらんぼテレビジョン SAY	山形テレビ YTS		
福島	テレビユー福島 TUF	福島中央テレビ FCT	福島テレビ FTV	福島放送 KFB		
東京	TBSテレビ TBS	日本テレビ放送網 NTV	フジテレビジョン	テレビ朝日 EX	テレビ東京	東京メトロポリタンテレビジョン MXTV
群馬						群馬テレビ CTV
栃木						とちぎテレビ CYT
茨城						
埼玉						テレビ埼玉 TVB
千葉						千葉テレビ放送 CTS
神奈川						テレビ神奈川 TYK
新潟	新潟放送 BSN	テレビ新潟放送網 TeNY	新潟総合テレビ NST	新潟テレビ21 UX		
長野	信越放送 SBC	テレビ信州 TSB	長野放送 NBS	長野朝日放送 ABN		
山梨	テレビ山梨 UTY	山梨放送 YBC				
静岡	静岡放送 SBS	静岡第一テレビ SDT	テレビ静岡 SUT	静岡朝日テレビ SATV		
富山	チューリップテレビ TUT	北日本放送 KNB	富山テレビ放送 BBT			
石川	北陸放送 MPO	テレビ金沢 KTK	石川テレビ ITC	北陸朝日放送 HAB		
福井		福井放送 FBC	福井テレビジョン放送 FTB	福井放送 FBC		
愛知	中部日本放送 CBC	中京テレビ放送 CTV	東海テレビ放送 THK	名古屋テレビ放送	テレビ愛知 TVA	
岐阜						岐阜放送 GBS
三重						三重テレビ放送 MTV
大阪	朝日放送 MBS	読売テレビ放送 YTV	関西テレビ放送 KTV	朝日放送 ABC	テレビ大阪 TVO	
滋賀						びわ湖放送 BBC
京都						京都放送 KBC
奈良						奈良テレビ放送 TVN
兵庫						サンテレビジョン SUN
和歌山						テレビ和歌山 WTV
鳥取	山陰放送 RSB	日本海テレビジョン放送 NKT				
島根			山陰中央テレビジョン放送 TSK			
岡山	山陽放送 RSK		岡山放送 OHK		テレビせとうち TBC	
香川		西日本放送 RNC		瀬戸内海放送 KSB		
徳島		四国放送 JRT				
愛媛	あいテレビ ITV	南海放送 RNB	テレビ愛媛 EBC	愛媛朝日テレビ EAT		
高知	テレビ高知 KUTV	高知放送 RKC	高知さんさんテレビ KSB			
広島	中国放送 RCC	広島テレビ放送 KTV	テレビ新広島 TSS	広島ホームテレビ HOME		
山口	テレビ山口 TYB	山口放送 KRY		山口朝日放送 YAB		
福岡	RKB毎日放送 RKB	福岡放送 FBS	テレビ西日本 TNC	九州朝日放送 KBC	TVQ九州放送 TVQ	
佐賀			サガテレビ STB			
長崎	長崎放送 NBC	長崎国際テレビ NIB	テレビ長崎 KTN	長崎文化放送 NCC		
熊本	熊本放送 RKK	熊本県民テレビ KKT	テレビ熊本 KTU	熊本朝日放送 KAB		
大分	大分放送 OBS	テレビ大分 TOS	テレビ大分 TOS	大分朝日放送 OAB		
宮崎	宮崎放送 MRT	テレビ宮崎 UMK	テレビ宮崎 UMK	テレビ宮崎 UMK		
鹿児島	南日本放送 MOC	鹿児島読売テレビ KYT	鹿児島テレビ放送 KTS	鹿児島放送 RKB		
沖縄	琉球放送 RBC		沖縄テレビ放送 OTV	琉球朝日放送 OAB		

UHF　VHF　（[破線] [実線] クロスネット局）

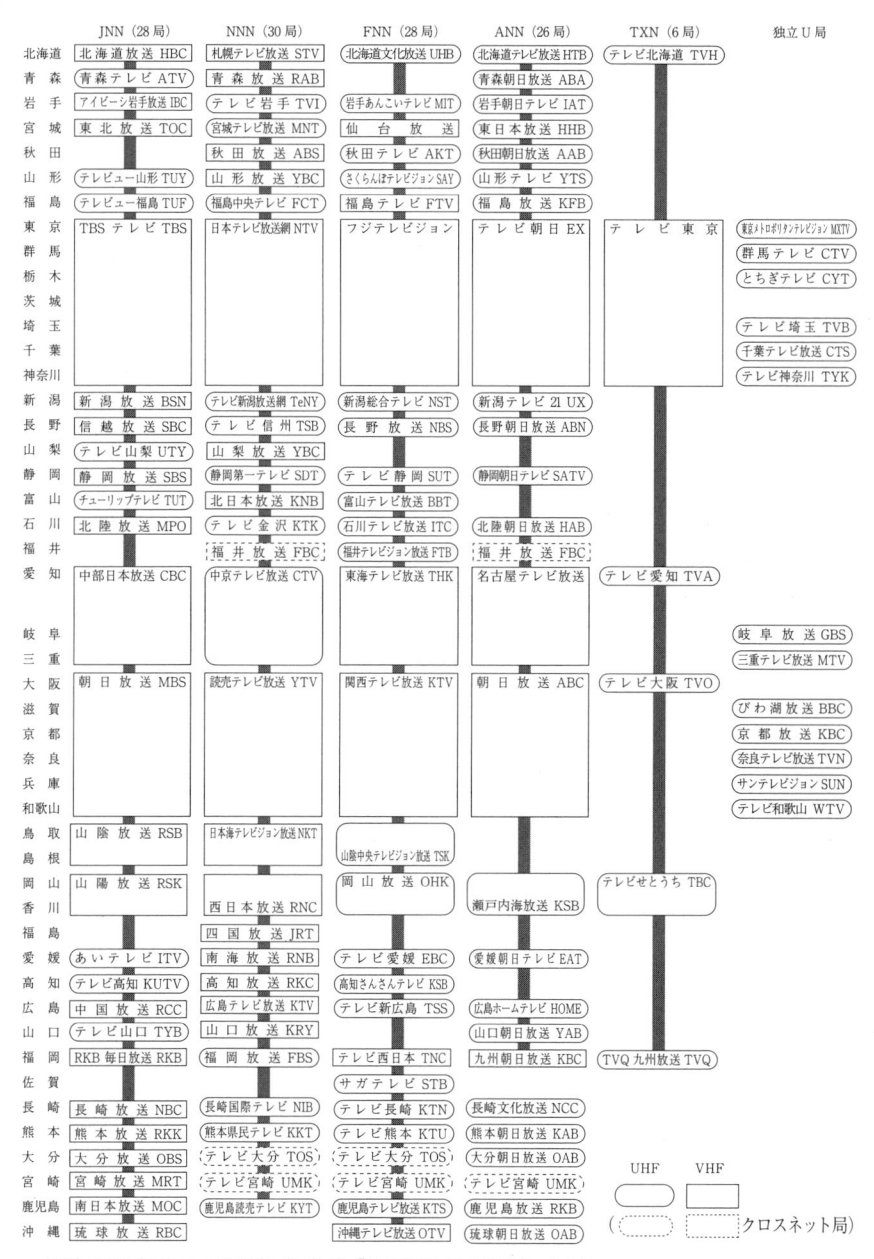

出典）2010年10月1日現在（民放連『民放便覧2010/2011』より）

図11-2　民放テレビネットワーク

5分の1から3分の1未満と定められている。近年の制度改正により，県境を接し隣接する地域などでは隣接地域の放送局との合併が可能となり，また「認定放送持ち株会社」制度を用いれば，持ち株会社の下に最大で12局（県）までの経営統合が可能となったが，これらの制度を用いて異なる放送対象地域の地上波民放との経営統合が実現したケースはまだ存在しない。なお，同一地域内については，テレビ1社ラジオ1社のみの統合・合併が認められているが，テレビ社およびラジオ社同士の間では，経営破綻時の暫定的な措置となる特例を除いては，同一地域内の統合・合併は認められていない（2011年初時点）。

認定放送持ち株会社制度を用いた経営統合の事例としては，TBSテレビ・TBSラジオ＆コミュニケーションズ，ニッポン放送・フジテレビジョン，テレビ東京の5社が認定放送持ち株会社の事業会社という位置づけにある。それぞれ東京放送ホールディングス，フジ・メディア・ホールディングス，テレビ東京ホールディングスの100％子会社であり，それぞれの持ち株会社が株式市場に上場している。これら認定放送持ち株会社は，地上波テレビ，ラジオのほかにCSテレビ，番組制作・技術・システムなどの放送関連会社，イベント企画，レコード・音楽著作権管理，通販，出版，ネット関連事業，不動産管理などの会社を傘下にしている。なかにはBSテレビを子会社にしているところもあるが，先に述べたように，ローカル局を子会社とする認定放送持株会社は現在のところ（2011年初時点）存在しない。

3．衛星放送とケーブルテレビ

衛星放送とケーブルテレビについても簡単にみておこう。BS（放送衛星）を用いた放送サービスは1984年にNHKによって試験放送として開始された。1987年には衛星第1，衛星第2の2チャンネルとなり，1989年から本放送に移行した。また，1990年には民放の有料衛星放送WOWOWが開局した。2000年から始まったBSデジタル放送では，NHK，WOWOWのほか，無料放送の地上波民放テレビ系5社と有料のスターチャンネルなどが参入し，2007年からは無料の非地上波系2社が加わった。さらに2011年秋から12年春にか

けては，既存のBS事業者，放送大学のほかに，BSへの新規参入事業者を含む計18チャンネル（うち2チャンネルは無料）が新たに開始される。

　CS（通信衛星）を用いた放送サービスについては，1992年にアナログ方式で始まったが，1998年3月末までにはすべての事業者がデジタル放送へ移行した。124度CSと128度CSで併せておよそ100社が約210チャンネルのテレビ放送を行っている。このほかにCSでは有料のミュージックバードのような音声チャンネルもある。

　日本のケーブルテレビは，地上波放送の難視聴解消対策として1955年に始まった。その後，地上波以外のチャンネル（自主放送チャンネル）のサービスを開始し，1972年の有線テレビジョン放送法の施行を経て，1987年からは，当時，都市型ケーブルテレビと呼ばれていた大規模かつ多くの自主放送チャンネルを有するケーブルテレビ事業社が都市部を中心に事業を開始した。2010年3月末時点で，地上波再送信以外の自主放送を行うケーブルテレビの施設数は897，事業者数は675，加入世帯数は約2,470万世帯，世帯普及率は約47%である。チャンネルの大部分は，地上波，BSのほかには，番組供給事業者とよばれる事業者からCS経由で配信されるものだが，ほとんどの番組供給事業者はCSデジタル放送で同様の番組を自ら放送している。また，ケーブルテレビでは従来型の放送番組サービスに加えて，自己の回線を用いた電話事業やブロードバンド・インターネット接続サービスなども行っている。

　このほかに，自社の回線ではなく，電気通信事業者のインフラを利用する有線役務利用放送事業者と呼ばれる放送事業者も存在するが，4チャンネルラインナップを含めサービス内容は多チャンネル・ケーブルテレビとほぼ同一である。通信事業者の提供する光ファイバーなどを用いてデジタル方式の放送サービスを行っている。これらは通信事業者が自ら放送サービスを提供するケースのほか，ケーブルテレビ事業者自身が参入しているケースも多い。

第2節　地上デジタル放送

1．地上デジタル放送"地デジ"の概要

　地上デジタル放送（テレビ）は2003年12月，東京，大阪，名古屋を中心とする3大広域圏内で本放送を開始した。その後，順次各地区で開始され，2006年12月までにはすべての地区で地上デジタル放送が開始された。地上デジタル放送は，既存の事業者（NHK，民放）だけが同じ放送対象地域内でアナログとは別の周波数帯（すべてUHF帯）を用いて実施しており，アナログ放送からの完全な移行である。基本的にHDTV（ハイビジョン）1チャンネルとデータ放送が行われている。NHK教育テレビや一部の民放では一部の時間帯でSDTV（標準画質放送）複数チャンネルのサービスが行われていたが，ほとんどの民放とNHK総合ではほぼすべての番組がアナログと同一の番組（サイマル）である。また民放の場合，CMもすべてアナログと同一である。地上デジタル放送の最大のメリットはモアチャンネルではなく，ハイビジョン放送による高画質，高音質のサービスといえる。

　2006年には"ワンセグ"と呼ばれる主に携帯電話向けの放送サービスも開始された。日本の地上デジタル放送の方式（ISDB-Tと呼ばれる）は6MHzの帯域を13のセグメントに分けて使用しているが，そのうちの1セグメントを使って移動体受信向けの放送サービスを行うものである。ただ，内容は12セグメント部分と同じ番組（CMも同一）と若干のデータ放送である。

　なお，テレビのアナログ放送は2011年7月24日で全て終了し，地上波テレビの完全デジタル化が完了する。空いたVHFの帯域についてはV-Low，V-High 2つの帯域のマルチメディア放送のほか，通信分野での利用が考えられている。

2．デジタル化投資の規模―民放だけで約1兆円

　地上波のデジタル化に際しては巨額の設備投資を要した。地上テレビデジタル化のための設備投資の総額は2007年6月時点の推計（民放連経営委員会調べ）

で民放テレビ127社の総計で1兆440億円，ローカル局1社当たりでは54億円と年間売上高（当時約66億円）の8割以上に相当する水準である。この投資を2010年度までの数年間で行ったわけであり，民放発足以来の規模の設備投資となった。デジタル化のための投資は，マスター，送出装置，親局・中継局だけでなく，CM・番組バンク，カメラ，編集機器，スタジオ設備など広範囲に渡った。特に中継局は，それまで約10～30年近くかけて構築してきたアナログの中継網を，わずか数年でデジタルに置き換える大作業となった。

3．ラジオのデジタル化

地上波でのデジタルラジオ放送については東京と大阪の2地区で地上波デジタルラジオの実用化試験放送がNHKと民放の共同により2003年10月より行われていたが，大阪は2010年6月末に，東京も2011年3月末で終了した。今後のデジタルラジオ放送は，2013年頃の開始が計画されているV-Low帯（1～3Chの18MHz分を使用）を用いたV-Low帯マルチメディア放送で関東，近畿，中京のブロック向けおよび各県域向けの音声サービスが可能となる予定である。既存のラジオ事業者のほとんどは，まずはアナログのサイマル放送＋データ放送などで参入し，余力がある局については，新規チャンネルあるいはマルチメディア・サービスなども提供することが考えられる。

デジタルラジオ放送は低迷を続けるラジオ産業を再活性化させるための切り札としても期待されている。受信端末としては全国向けマルチメディア放送であるV-High同様，携帯電話やカーラジオなどが中心になると考えられているが，タブレット型端末や携帯音楽端末へのチューナー搭載に加え，据え置き型受信機も考えられる。なおラジオの場合はテレビとは異なり，デジタルラジオは新規事業として行われるためアナログラジオを停波させる方針は，現在までのところまだ示されていない。[1]

第3節　視聴者

　放送・番組サービスの受け手である視聴者のテレビ視聴の動向は、民放テレビの媒体価値の大きな部分を決定している。図11－3は関東地区の世帯テレビ視聴時間（週平均、全日）と総世帯視聴率（HUT）の1990年以降の年次データを示したものである。

　テレビ視聴時間ないしHUTは2000年代に入って若干低下傾向にあるようにもみえるが、その変化の幅はかなり狭く、少なくとも2000年代以降、継続的に低下トレンドにあるとまではいえない。機械式個人視聴率調査を導入した1997年以降で比べると1997年時点のHUT44.2％、1998年45.3％に対し、2009年42.9％と1～2％前後しか低下していない。ただ、もっと長い期間でみれば、関東のHUTは直近のピークである1993年（47.2％）からは極めて緩

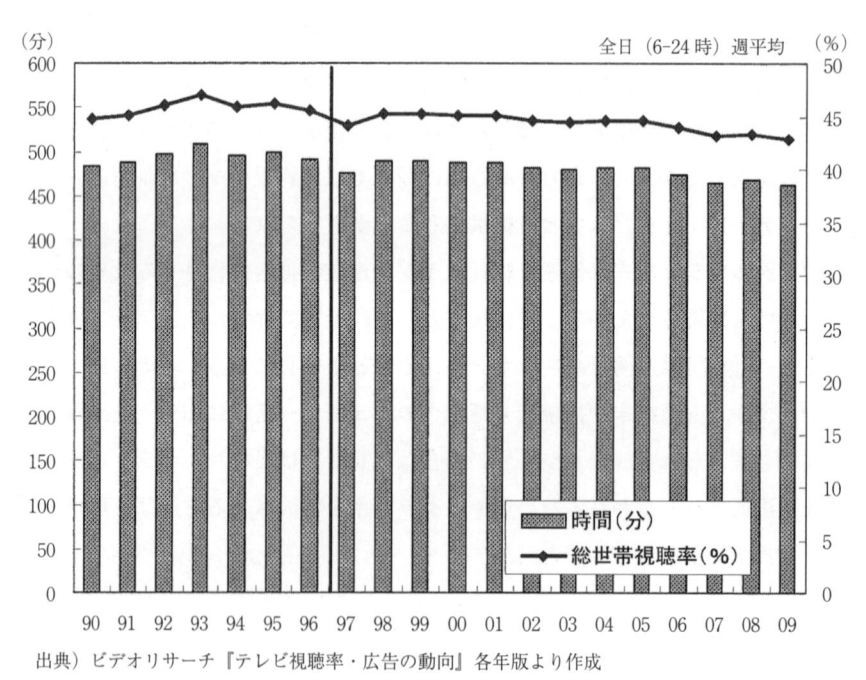

図11－3　テレビ視聴時間、総世帯視聴率の推移（関東地区、週平均、全日）

出典：ビデオリサーチ『テレビ視聴率・広告の動向』各年版より作成

慢な低下トレンドを示している。HUTの長期的な低下は単身者世帯の増加，共働き世帯の増加などの要因が大きいとされている。

　次にテレビ視聴を"質"の面から若干みてみよう。図11－4はテレビへの満足度の変化を2000年以降の期間で示したものである。満足度もこの10年間でほとんど変化が見られない。テレビ視聴の質的側面を定量化するのは極めて難しいのでこの指標だけで結論を導くことはできないが，時系列で比較可能なデータでみた場合，視聴者のテレビに対する親近感やテレビ視聴への依存度を示すデータでも2003年以降，若年層を含むすべての年齢層で大きな変化は認められない（2003年から2009年の「JNNデータバンク定例全国調査関東地区データ」などより）。

　活字メディアやインターネットなどで盛んにテレビ媒体の危機が叫ばれる一方で，テレビへの視聴者の評価が量的にも質的にも傾向的に低下していることを客観的に裏付ける実証データは，実はほとんど存在していない。ただ，イン

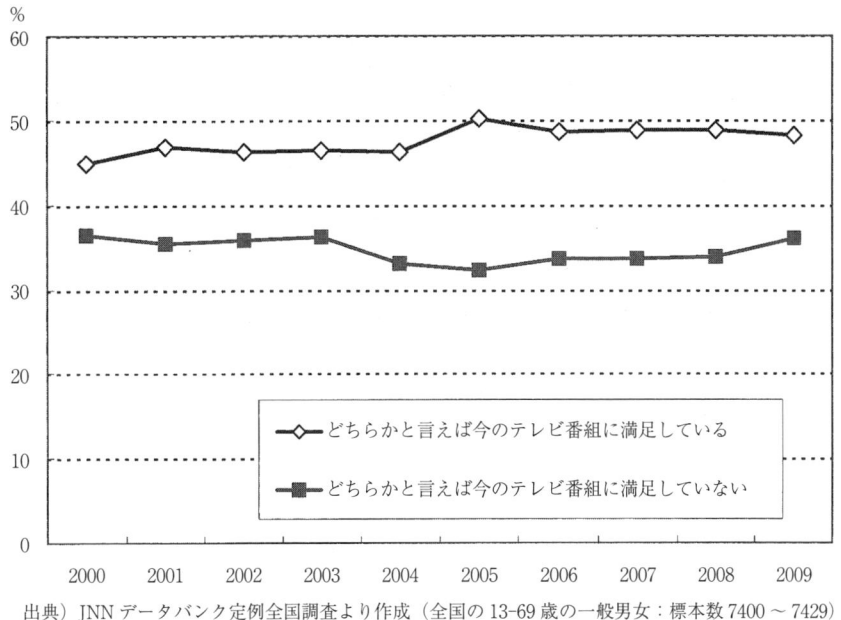

出典）JNNデータバンク定例全国調査より作成（全国の13-69歳の一般男女：標本数7400～7429)

図11－4　視聴者のテレビへの満足度の推移

ターネットの普及・利用の拡大は，中長期的にテレビ媒体価値の相対的低下を引き起こす可能性はある。既存の視聴者のつなぎとめと同時に，インターネット利用時間が長く，情報やエンタテインメント面でのネット依存度も高い層を積極的に取り込む努力は，絶えず求められているといえよう。

第4節　民間放送の経営

　ここでは，地上波テレビを中心とした民間放送の経営についてデータをもとにみていく。

1．地上民放の収入構成

　地上民放は，その収入のほとんどを広告収入で得ている。2009年度決算の時点で，全地上民放（コミュニティ放送を除く）ベースでの営業収入合計のうち，約85％がタイム・スポットの広告収入，5％が番組販売・ライツ・マーチャンダイジング収入，10％がイベント等の事業活動，通販およびそれ以外の非放送事業からの収入と非放送系コンテンツ収入（映画，ビデオ・DVD，携帯コンテンツ配信，ネット事業など）である。ただし，この比率はキー局などとローカル局ではかなり異なり，在京キー局（すべてテレビ）では広告収入75〜80％，番組販売・ライツ関連収入5〜10％，その他事業収入15％程度であるのに対して，ローカル局（兼営社とテレビ単営社）では広告収入94％，番組販売・ライツ関連収入1％前後，その他事業収入5％前後とローカル局では収入のほとんどがタイム・スポットの広告収入である（なお，ラジオ単営社は社による違いが大きいので，全体的な傾向を論じるのは困難である）。在京キー局のその他事業は映画，DVD，通販事業など，コンテンツ制作力やメディアの媒体力を生かした事業が多いのに対し，ローカルのその他事業は，イベントなどの催事のほかは，放送とは直接の関連性が薄い事業からの収入が大部分を占める。

　在京キー局でも1990年代まではタイム・スポット収入が収入の90％以上を占め，その他事業収入はローカル局並みの5％程度であったが，2000年代に

入って在京キー局のその他事業収入は急速に拡大し，2009年度には15％に達した。事業の内訳では2000年代以降の日本映画復興の大きな原動力ともなった映画事業拡大の寄与が大きいが，最近では，各社とも力を入れている通販事業などのシェアも拡大している。一方で近年注目されることが多いインターネット関連事業からの収入については，おおむね成長率は高いものの，在京キー局でもまだかなり小さな規模に止まっている。

ただし，非放送事業は放送事業に比べると，おしなべて利益率がかなり低い事業である。現状ではこの部分の売り上げを伸ばそうとすれば，全体的な利益率の低下が避け難いというジレンマもある。

2．地上民放の産業規模とその推移

次にテレビ社を中心とした地上民放の売上高を確認しておく。2009年度決算での地上民放全社（194社）の売上高合計は2兆2,444億円，うちテレビ営業収入は2兆654億円，ラジオ営業収入は1,544億円である。テレビ社（兼営を含む）の1社当たり売上高は在京キー局で1,000〜3,300億円（単独決算，以下すべて同）程度，在阪広域社で550〜650億円，在名広域社で230〜330億円程度である。一方，ローカルテレビ局の1社当たり平均売上高は60億円程度と在京社の50分の1，在阪社の10分の1程度である。在京5社の売り上げだけで全テレビ営業収入の約55％を占め，これに大阪，名古屋の社を加えれば127社中の15社で約72％の売り上げシェアを有している。関東，中京，近畿の3つの広域圏以外の基本的に県を単位とするエリアの局の売上高については，北海道や福岡などの局が他地区より規模が大きい程度であり，収入規模においてそれほど大きな差はない。

図11−5に1980年度以降の地上民放全社の売上高（産業規模）と経常利益率の推移を，図11−6にテレビ社（兼営を含む）について東阪名，ローカル別の営業収入前年比と経常利益率の推移を示した。一見してわかるように1990年代後半から産業規模は頭打ちの傾向になっており，ローカル局は2005〜09年度は5年連続のマイナスである。経常利益率は2000年度を直近のピークと

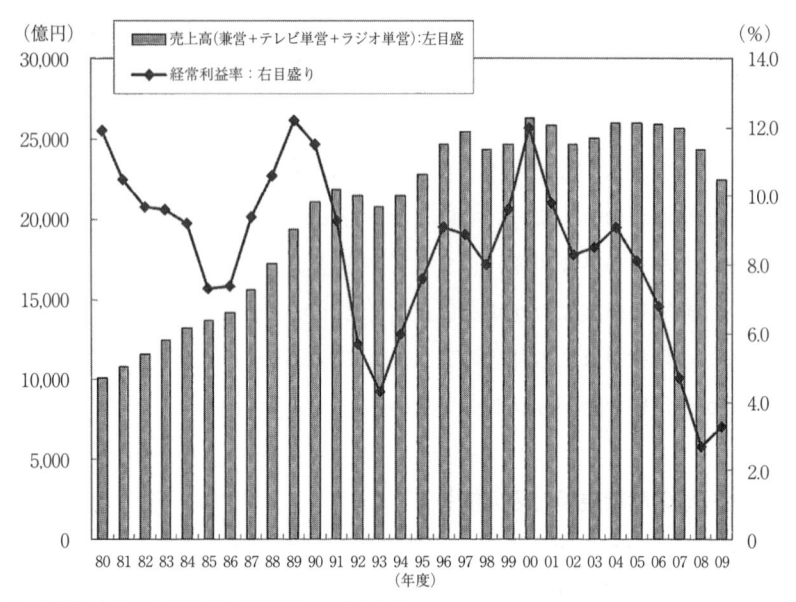

出典）民放連『経営分析調査』（各年版）をもとに作成

図11−5　民放の売上高と経常利益率の推移

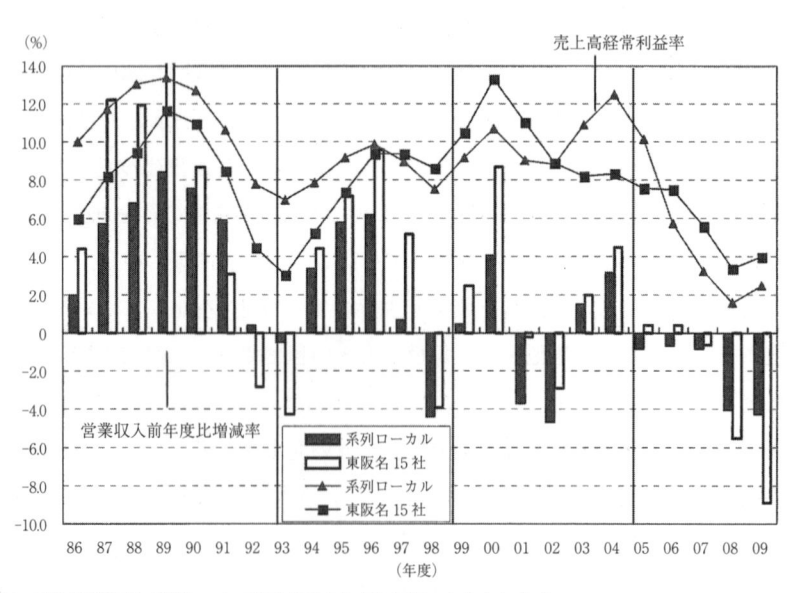

出典）民放連研究所『民放エリア別収益動向』（各年版）をもとに作成

図11−6　民放テレビ売上高増減率と経常利益率の推移

して，地上デジタル放送がローカルでも開始され始めた05年度以降，低下傾向にあり，2000年度の約12％に対し，2008-2009年度には3％前後にまで低下している。民放の売り上げ低迷，利益率低下の原因としては，①2000年代に入って景気や広告主の企業収益の水準と比べたテレビ広告費の水準の相対的な低下が起こったこと，②地デジ関連の膨大な設備投資やデジタル化による毎期のコスト増が経常利益を圧迫していること，③1990年代に入ってラジオ広告が継続的なマイナス局面に入り，それが20年間近く継続していること，などがある。1980年代までは平均して10～12％程度あった民放の経常利益率は，テレビ社で2～4％程度，ラジオ社では中波，FMとも赤字からほぼ0％程度にまで低下している。なかには慢性的な赤字基調になっている社もある。かつては"高収益産業"といわれた民放も，現在では日本の全産業ベースとほぼ同水準の利益率になっている[2]。

2．民放の従業員数

2010年7月末時点での日本民間放送連盟会員社（202社，うち8社がBS）の従業員数の合計（役付従業員，一般従業員，常勤嘱託等の合計）は2万4,362人であった。このうち，約42％に当たる1万156人が役付従業員である。女性は21.2％にあたる5,175人だが，女性従業員の比率は過去10年間，21％前後の水準で横ばい傾向となっている（図11－7参照）。平均年齢は41.6歳，平均勤続年数は15.0年である。1993年の2万9,979人をピークとして民放の従業員数は傾向としてはほぼ一貫して減少し続けており，特にラジオ・テレビ兼営社と中短波社の減少率が大きい。

過去1年間の新規採用については，1991年調査での1,875人をピークとしてかなりの減少傾向にあり，2010年調査では632人，うち新卒461人，中途採用171人であった。これは過去40年で最低の水準である。なお，学歴別構成については，全従業員の90％が大学・大学院卒である。

1社当たりの従業員数は，在京広域テレビ社で900～1,500人程度，在阪広域テレビ社550～750人程度，在名広域テレビ社250～350人程度，ローカルテ

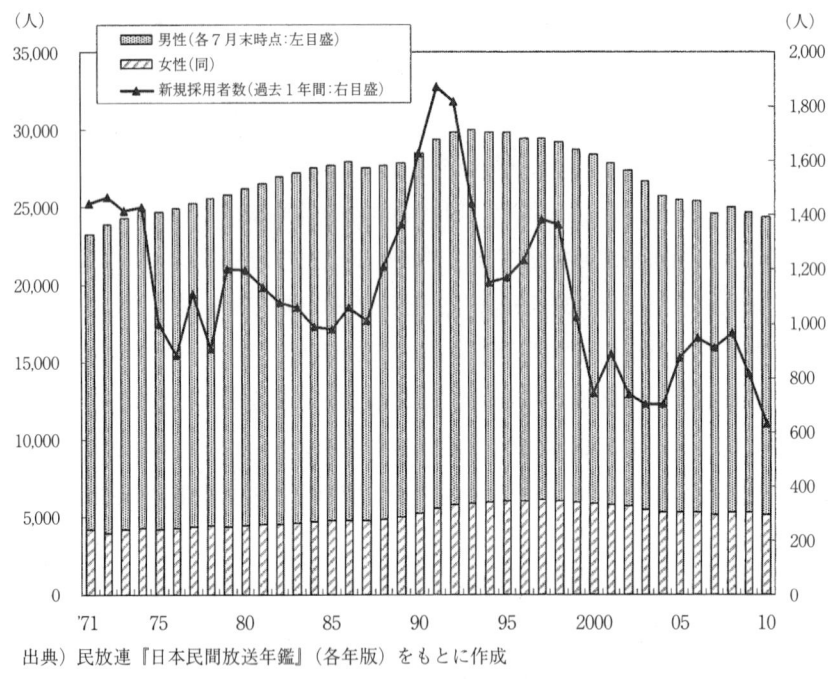

図11－7　民放の従業員数，新規採用者数の推移

出典）民放連『日本民間放送年鑑』（各年版）をもとに作成

レビ社40〜300人程度，中短波単営社30〜200人程度，FM社20〜120人程度である。なお，放送局ではこうした正規社員や常勤嘱託以外にもアルバイトや制作プロダクションの社員，制作・技術関連の派遣社員やフリーのスタッフなど多種多様なスタッフが働いており，実際に放送に携わっている人数はこの数倍に及ぶともいわれる[3]。

3．BS，CS，ケーブルテレビの経営状況

　BS放送事業者の収入は2009年度決算時点の9社の衛星放送事業収入の合計で1,033億円，うち地上波在京キー局系の5社では336億円であった。キー局系BSデジタル放送事業者の収入は2004年度以降，一貫して増収基調となっており，経常利益率は2010年度上期（4-9月期）の時点で約16％に達している。ただし，単年度黒字に転換したのは開局8年目の2007年度からであり，

それまでは毎期損失が積み上がり，ピーク時には1,200億円を超える累損を5社で計上していた。もっとも最近になっていくつかの社は減資により累損を一掃しており，今後は残る社でも同様の措置が取られる可能性がある。

CS放送事業者の衛星放送事業収入は2009年度決算時点で東経110度CSデジタル放送12社の合計で414億円，それ以外の衛星を用いる90社の合計で2,439億円となっている。110度CSは統計を取り始めた2002年度来，一貫して増収基調だが，利益面では2009年度に全体として初めて単年度黒字に転換した。それ以外の衛星を用いる事業者も増収基調だが2009年度は初めて全体として減収となった。ただし，利益面では2004年度以来，全体として黒字を続けている。

ケーブルテレビ事業者のケーブルテレビ事業収入は，2009年度時点の自主放送を行う307事業者の合計で5,134億円であった。約83％の事業者が単年度黒字を計上しており，ケーブルテレビ事業の営業利益率は全体で約10％であった[4]。

第5節　民間放送事業の今後の課題

米国では1990年代初頭には80％近くあった地上波テレビの視聴率シェアが，ケーブルテレビの普及・視聴の拡大により，現在では40％台になっている。一方，日本では，地上波は現在でも衛星やケーブルテレビを圧倒する視聴率シェアを維持している[5]。日本の地上波テレビの強さは，民放とNHKおよび民放内での激しい競争から培われたものである。在京キー局は年間1,000億円を超える番組製作費を投じて，ほぼ24時間自社製作番組を，しかもその大部分がファーストランの番組（再放送ではない番組）を編成・制作し続けている。米国のネットワークは，秋から春までのシーズン中はプライムタイムにファーストランの番組を多く揃えて編成するが，シーズンオフにはプライムタイムでも再放送の番組が多くなる。日本の民放のように1年を通じてファーストランの番組をほぼ全時間帯で編成する放送局は世界的にみても稀である。こうした

過剰とも思えるファーストランへのこだわりが地上民放の強さの源泉のひとつともいえる。

日本の民放の今後の課題としては，DVD市場が頭打ちになっている状況から，衛星やケーブルテレビだけでなく，ネットでの番組の二次利用マーケットを拡大させて制作費投資の収益率を高め，新たな番組・コンテンツ制作の原資を増やす仕組みを構築することが必要であろう。番組の二次利用は，民放が行う非放送事業の中では一般的に利益率が高い分野であり，放送事業の利益率が低下しているなかでその重要性が増大している。

もうひとつの課題は，広告収入の増大である。前述したようにテレビ広告費の水準は2000年代に入って景気・企業収益との関係で相対的に低下したことが実証されている。景気が後退局面にある期間だけでなく，拡大局面にあっても，企業収益の伸び率が一定水準以下になればスポットCMはマイナスに転換してしまう。その理由についてはウェブサイトを活用した販促・宣伝の進展，流通構造の変化による広告から販促へのシフト，外需に依存した企業収益回復など主に広告主側の要因がいくつか考えられる。前述したように米国では，地上波の視聴率シェアは全世帯平均でも50％を大きく下回っているが，いまだテレビ広告費の70％近くは地上波が占めている。"いくらケーブルテレビの視聴が拡大しても，マスに訴求できる広告媒体は地上波テレビだけだ"とよくいわれる。全国紙が少ない米国では，ナショナルスポンサーのテレビへの依存度が圧倒的に高いという日本との違いはあるが，"マスに訴求できる唯一の広告媒体は地上波（特にネットワーク）テレビ"という媒体側のアピールが徹底していることが広告主の理解を得ていると考えられる。広告主側の要因でテレビ広告費の水準が低下したのなら，広告主にテレビの媒体価値をアピールし，理解を得ることが解決策の第一であろう。

最後は，民放のビジネスモデル・イノベーションの必要性である。地上放送に約10年先駆けてデジタル化を行った移動通信の場合は，デジタル化によりチャンネル数が大幅に増大するとともに，携帯インターネットのような新規サービスの提供が可能となり，市場規模が飛躍的に拡大した。移動通信もテレビ

もデジタル符号化技術と無線伝送技術の発達がデジタル化の要因になったことでは同一だが，衛星放送やケーブルテレビの一部を除いて，デジタル化が放送市場の拡大に全く結びついていない放送と，市場が何倍にも拡大し，なお成長を続けている移動通信とではデジタル化の市場規模への影響の出方は対照的である。民放はデジタル化という技術面でのイノベーションをビジネスモデルのイノベーションに繋げることによって新しい収入源を開発しない限り，中長期的には成長する要因に乏しい。その場合，番組・コンテンツ事業，ネット関連事業，物販などだけでなく，今後とも収入の柱となるであろう広告分野でこそ，発足以来60年間，基本的には変わっていないビジネスモデルのイノベーションが求められている。

（木村　幹夫）

1) 英国では2015年以降，主要なアナログラジオを停波し，デジタルラジオ（DAB）に移行することが法律で決まっている。日本でも将来，同様の制度措置が取られる可能性はある。
2) 地上波の財務指標に関するデータは，民放連『経営分析調査』および民放連研究所『民放エリア別収益動向』の各年版より。
3) 従業員に関するデータは民放連『日本民間放送年鑑』の各年版などより。
4) 衛星，ケーブルテレビの財務指標に関するデータは，民放連『経営分析調査』の各年版および総務省「平成21年度の一般放送事業者及び有線放送事業者の収支状況」より。
5) 公表データは存在しないが，全世帯平均では90％以上の水準と推測される。

参考文献

木村幹夫「デジタル＆ネット時代の地上波テレビ局の経営と広告費」『Journalism』No. 222，朝日新聞社，2008年11月
木村幹夫「業績回復に転じた民放テレビ，求められる経営の効率化」『Journalism』No. 247，朝日新聞社，2010年12月
日本民間放送連盟編『民間放送50年史』大日本印刷，2001年
日本民間放送連盟編『放送ハンドブック』［改訂版］日経BP社，2007年
日本民間放送連盟編『日本民間放送年鑑』コーケン出版，各年版
藤竹暁 編著『図説日本のマスメディア』［第二版］日本放送出版協会，2005年

第12章 地方民放

第1節 「地域放送」としての民放ローカル局

　NHKを除く地上波の一般放送事業者（民間放送，以下旧放送法をもとに記す）は，2010年10月現在，テレビ127社，ラジオ100社である。うち34社はラジオ・テレビ兼営局であるため，事業者数は193社となる。ラジオ局ではこの他に出力20W以下のコミュニティFM局が存在する。広い意味でのローカル放送局には，こうしたコミュニティ放送局や自主放送を行うケーブルテレビ局も含まれるが，この章では，主として民間テレビ放送局127社を取り上げ，ローカルテレビ局の現状と課題を概説する。

1．地域を基盤とする独立した株式会社

　民間放送局の第一の特徴は，すべての局が「地域を基盤として」各地域，各県に置局されていることである。置局の前提を「地域」とすることは，民間放送の開始，すなわち1951年の民放ラジオ局14地区16社への予備免許交付以来の基本的な考え方であり，民放テレビ局についても同様の方針がとられている。1957年のテレビ放送局34社への第一次免許交付にあたって，郵政省（現在の総務省）がつけた付帯条件には，各放送局の放送区域に関し，関東・中京・関西については，「関東広域圏（東京など1都6県）」「中京広域圏（愛知・岐阜・三重）」「近畿広域圏（大阪・京都・滋賀・兵庫・奈良・和歌山）」とし，それ以外の地域は「県域」とすることが明記された。「県域」を原則としつつ，関東・中京・関西については「基幹地域」「準基幹地域」として，一定の広がりをもたせたものである（ただし，「県域」の例外として，「岡山・香川」「鳥取・島根

の2地区がある)。

　このように民間放送の存立基盤を「地域」としているのは，放送法の理念である「放送が健全な民主主義の発展に資する」(放送法第1条)ことを目的としたものと理解される。公共財としての電波を利用する放送事業者の公的使命は，地域の社会生活の基本となる情報を，エリアにあまねく，かつ多元的に提供することにより，地域住民の豊かで安全な社会生活を守るとともに，地域の民主主義の発展に貢献することとされたのである。

　民間放送のもう一つの特徴は，その事業経営が「株式会社」に委ねられている点である。NHK・民放併存制度の中で，受信料収入を基盤とする公的事業体としてのNHKに比し，民間放送は，より公的規制を受けにくい自由な経営形態をとることで，表現の自由をより広く担保しようとしたものと考えられる。

　憲法学者の伊藤正己氏は，「放送の公共性」と題した論考の中で，民間放送のこの二つの特徴に触れ，「民放の特色として……民放は地域社会と密着することがあげられる。民放が放送事業の地域性を前提とするアメリカの体制にならったことからみても，また各地域に独立した経営主体の民放を設けていることからみても，民放がNHKに比して，地域社会への奉仕の任務をもっていることは事実である」と述べるとともに，「言論報道機関としての新聞が，株式会社という営利組織によって経営されているのも，それが最も自由な経営形態であり，公的規制になじみにくく，表現の自由の担い手にふさわしいからである。民放についてもこのことはあてはまる」と位置付けている(『現代社会と言論の自由』有信堂，1974年)。

2．ローカルテレビ局の経営規模

　民間テレビ放送局は，それぞれが「地域」を基盤とした独立した株式会社として，地域を対象に放送を行っている。とはいえ，それらは地域ごとにバラバラの編成を行い，独立した放送を行っているわけではない。前章の記述にあるように，現実には，多くの民間テレビ局が関東広域圏を放送エリアとする在京民放局(TBS，日本テレビ，フジテレビ，テレビ朝日，テレビ東京)をキーステー

ションとする「系列」（ネットワーク）に加盟し，番組供給を受けている。これらの系列ネットワークでは，在京5局以外の関西広域局，中京広域局を「準キー局」と呼ぶ場合がある。全国ネットの番組供給において，それらの局が「発局」として一定程度機能しているためである。一方，これらの系列ネットワークに加盟していない県域テレビ局13社は「独立U局」（UはUHF局を意味する）と呼ばれる。

ネットワークは，放送制度上は何ら規定のない事実上の存在であるが，ローカル放送局を論ずる上でネットワークのもつ意味はきわめて大きい。

ところで，民放テレビ局といっても，キー局と準キー局，それ以外のローカルテレビ局，独立U局では，その経営規模・内容に大きな差異がある。下の

表12−1　民放テレビ局の収支（2010年3月決算）

(単位　百万円)

	TBS系列		日本テレビ系列		フジテレビ系列		テレビ朝日系列		テレビ東京系列			独立UHF局	
	営業収入	純利益	営業収入	純利益	営業収入	純利益	営業収入	純利益	営業収入	純利益		営業収入	純利益
関　東	217,919	▲3,678	296,933	16,595	327,359	6,392	230,236	3,024	106,033	1,192	東京	7,502	157
関　西	55,261	1,110	53,939	2,528	63,978	1,025	64,151	1,111	13,077	▲15	群馬	1,911	▲261
中　京	28,776	310	28,657	1,329	32,875	1,460	22,846	▲4,912	9,326	84	栃木	2,165	49
北海道	11,463	▲74	14,669	436	12,235	275	13,744	▲173	4,549	▲9	埼玉	3,808	19
福　岡	17,896	564	13,423	714	14,130	511	17,314	477	7,060	178	千葉	3,629	137
青　森	4,191	▲287	5,697	▲451			3,877	▲38			神奈川	7,085	▲39
岩　手	4,118	▲318	3,880	▲151	3,547	127	3,184	▲6					
秋　田			4,484	72	4,562	▲10	3,653	▲64			岐阜	2,534	▲299
宮　城	8,484	126	8,009	33	9,182	298	6,533	219			三重	3,520	89
山　形	2,638	▲27	4,410	▲123	2,633	▲72	3,691	▲146					
福　島	4,411	33	5,392	▲12	6,468	51	5,062	244			京都	5,441	0
新　潟	6,972	30	6,644	194	7,589	480	5,639	174			滋賀	1,900	▲224
長　野	6,772	38	4,768	▲107	5,607	1	5,085	75			兵庫	5,991	159
静　岡	9,510	▲249	8,152	474	9,417	389	8,707	345			奈良	1,762	1
山　梨	4,081	▲490	5,308	53							和歌山	2,562	▲29
富　山	3,058	▲108	5,326	400	5,049	104							
石　川	4,419	60	3,758	▲535	4,649	43	3,902	▲7					
福　井			5,786	▲188	5,541	74							
鳥取・島根	4,330	3	4,388	132	3,952	164							
広　島	10,188	54	8,489	267	9,017	119	8,315	118					
山　口	3,493	85	5,634	▲376			3,807	34					
岡山・香川	7,652	178	6,609	39	7,073	130	6,118	214	3,049	4			
徳　島			5,243	▲765									
愛　媛	3,424	193	4,899	▲276	4,704	157	3,763	7					
高　知	3,438	143	4,153	▲320	2,861	9							
佐　賀					3,554	49							
長　崎	5,338	▲526	3,829	▲5	4,659	▲252	4,178	▲97					
熊　本	6,527	▲294	5,334	28	6,400	192	4,609	120					
大　分	4,910	▲301	5,150	28			3,862	71					
宮　崎	6,006	258			6,874	400							
鹿児島	6,151	157	3,920	32	5,442	120	4,464	149					
沖　縄	6,779	33	5,290	1			3,989	26					

出典）「民放各社平成21年度事業報告書」から作成

表12-1は，2010年3月決算における民放テレビ局の営業収入（売上げ）と当期純利益を，系列別にまとめたものである。この表をみても差異は明らかである。

この年（2009年度），民放テレビ局127社の中で最大の営業収入を上げたのは，フジテレビの3,273億円。一方，営業収入が少なかった社は，ネットワーク加盟局では26億円，独立U局では17億円余りである。営業収入を経営規模とするなら，それらの局の経営規模はフジテレビの124分の1，あるいは185分の1にすぎない。

これを地区別にみると，関東広域圏にある民放局（独立U局を含む）の営業収入の合計は，全民放テレビ局の営業収入合計の54.5％を占める。在京のキー5局だけでも53.3％である。このことは，「広告費の関東一極集中」として，以前から指摘されていた。1971年におよそ46％だった関東地区の広告費のシェア（独立U局を含む）は，2002年にはおよそ53％であった。2010年，一極集中はさらに進行したことになる。

同様に，関西，中京地区の準キー局10社のシェアはそれぞれ11.3％，5.5％である。つまり，関東・関西・中京広域圏のキー局，準キー局15社だけで，全民放127社の営業収入の70％以上を占め，それ以外の112社が残る30％足らずのシェアを奪い合っている。すなわち，一口に民放テレビ局といっても，キー局と準キー局，ローカルテレビ局では大きく業態が異なっている。

3．厳しいローカル局経営

さて，表12-1の中のもう一つの項目である当期純利益をみると，2010年3月期，赤字となったのは，地上波民放127社中41社である。この数年間の推移をみても，2007年3月期20社が赤字，2008年3月期27社が赤字，2009年度は60社が赤字であった。民放経営「冬の時代」と呼ばれる現実がここからも見てとれる。

「冬の時代」の根底にあるのは，① デジタル化による過大な設備投資負担，② 近年の世界的景気低迷，③ インターネット広告等の伸長によるテレビ広告

費の相対的価値低下の3つである。この状況を評して,「民放経営三重苦の時代」などともいわれる。

　2011年7月の地上デジタル放送への完全移行に向けて,地上波テレビ局は,NHKであるかキー局であるかローカルテレビ局であるかを問わず,およそ10年にわたる新たな設備投資を続けてきた。デジタル投資については,しばしば全国1万施設以上のデジタル中継局建設費用のみが話題となるが,投資はそれだけにとどまらない。取材のためのカメラ,編集設備,中継車やスタジオカメラ,サブやマスターの設備。おまけに移行までの期間はアナログとデジタルのサイマル放送であるため,古くなったアナログ設備の補修,更新,サイマル放送のための回線費用等々。これらが局の大小を問わず,あらゆる放送事業者の負担となる。サイマル放送のための回線費だけで1局年間1億円の支出増を強いられた。

　一局あたりの負担総額は,条件によって差異はあるが,平均的にはおおよそ50億円〜70億円といったところで,これをおよそ10年で負担してきた。ローカルの経営規模の小さい局だからといって,この投資が大きく減るわけではない。いくら売上げが少なかろうと,利益が小さかろうと,デジタル投資をやめるわけにはいかない。当然,市場規模の小さいローカル局ほどその負担に悩まされることになる。

　2008年のリーマンショック以来の景気低迷が,とりわけ地域経済に大きな打撃を与えたことは,公知の事実であろう。そうでなくても地方は,中央一極集中,市場原理至上主義,効率主義の流れの中で基本的な社会システムの維持さえ危ぶまれてきた。地場産業や地域経済から活力が失われれば,ローカルの広告出稿も当然先細りとなる。

　とはいえ,これら2つの要因は,ある意味短期的な要因である。デジタル投資負担による収益の悪化は極めて深刻ではあったが,2010年時点で投資は最終段階に入り,減価償却費負担もヤマを越えた。2009年3月決算で60社だった赤字社が,2010年3月期41社に減ったのも,投資負担が一段落したことの反映といえる。景気の低迷にしても,2010年にはようやく「ゆるやかな回復」

へと向かいつつある。そう急速な回復はないとしても，一応の小康状態ではある。この期間，民間放送局，とりわけローカル放送局は財務的に大きな打撃を受けてはいるが，破綻するまでには至っていない。

インターネット広告やプロモーション広告の伸長による影響は，長期的にテレビ広告費のシェアの低下を招くことはあるだろう。しかし，テレビとインターネットの役割は同列ではない。民放連研究所が発表した「媒体別広告費の中期展望」（『民放経営四季報・夏号』2010年6月）によれば，インターネット広告は今後も増加を続け，2020年には現在の1.7倍に達するが，テレビ広告費については，10年間で1000億円，比率にして6％ほどの減少にとどまると予測している。

民間放送事業者，とりわけローカル放送局が厳しい現実に直面していることは確かではあるが，テレビ放送に対する視聴者のニーズがなくなったわけではない。そのニーズをどう捉え，次代の放送局経営に結び付けていくか，その選択いかんで地方放送局の未来は大きく変わってくるだろう。

なお，ローカル放送局の深刻な状況に対処するため，これまでに何度か「マスメディア集中排除原則」の緩和がはかられ，ローカル放送局へのキー局の出資規制が緩やかになった。しかし，経営難の放送局をキー局が傘下に収めるメリットは多くはない。ローカル放送の理念である「多様性」「多元性」「地域性」の確保とも矛盾する規制緩和が実効性をもつかどうかは，安易には判断できない。

第2節　ネットワークとローカル局の編成・営業

1．ネットワークの3つの役割

民放ローカル局の編成，営業を考える上で，ネットワークのもつ意味は大きい。

ネットワークは，それぞれの系列ごとに，「ネットワーク基本協定」「業務協定」「ニュース協定」といった協定を，系列全体として，あるいはキー局と加

盟各社が個別に結ぶことで成立している。協定の内容や運用は系列によって微妙に異なっているが，その機能はいずれも，①ニュース取材網としてのネットワーク，②番組配給機構としてのネットワーク，③営業システムとしてのネットワークの3つの側面をもっている。

第一の「ニュース取材網としてのネットワーク」は，全国ネットニュースの取材・報道を協力して行うシステムである。「ニュース協定」により，加盟各社には，それぞれの放送区域外で起こった出来事について取材義務が課せられる。系列の局がないいわゆる「空白県」に関しては，隣接県の局が取材を担当する。キー局が国際ニュースを含む中央の動き，加盟各社が各地の動きをフォローする仕組みだが，それらをまとめ全国ニュースとして制作する編集責任はキー局がもっている。

各系列は，加盟各社が一定のルールで出資する「ニュース基金」というプール金制度をもち，国際ニュースおよび全国ネットニュースの取材・報道・素材購入等の費用にあてている。ネットワークニュースは系列全局で同時刻に同内容で放送することが義務付けられており，他系列のニュースは放送時刻に関係なく放送できない。

もちろんニュースは全国ネットニュースのみですべてが伝えられるわけではなく，各局はそれぞれの地域の視聴者に向けて，ローカルニュースをきめ細かく伝えなければならない。そこで，通常はネットワークニュースに隣接してローカルニュース枠が設けられており，こちらは加盟各局が独自に編集する。とくに夕方の枠では，各系列局が独自に長時間のローカル情報枠を編成し，その中にネットワークニュースを取り込む形となっていることが多い。こうしたローカル枠は，ニュース協定の枠外であり，「ニュース基金」も適用されない。

第二の「番組配給機構としてのネットワーク」は，キー局（一部準キー局）が豊富な制作費とスタッフをかけて制作した番組を全国ネットとして放送するシステムである。キー局側から見れば，番組を全国ネットで放送することにより，ネットスポンサーが獲得でき，制作費用の回収が容易になる。また，ローカル各局から見れば，自社制作では到底実現できない高コストの番組を自社の

番組として放送できる。

具体的には，ゴールデンタイム，プライムタイム，朝，昼の高い視聴率が期待できる時間帯を「ネットワークタイム」に指定，この時間帯は系列の全局が同一のネット番組を放送することが義務付けられている（図12－1参照）。ネットワークタイムは全放送時間の65〜70％にも達する。

ネットワークタイムに別の番組をローカルで編成することは認められない。したがって，時には，「首長選挙など重要な地方選挙の結果を生の速報番組として伝えられない」「地元のプロ野球球団の試合等，ネット番組より地元では

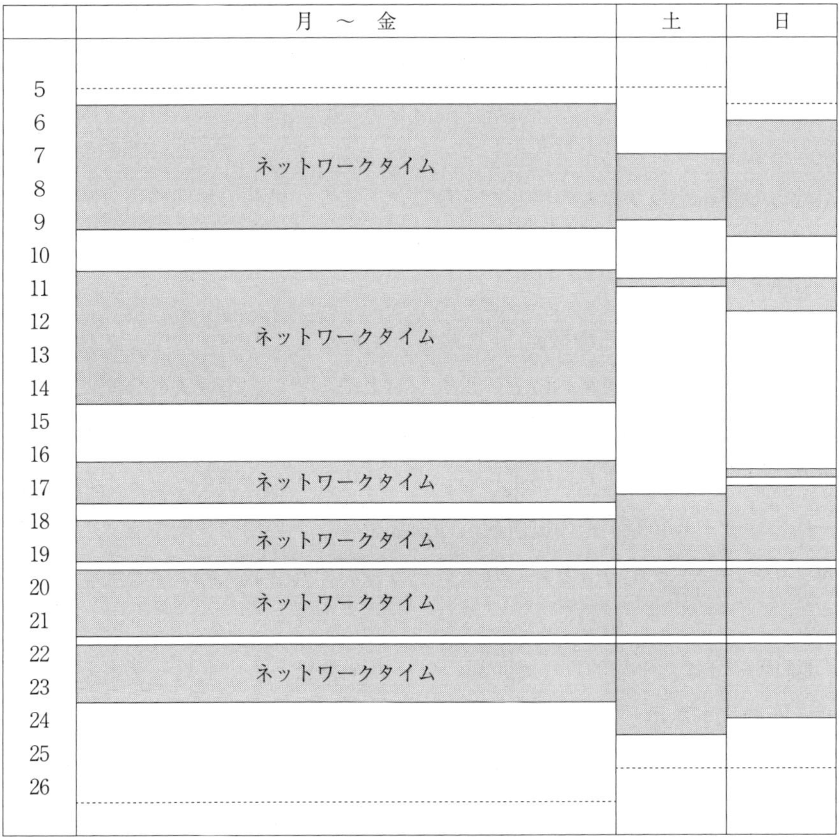

	月 〜 金	土	日
5			
6			
7	ネットワークタイム		
8			
9			
10			
11			
12	ネットワークタイム		
13			
14			
15			
16			
17	ネットワークタイム		
18	ネットワークタイム		
19			
20	ネットワークタイム		
21			
22			
23	ネットワークタイム		
24			
25			
26			

図12－1　「ネットワーク・タイム」のイメージ

視聴ニーズの高いテーマを生で放送できない」などの不満を生ずる。このため，デジタル放送の開始以降は，マルチチャンネル方式の1チャンネル目でネット番組を，2チャンネル目でローカル番組を編成することがまれに試みられている。しかし，ネット番組側から見れば同系列の裏番組に視聴者を奪われる結果となるためキー局側がこれを了解することはめったにない。

こうしたことから「ネットワークの仕組みがローカル局の自由な番組編成を妨げている」との批判も時にはなされる。しかし，総体としてみれば，ローカル局の番組編成にとってネット番組は不可欠であり，その恩恵に浴するところが多い。

放送法第52条の3には，「一般放送事業者は，特定の者からのみ放送番組の供給を受けることとなる条項を含む放送番組の供給に関する協定を締結してはならない」と定められているのだが，どの系列のネットワーク協定も協定の文言上は必ずしも排他性を打ち出していないうえ，ネットワークによる番組供給が地方の番組を豊かなものにしてきたこと，また，情報の地域格差の解消にも役立ってきたことから，ネットワークとこの条文との関係が問題となったことはない。

ネットワークの第三の機能，「営業システムとしてのネットワーク」は，ネットワーク番組の広告主へのセールス，および，その広告収入の分配についての仕組みである。全放送時間の65～70％を占めるネットワークタイムの番組の多くは，キー局（または準キー局）または代理店が全国ネットスポンサーに一括してセールスし，その広告収入の一部をネット各局に分配する。この分配が「ネットワーク配分」と呼ばれ，ローカル局の営業収入の大きな要素となっている。

図12-2は，平均的ローカル局のローカル番組とネットワーク番組等のおおよその比率を示したグラフ，図12-3は，平均的ローカル局の放送収入の内訳を示したグラフである。この2つのグラフから明らかなように，ローカル局は放送番組の65～70％をキー局あるいは準キー局から受け，その見返りに，キー局，準キー局，または代理店から「ネットワーク配分」を受け取る。局に

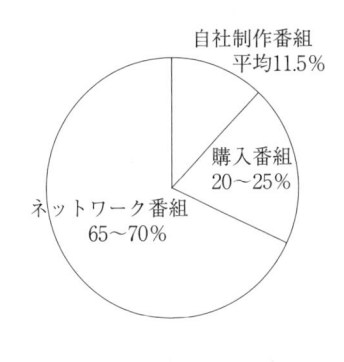

図12-2 ローカル局の番組編成 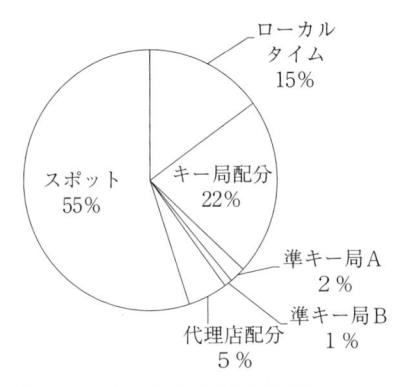　　図12-3 ローカル局の収支内訳

よりその総額はまちまちだが、平均的にはローカル局の放送事業収入のおよそ30％と言われている。こうした構造については、「ローカル局は、なにもせずキー局から番組を受け取っていれば、自動的に放送収入が得られる。親の仕送りで暮らしているすねかじりと同じだ」という批判がしばしばなされてきた。そうした批判は、地域で地域局としての存在感が問われている今、また、ネットワーク配分が毎年減少の一途をたどっている現在、必ずしも当たっていないのだが、現実問題として、「ネットワーク配分」がさらに減るようなことがあれば、ローカル各局はたちまち窮地に陥ってしまう。

2．ローカル局の自社制作

　図12-2にあるように、ローカル局の自主編成枠は、ネットワーク番組を受け取る以外の時間帯、すなわち全放送時間の30％～35％であり、これらの時間帯にローカル局は地元向けのローカル番組を放送する。しかし、現実には、放送時間の30％あまりを「自社制作」したローカル番組で埋めることのできる局は限られている。このため、多くのローカル局では、既存の番組を他局から買い付ける「購入番組」で、枠のかなりの部分を埋めている。

　「購入番組」として放送されるのは、多くの場合、キー局あるいは準キー局がかつてネット番組として放送したドラマや時代劇、紀行番組等である。たと

えば,『水戸黄門』『大岡越前』『暴れん坊将軍』『はぐれ刑事純情派』『田舎に泊まろう！』等々。これらの番組は，知名度があり，固定ファンを持つ割には購入費が比較的安く，再放送でも一定の視聴率が見込めるため，スポット収入も期待できる。

「購入番組」は，ローカル局が独自に購入する番組である以上，他系列からの番組を購入することも可能である。その代表的な例が『ポケットモンスター』『開運！なんでも鑑定団』など，テレビ東京系の人気番組である。テレビ東京系のローカル局がない地域では，これらの番組に対する視聴ニーズは高く，購入番組としての人気も高い。

さて，ローカル局の自主編成枠でどの程度の「自社制作番組」を放送するかは，それぞれの局の経営方針，および経営状態によって大きく異なっている。2009年に民放連が公表した「平成21年度ネットワーク現況調査」によると，系列加盟のローカル各局（準キー局を含む）で，自社制作比率が30％を超えるのは関西の準キー局3社。中京地区の局は15～25％である。その他の系列局では，北海道，福岡の局が15～22％。あとは広島の局で16％を超える社が2社ある程度だ。

一方，系列のキー局を持たない「独立U局」は，定時・定量的なネットワーク番組枠がないため，自社制作番組の比率は当然高くなる。独立U局13社の自社制作比率の平均は23.2％。最高はテレビ神奈川の45％である。これらの局では，独立U局同士で小さなネットを組んだり，番組交換をしたり，あるいは，各系列のキー局から加盟局への番組販売が終わった番組を購入して「再々放送」したりと，さまざまな工夫をして番組の品揃えを行っているのだが，「独立」した地域局として，独自の存在感と視聴者の支持を得るためには特色ある「自社制作番組」を持つことが必須となる。

キー局を除く122社の自社制作比率の平均は，この年，11.5％であった。平成新局と呼ばれる平成に入ってから設立された地方民放23局の平均は，5.8％である。

第3節　ローカル局の底力

1．減り続ける自社制作比率

　ローカル局122社の平均自社制作比率11.5％という数字をどう見るのか。

　確かに，「地域」を前提に免許を受け，放送普及基本計画（1988年郵政省告示第660号）でも「放送事業者の構成および運営において，地域社会を基盤とするとともに，その放送を通じて地域社会の要望に応える」とされている地方放送局なのだから，地元密着番組が11.5％というのはいささかさびしい。しかも，この数字は近年減り続けている。

　2003年2月，当時，デジタル時代に向けての放送制度のあり方を検討してきた第一次放送政策研究会の最終答申が発表されたが，その中で引用されていたローカル局の自社制作比率は，14％（2001年度）であった。最終報告では，「たとえ自主制作比率が1割であったとしても，ひとつの県に複数のローカル局が設立され，それらのローカル局がその自主制作番組の中で地域に密着した情報を流すことによって，放送の地域性が確保されてきた面があることに留意する必要がある」とも述べているが，それから8年で，ローカル局の自社制作は2.5％減少，本当に1割余りになってしまった。

　自社制作番組の比率が減少した理由は，何といっても各社の経営状況が悪化したことによる。電通が毎年発行している『日本の広告費』2009年版によると，わが国のテレビ広告費は総額1兆7,139億円。前年比89.8％であり，2005年以来5年連続で減少を続けている。2004年当時2兆円を上回っていたテレビ広告費は5年間で15％，およそ3,000億円減少したことになる。加えて，デジタル投資負担である。前述したようにローカル局の多くの社が赤字。中には4年連続赤字という会社もある。

　赤字の危機に瀕した会社にとって，とるべき手段は限られている。まずは，会社のお付き合いとしての各種会費や交際費のカット，無駄な事業の整理。次に手がつけられるのは外注費の削減である。関連プロダクションの業務委託費，派遣社員の人件費，そして人減らし。社員の定昇カット，給与カット。「地域」

を拠りどころにしているローカル放送局である以上，経営者は自主制作番組には出来るだけ手をつけたくないのだが，それでも，番組の制作費，制作体制を削減し，ついには自主制作番組をやめ，枠を購入番組やテレショップに変更せざるを得なくなる。これらの番組は制作コストが不要であり，手っとり早く営業収入をあげることができるからだ。

現在の自主制作比率11.5％という数字は，そうした厳しい状況の中でのぎりぎりの努力の結果でもある。

2．奮闘する自社制作番組

自主制作には，考慮すべきもう一つの要素がある。ローカル局の自主制作番組の多くは，地域を取材し，地域の情報をきめ細かく，しかも継続的に伝えていく「地域情報番組」や「ローカルニュース」であるという点だ。制作費，制作体制に限りがあるローカル局では，お金をかけた本格的ドラマや著名な芸人が出演するバラエティ，海外取材番組等を制作することはほとんどない。ローカル各局の制作体制は，報道部が中心となって夕方のローカルニュース枠を制作し，制作部がある所は制作部が，午後あるいは午前の生活情報番組を作るという形が基本となっている。制作部が週1回の科学番組や特集番組を作る場合もある。

日本で最初に，夕方のローカルワイドニュースを始めたのは青森放送の『RABニュースレーダー』（1970年開始）である。当時夕方の時間にローカルニュースを編成するのはかなりの冒険とされたが，その流れは急速に全国に波及した。1983年までに80社以上が夕方にローカルワイドニュースを開始し，現在はローカル局の定番ともなっている。その先鞭となった『RABニュースワイド』は，現在も月曜日から金曜日まで，18時16分〜19時の枠で続いている。

ゴールデンタイムにローカル番組を打ち続けている局もある。南日本放送が週1回ゴールデンタイムで『どーんと鹿児島』（水曜　19時〜19時55分）を始めたのは，1984年である。以来，現在まで，鹿児島の今と人を伝えるものであれば，旅，温泉，グルメもあり，難病問題に真正面から取り組むドキュメン

トあり，災害特集，スポーツ等々何でもテーマとしてきた。平均視聴率も15％を超すという長寿番組である。

　ゴールデンタイムにローカル局が番組を編成できるのは，この枠についてのみキー局が「ローカル差し替え可」としているため，同じ枠（現在は毎週水曜日19時〜19時55分）を利用して，信越放送『SBCスペシャル』，静岡放送『静岡発そこ知り』，山陽放送『VOICE21』などが地域と密着した情報を伝え，あるいは地域をじっくりと見つめたドキュメンタリーを送り出している。

　ユニークな取り組みも数々ある。1996年から2002年まで，深夜枠でレギュラー放送された北海道テレビの『水曜どうでしょう』。旅をテーマにしながら，名所を案内するでもなく，ご当地グルメを味わうでもなく，移動中のハプニングだけがテーマという不思議なこの番組は，ネットで話題になったのをきっかけに一挙に全国区となり，多くの局で放送されるようになった。出演者の大泉洋，鈴井貴之は一躍有名タレントの仲間入り，『水曜どうでしょう』グッズが各地の北海道物産展の人気商品となった。レギュラー放送は終了したが，現在も不定期で新作を放送中である。また『水曜どうでしょうClassic』などの再放送が今も人気となっている。

　テレビ神奈川は，独立U局だけに独自のジャンルを自前で開発してきた。中でもテレビ神奈川を特徴づけているのは若者向けの多くの音楽番組である。『SAKUSAKU』（月曜〜金曜，7時30分〜8時），『音楽のDNA』（月曜，22時〜22時55分）など多くの音楽番組には，イザムなど多くのタレントが出演している。タレントが無名の時代から番組で付き合ってきたためその後も破格の安いギャラで出演してくれるのだという。

　テレビユー福島の朝の情報番組『グーテン』（月曜〜金曜，9時55分〜10時50分）は低予算番組の典型である。同番組の前身の『まるとく』時代には，あまりの低予算のためVTR取材一切なし，スタジオトークと視聴者との電話といったまるでラジオのような番組だったこともあるのだが，今は，もちろんVTR取材あり，中継ありという立派な情報番組だ。要は，何でも自分たちでやること。カメラがなければ民生用カメラを回す。回すのはアナウンサー。一

人で取材に行き，取材し，自分のほうにカメラを向けてレポートする。編集ももちろん取材にいったアナウンサー自身。編集機は今でこそ立派なノンリニア編集機だが，以前は普通のパソコンだった。

　IP中継という新しい装置をフルに使って，日常的に中継も導入した。ユニークなのは，県下のコミュニティFM局と協力して，順番に地域情報をレポートしてもらっていること。民生用カメラで取材する要員がいれば，あとはFM局側がレポートしてくれる。また，光ファイバーに加入している一般視聴者に協力してもらい，視聴者の家を中継基地にするという大胆なこともやっている。視聴者の家に無線ランを設置，視聴者宅の駐車場に無線ランとIP中継装置を積んだ車をとめれば，いつでもそこから中継ができるという仕組みだ。

　2011年春の改編で番組は模様替えとなり，タイトルも変更される見込みだが，そうした制作手法は今後も継続するという。低予算番組でも，やれることはいろいろある。

3．地域のライフラインとして

　福島県の奥会津に昭和村という典型的な過疎・高齢化が進む地域がある。2009年10月現在の村の人口は1,447人，うち801人が65歳以上。高齢人口比率は55.4％に達する。筆者は2004年から，この村のメディア接触状況等の調査を行っているのだが，2010年8月に行った全戸調査によれば，村の新聞購読率は約70％。このうち自宅まで新聞が配達されるのはその36％にすぎない。残りは毎朝集落の一か所に置かれた新聞を自分でとりに行くか，郵送である。高齢者には新聞をとりに行くことも重荷であり，高齢化の進行とともに購読率は減り続けている。ラジオは電波状態のいい山の上か夜でないと受信できない。受信できるのは，NHK東京第1，第2放送であり，ローカル放送は受信できない。パソコンを持っている世帯は以前より増えて30％近くなったが，インターネットをしている人はその半分である。

　村でほぼ100％に普及しているのは固定電話とテレビである。携帯電話を持っている世帯は以前よりだいぶ増え，ようやく65％近くに達したところだ。

つまり、この村で、とくに年金暮らしの年寄りにとって、テレビは唯一の娯楽であり、情報入手の最も大切な手段なのである。お年寄りたちはテレビを楽しみに、1日5〜6時間もテレビを見ている。雪に閉ざされる冬には8時間以上もテレビを見ているという。こうした村、あるいは集落は全国にたくさんある。

「テレビだけが頼り」というこうした人々に、ローカルテレビ局は地域の情報を届けている。自社制作率は低いが、そのほとんどは地域の報道・情報番組であり、地域に生きる人々にとっての情報価値は高い。地域社会の状況、地域的大事件、集中豪雨などの地域災害、こうした事象を全国放送は伝えてくれない。ローカルテレビ局が伝える日々のニュースや地域情報、気象情報、防災情報は地域住民にとって大切なライフラインなのだ。

ローカルテレビ局の生き残りの道は「地域密着」にあるといわれて久しい。その実現は本章で見てきたとおりきわめて厳しいが、ローカルテレビ局が、独自の存在価値を持ち続けるためには、それでもなお「地域放送の果たすべき役割」を最大限に追求していくほかはない。

(市村　元)

参考文献

片岡俊夫『新・放送概論』日本放送出版協会, 2001年
株式会社電通『2009（平成21年）日本の広告費』2010年
日本民間放送連盟編『放送ハンドブック　改訂版』日経BP社, 2007年

視聴率

0.1％で一喜一憂

　民放テレビ局内に入ると，廊下の壁にべたべたと貼られた朱書きのポスター群。「高視聴率御礼」「裏番組を遂に抜く！」「週間ランキング１位躍進！」など，量販店並みの賑やかさである。ビデオリサーチ社から発表される視聴率に全テレビ局が一喜一憂する。１％はおろか0.1％の増減もおろそかにできない。その数字が広告収入の増減に直接リンクしているからである。

　日本で唯一の視聴率調査会社ビデオリサーチが行っている調査方法は，世帯と個人の２種類がある。まず「世帯視聴率」は，無作為抽出で選んだ世帯のテレビに取り付けた視聴率測定機が24時間１分ごとに記録し，毎朝ビデオリサーチ社に送信され，５分単位，30分単位，番組単位，時間帯単位などに分類されて，テレビ局・広告会社・広告主に通知される。調査のサンプル数は，関東・関西・名古屋では各600世帯，その他24の地区では各200世帯である。

　調査結果の「誤差」も「考慮すべき」として公表されている。サンプル数600の地区で10％の視聴率が出た時の誤差は±2.4％，つまり7.6％〜12.4％の間に真の視聴率があり，サンプル数200の地区では，10％の視聴率の誤差率は±4.2％と広がってくる。

　従って，個々の番組の視聴率のわずかな数字の差には，一喜一憂する意味はない。それを承知で，テレビ局も広告会社も広告主も，確定した数値として「ひとり歩き」をさせている。視聴率は「広告取引の物差し」として，それをもとに多額の広告費が動くのである。

　あるスポット広告を100回放送した時，その視聴率を合算した数字をGRP（延べ視聴率）という。仮に100回すべてが10％の視聴率であれば，100×10＝1,000GRPになる。広告主がテレビ局に発注する時は，例えば「今回は1,000GRPでよろしく」と，放送時間帯とともに数字を指定してくる。常時15％以上の高視聴率をとる局があれば，CM放送回数70回で目標をクリアでき，残った30回の枠で別のCMを放送し広告収入を稼ぐことが出来る訳だ。0.1％の積み重ねが意味を持ってくる。

個人視聴率の導入

　ビデオリサーチ社は，1997年から機械式の「ピープルメーター」によって関東・関西・名古屋地区では「世帯視聴率調査」と同時に「個人視聴率」の調査を始めた。その他の24地区では，用紙を配布して記入する「日記式」調査である。家族の誰がテレビを視ているのか，性別，年齢，職業など属性を知り，

広告主のマーケティングや，テレビ局の番組制作・編成に役立つデータを提供する。これも，サンプルの選び方や「個人ボタン」の押し違えなど，正確さが欠けるとの指摘がある。

日記式で個人視聴率調査を大規模に行っているのはNHK放送文化研究所であり，7歳以上の全国民3,600人を対象に1週間，毎年2回実施している。これは，速報性はないが，現在の国民の関心事や視聴率の変化から社会の動きを知る社会調査的な性格を持っている。ビデオリサーチの調査も同様に，数回，数十回の平均値をとれば，正確さを増し，社会と視聴者の傾向について貴重な資料を提供する。

従来の視聴率調査は，「自宅内」「据え付けのテレビ」「リアルタイム視聴」が前提であった。しかし，ワンセグによる屋外視聴，DVR（デジタル・ビデオ・レコーダー）の進歩によるタイムシフト（録画再生）視聴，パソコンによる視聴，CSテレビ，VOD（ビデオ・オン・デマンド），米国のTIVOなど蓄積型放送など，デジタル情報技術進展によるテレビ視聴の多様化や多チャンネル化の動きに，視聴率調査がどう対応出来るかが課題である。

視聴率50年の歴史を顧みる時，「お化け」視聴率番組はなくなり，大ニュース，大イベント以外の日常的な番組の視聴率は，分散化・平準化してきている。

視聴率と視聴質

「視聴質」を探るアンケート調査をビデオリサーチ社でも試みている。「好感度」「継続意向割合」「視聴満足度」の内訳として，「知識・情報が得られるか」「見応えがあるか」「感動をおぼえるか」など11項目，ドラマについては「主演俳優はよいか」「ストーリー・脚本はよいか」「人間がよく描かれているか」など10項目，ドキュメンタリー・教養番組については「取り上げているテーマは良いか」「VTRがよくできているか」「迫力があるか」など8項目を質問し，答を数値化していく。その結果，「世帯視聴率ベストテン」とは全く異なる「視聴質ベストテン」が現れてきて興味深い。質問項目や評価の数値化の客観化が難しいが，もうひとつの広告取引の物差しになる可能性はある。

視聴率には，2つの側面がある。テレビ制作者の向上心・競争心を刺激し，テーマや演出に工夫を凝らし，番組に活力をもたらす側面であり，その意味で，広告収入とは無縁のNHKでも視聴率に高い関心を持つ。

しかし，広告取引の物差しの側面が強調され，視聴率獲得にこだわりすぎると，質より量を求め，メディアとしての倫理観，使命感を失いかねない事態を招く。テレビ局には，ジャーナリズムとして，文化的公共財を預かる立場として，より強い使命感と倫理観が求められる今日の状況である。

（座間味　朝雄）

番組制作プロダクション

日本国内に，放送番組を制作する番組制作会社（プロダクション）は約1,000社（このほかCM制作会社が400社）ある（電通『メディア情報白書・2010年版』）。この制作会社群が，東京の5大キー局をはじめ全国の地上波民放127社と衛星放送民放6社の番組の約80％の制作に関わり，NHKでも総合・教育・衛星などテレビ5波の約40％の制作に関わっているとみられる。

制作の外注化・分離化

そもそも，開局当初は民放テレビのキー局でも，ニュースや番組の制作は，ほとんどすべて社員の手で行われていた。しかし1970年，テレビ受像機が一気に全世帯の90％まで普及し，5年に及ぶ「いざなぎ景気」の終了をきっかけに，民放テレビ各局の経営改善の動きが始まった。好景気の中で，番組製作費，とりわけ人件費の膨張が営業利益を圧迫し始めていた。そこで，キー局各社が手をつけたのが，番組制作部門の外注化や一部分離であった。

まずTBSが，博報堂の出資も得て「木下恵介プロダクション」を設立し，次いで電通や渡辺プロダクションの出資を受けて「テレパック」を設立し，社員を移籍・出向させた。フジテレビは，報道部門とナマ番組を除いて，ドラマ・芸能部門をすべて，系列の複数の制作会社に移した。NET（現在のテレビ朝日）は，逆に報道部門を別会社として切り離した。日本テレビは，牛山純一の率いる「日本映像記録センター」に出資し，ドキュメンタリーを発注した。これらの局の動きは，いずれも人件費と制作コストの削減が主目的であった。

「テレビマンユニオン」設立の衝撃

テレビ局の出資を受けない番組制作会社としては，1970年2月発足の「テレビマンユニオン」が最初であった。考え方の違いがきっかけでTBSを退職した7人を発起人として，総勢25人で創立した会社であった。「テレビマンユニオンは，さまざま異なる考え方や方法論を持った制作者が，激しく競い合い，『テレビ的方法を探究する』という1点を共有する共同体である」と，発起人の村木良彦は『テレビマンユニオン史』の中に記している。

その社史が描いている会社設立前夜の状況は，新時代を求める明治維新の志士たちのような高揚感を伝えている。参加者全員が株主となり，経営者と制作者という二元的発想は捨て，テレビ本来の機能を探究するディレクター集団を目指していた。事実，その後40年間，ユニークで創造的な番組を制作し続け，テレビ界に大きな刺激を与えている。1980年代になると，独立系の制作会社

が次々と設立され，放送局を経験しない若いディレクター群が現れ，自由な発想の民放番組が多数誕生した。

局と制作会社の協調と階層化

　職員による自主制作にこだわっていたNHKも，衛星放送を開始した1989年前後から，人手不足のためニュース番組を除いて，外部制作会社の協力を求めざるを得なくなった。系列の子会社にベテランの職員を出向させ，制作会社から持ち込まれた企画を検討し，取材・構成・編集にも関わっていく，文字通り「共同制作」という新しい形の制作体制が試みられた。

　そこでは，視聴率に捉われないNHKの生真面目な番組作りと，激しい視聴率競争の民放で鍛えられた外部制作会社の演出方法が協働し，活力ある教養・ドキュメンタリー番組が，衛星放送を中心に出現した。その協働は『NHKスペシャル』など地上波テレビ放送の番組にも広がり，番組制作業界にとって，新たな創造と表現の場と，新たなビジネスの場を広げることになった。

　しかし，制作会社の番組制作が増えるにつれ，テレビ局との間に深刻な問題も生じてきた。2007年1月に発覚した関西テレビの『発掘！あるある大事典Ⅱ』事件は，制作過程のデータねつ造や，番組の「1次，2次下請け」の構造，テレビ局の無責任な管理など，多くの問題点を表面化させたが，番組製作費の配分の格差が最も注目された。広告主が1回の番組のために支出した広告費は，番組制作費と電波料（番組を全国で放送する費用）とを合わせて約1億円であったが，実際に番組を制作した「2次下請け」の制作会社には，その10分の1も渡っていなかったのである。

悪化する現場の制作条件

　少ない制作費への不満を中心に，局と制作会社の間には多くの問題点が顕在化してきた。2008年に総務省がおこなった「放送番組制作業実態調査」では調査対象269社の66％が「受注単価が低い」と答えており，ATP（全日本テレビ製作者連盟）の最新の実態報告（『GALAC』2010年10月号）でも，制作日程の短縮，第一線のAD，APの長時間労働，その結果，若手育成の余裕も時間もないこと，若手に個人的な勉強時間がないことなどが指摘されている。

　フジテレビのホームページには，独自の制作会社アンケートが報告されている。「制作費の削減のしわよせで，スタッフの業務量が過重になり，定着率が悪く，志のある若者がいなくなる。株主の利益を守るのもよいが，テレビ界の根に養分を与えないと根が腐っていく」という切実な現場の声が多数出されている。そして「ギリギリのところで作っている制作会社に対して局側の理解が何より重要」と訴えている。

「優越的地位」の戒め

そこで，1991年から公正取引委員会が動き出し，2004年には，テレビ番組制作業界を下請法（下請代金支払遅延等防止法）の適用対象に含め，優越的地位を利用した「買いたたき」など13項目の禁止事項を示して，テレビ業界を戒めた。さらに2009年に総務省が，放送番組の制作現場向けに，具体事例を示した「放送コンテンツの取引適正化に関するガイドライン」を公表した。制作費の一方的カット，書面によらない契約，代金支払いの遅延，予算外の追加取材など，制作現場で多い苦情について詳しく述べている。

「ガイドライン」は，放送コンテンツ（番組）の権利帰属についても，「発注者が代金を支払うと，出来たコンテンツの著作権は発注者に帰属する」という放送業界の慣行に注意を与えている。著作権法では，著作物を創作した著作者に著作権が帰属するのが原則であり，例外として，テレビ番組やCMなどを含む「映画の著作物」の場合は，「発意と責任」を有する者が「映画製作者」として著作権を持つとされている。

しかし「ガイドライン」は，最近の判例などを参考にして，著作権を持つのは実際に制作をおこなった制作者と解し，企画から完パケまで，すべて制作会社が責任を持っていれば，著作権は制作会社にあるとみなした。総務省は，「制作事業者の制作のインセンティブや創意工夫の意をそぐような取引慣行の改善を図り，番組制作に携わる業界全体の向上」を意図したという。

NHK・民放の対応

NHKでは，ATPとの長い交渉を経て徐々に制作会社の著作権を拡大し，2009年には，委託契約を次の3種に大別した。

① 制作会社が企画から編集まで制作業務すべてに責任を持つ「外部委託」。
→著作権は，制作会社とNHKとが共有，二次使用料も基本的には折半。

② NHKが企画・構成した番組フォーマットに従い，制作会社がNHKのスタジオや施設・設備を使用して，取材，構成，演出，編集などの制作業務を担当する「演出委託」。
→著作権はNHKに帰属。制作会社に二次使用料分配請求権はなし。

③ 「演出委託」のうち，とりわけ企画の面で制作会社が特別の寄与をした場合の「外部一部」委託。
→著作権はNHKに帰属。制作会社に二次使用料分配請求権を認める。

制作会社の著作権について，民放テレビ局は，局により対応はバラバラであるが，概してNHKより消極的である。ひとつの番組に，数社の制作会社が加わり，多くの派遣社員が働くようなケースも増えており，また，「元請け」「1次下請け」「2次下請け」などと制作会社の階層化も見られ，著作権の所在を判断しにくい状況がある。

現在では，各テレビ局とも，制作会社を「対等なパートナー」として位置づけているが，現実の取引では，委託発注者の局が，受注者の制作会社に対して「優越的な地位」にあるのは否めない。インターネットへの広告費の移動と，近年の不況の影響が重なって，局のテレビ広告収入の悪化が，受託者の制作会社をさらに厳しい状態に追い込んでいる。

米英の番組制作
　イギリスでは，独立系の番組制作会社（プロダクション）を育成しクリエイティブ産業を振興するため，BBCやITVなどネットワークを持つ放送事業者に対し，ニュースなどを除く番組の25％以上を独立制作会社に委託することを放送法で義務づけた。さらにBBCでは，その比率を50％まで拡大する方針を示した。これらの外部委託番組は，2004年から，著作権は制作会社に帰属し，放送局は放送権を得るが，二次使用権は制作会社が所有し，BBCは純利益の15％を受けるのみ，という大きな政策の変更がされた。イギリスでは，テレビ・映画・アニメ番組などの制作会社が450社以上あり，Pactという番組制作会社の連盟を結成している。Pactは，会員の制作会社の権利を守るために，政府や監督官庁への働きかけやテレビ局との交渉を，活発に行っている。
　アメリカでは現在，NBC，CBS，ABC，FOXの4大ネットワークは，番組の約50％は自社制作であるが，その他は，それぞれ系列の制作会社の番組や，ハリウッドの大手制作会社から番組を購入している。このほか500ほどある中小の制作会社の番組は，シンジケート（番組配給会社）を通じて，ローカルテレビ局やケーブルテレビ局へ販売される。著作権は，制作費を自己調達して番組を制作する制作会社に帰属し，放送権販売やDVDなど二次使用で収入を得ている。アメリカのテレビ局が番組制作会社に支払う放送権料は，日本に比べ相当に高額といわれ，創造的な著作物に対する評価の姿勢が明確である。

「熱い志」を支える制作システムを
　報道部門と編成業務はテレビ局自身で，その他の番組は制作会社で，という役割分担が世界的な傾向である。どちらで制作するにしても，メディアの社会的使命感と倫理観とともに，放送という文化創造への「熱い志」がなくてはならない。その「熱い志」の実践の拠点として制作会社は存在する。「下請け」ではなく「対等なパートナー」でなくてはならない。日本のテレビ界は，局の経営効率の優先主義を改め，「熱い志」を支える制作システム構築を第一に考える時代である。

（座間味　朝雄）

第13章 ラジオ放送

第1節 現状はどうなっているか

1. 厳しい経営

　2010年代のラジオの現状を一言で言えば,「ラジオ局の経営は厳しいが, トンネルの向こうに明るい光が見え始めた」ということになろう。

　まず, 日本のラジオ業界がどうなっているかを俯瞰しておく。

　2010年10月1日現在, NHKのほかに地上波でラジオ放送をしている民間放送（日本民間放送連盟＝民放連＝の会員社）は, 全国に100社ある。その内訳は, ラジオだけの単営が66社（中波13社, 短波1社, FM52社), テレビとの兼営が34社（すべて中波）である。このほか, 衛星放送の音声放送局1社と, 民放連には加盟していない「コミュニティ放送」と呼ばれる小規模のFM局が242社（2010年12月末現在）あり, 後者は年々増え続けている。

　NHKの全国放送と民間の短波放送, 衛星放送を除いて, 中波（AM）とFMの民間放送は「地域」を基盤にしている。この点はテレビも同じだが, ネットワークの組み方は大きく違う。図13－1でわかるように, 東京の局を軸に系列化が進んではいる。だが, AM局では複数のネットワークに加わる局が多い。そもそも東京の文化放送とニッポン放送はともにフジサンケイグループに属しているし, 地方では1県1局がほとんど。テレビのように1県に数局があり, それぞれ別の東京キー局と資本や人的関係でつながるのではなく, 番組購入やニュース提携などを通した緩やかなネットワークが, ラジオの特徴と言える。ローカル放送番組の比率（2008年）も, テレビ局は14％にすぎないのに対し, ラジオはAM局が48.4％, FM局が43.7％で, テレビより地域性が強いことを

示す。特にラジオ単営社の独立性は強い。経営が好調な時には独自の番組作りなどにつながる半面，経営難の時には孤立しかねない構図ということになる。

　現状は，まさにそうした危機の中にある。民放連研究所が2010年1月に発表した営業見通しによると，2009年度の地上波ラジオの営業収入は前年より10.5％減で，2010年度も5.3％減。マイナス幅は減るが，テレビ（2009年度8.5％減，2010年度1.8％減）より大きいマイナスが続くというものだった。同年5月に2009年度決算が出そろったが，ラジオ101社のうち赤字が32社にのぼった。9月には，外国語放送のFM局「愛知国際放送」（本社・名古屋市）が経営不振で放送を停止し，免許を総務省に返上して廃業した。ほかにも2010年は外国語FM局の破綻が相次ぎ，「Kiss-FM KOBE」（本社・神戸市）は放送免許を「兵庫エフエム」が受け継ぎ，「九州国際エフエム」（本社・福岡市）は「天神エフエム」が受け継いで事業を継続することになった。

2.「ラジコ」の登場

　車載用やラジカセなどを含むラジオの国内出荷台数は，1990年ごろには2,500万台に近かったが，その後の20年でほぼ半減した（電子情報技術産業協会の統計）。ラジオ広告費も減少傾向が続き，2004年度にはインターネット広告費に抜かれた（電通の調査）。ラジオは，インターネットという新しいメディアの台頭で，衰退する古いメディアの代表のようになったのである。しかし2010年代に入り，その新しいメディアを活路に再生への道が見えてきた。

　2010年3月15日，在京民放ラジオ7局と在阪民放ラジオ6局が，インターネットでも番組を同時配信する「IPサイマルラジオ」（愛称「ラジコ」）の試験配信を始めた。12月1日，その13局と電通の共同出資で株式会社「radiko」を設立し，本格運用に入った。試験配信で1週間の延べ聴取者数は200万から300万に達し，いずれ広告で採算がとれると見たのである。電通出身の岩下宏社長は「ラジオ業界が大同団結し，ラジオの復活を目指したい」と語った。

　ラジコが登場した背景には，放送収入だけでは経営が厳しく，新規事業を開拓しなくてはならないといった事情もあるが，東京や大阪で深刻化する「都市

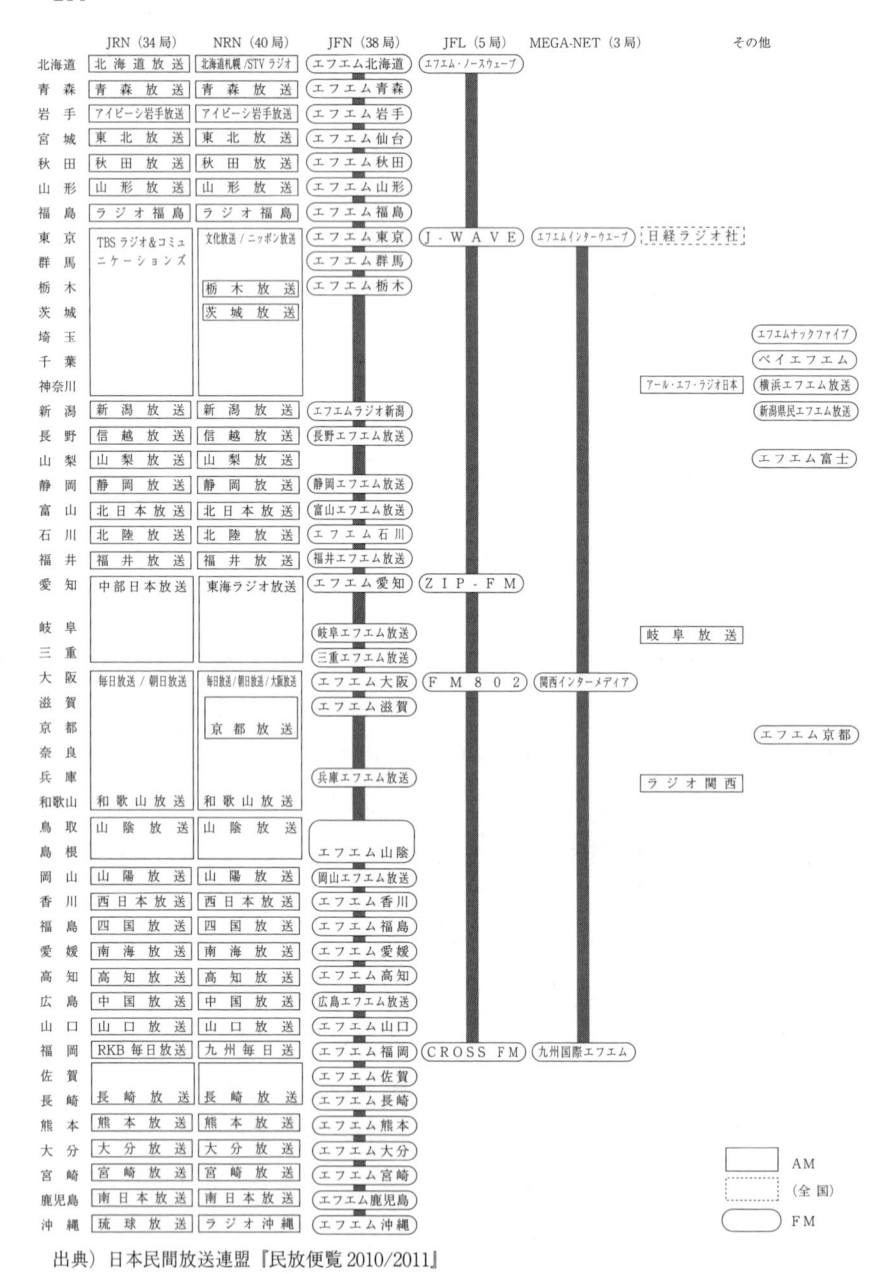

	JRN (34局)	NRN (40局)	JFN (38局)	JFL (5局)	MEGA-NET (3局)	その他	
北海道	北海道放送	北海道札幌/STVラジオ	エフエム北海道	エフエム・ノースウェーブ			
青森	青森放送	青森放送	エフエム青森				
岩手	アイビーシ岩手放送	アイビーシ岩手放送	エフエム岩手				
宮城	東北放送	東北放送	エフエム仙台				
秋田	秋田放送	秋田放送	エフエム秋田				
山形	山形放送	山形放送	エフエム山形				
福島	ラジオ福島	ラジオ福島	エフエム福島				
東京	TBSラジオ&コミュニケーションズ	文化放送／ニッポン放送	エフエム東京	J-WAVE	エフエムインターウエーブ	日経ラジオ社	
群馬			エフエム群馬				
栃木		栃木放送	エフエム栃木				
茨城		茨城放送					
埼玉						エフエムナックファイブ	
千葉						ベイエフエム	
神奈川						アール・エフ・ラジオ日本	横浜エフエム放送
新潟	新潟放送	新潟放送	エフエムラジオ新潟				新潟県民エフエム放送
長野	信越放送	信越放送	長野エフエム放送				
山梨	山梨放送	山梨放送				エフエム富士	
静岡	静岡放送	静岡放送	静岡エフエム放送				
富山	北日本放送	北日本放送	富山エフエム放送				
石川	北陸放送	北陸放送	エフエム石川				
福井	福井放送	福井放送	福井エフエム放送				
愛知	中部日本放送	東海ラジオ放送	エフエム愛知	ZIP-FM			
岐阜			岐阜エフエム放送			岐阜放送	
三重			三重エフエム放送				
大阪	毎日放送／朝日放送	毎日放送／朝日放送／大阪放送	エフエム大阪	FM802	関西インターメディア		
滋賀			エフエム滋賀				
京都		京都放送				エフエム京都	
奈良							
兵庫			兵庫エフエム放送			ラジオ関西	
和歌山	和歌山放送	和歌山放送					
鳥取	山陰放送	山陰放送	エフエム山陰				
島根							
岡山	山陽放送	山陽放送	岡山エフエム放送				
香川	西日本放送	西日本放送	エフエム香川				
福島	四国放送	四国放送	エフエム福島				
愛媛	南海放送	南海放送	エフエム愛媛				
高知	高知放送	高知放送	エフエム高知				
広島	中国放送	中国放送	広島エフエム放送				
山口	山口放送	山口放送	エフエム山口				
福岡	RKB毎日放送	九州毎日放送	エフエム福岡	CROSS FM	九州国際エフエム		
佐賀			エフエム佐賀				
長崎	長崎放送	長崎放送	エフエム長崎				
熊本	熊本放送	熊本放送	エフエム熊本				
大分	大分放送	大分放送	エフエム大分				
宮崎	宮崎放送	宮崎放送	エフエム宮崎				
鹿児島	南日本放送	南日本放送	エフエム鹿児島				
沖縄	琉球放送	ラジオ沖縄	エフエム沖縄				

□ AM
□ (全国)
○ FM

出典）日本民間放送連盟『民放便覧 2010/2011』

図 13-1　民放ラジオネットワーク

難聴」の問題も大きかった。高層建築が増えたうえ，電子機器など雑音源の増加で，ラジオがまともに聞こえない家庭が増えたのである。

　ラジコは好感を持って迎えられた。2010年10月のユーザーアンケート（回答者9,377人）によれば，平均年齢は地上波ラジオの47.7歳に比べ，38.4歳と若い。スマートフォンにアプリの提供を始めたことも貢献したのだろう。「再び聴くようになった」という復活組が34.1％，新規組が12.5％で，それまで聴いていなかった層を取り込むことに成功したことがわかる。聴いた印象は「音質がよい」が71.6％，「電波が入りにくいラジオ局の放送が聴けるようになった」が65.2％と，従来の音質や聴取環境への不満がうかがえる。また，「パソコンで他のことをしながらラジオを聴くようになった」が62.3％で，ラジオの「ながら聴取」がパソコン・ケータイ時代に広がる可能性を感じさせた。今後の利用意向を聞いたところ，「是非利用したい」が86.3％と圧倒的だった。

　スタート時，ラジコは関東と関西の地域限定で，NHKも参加しなかった。NHKは，放送のための特殊法人で，通信分野に出て行くには放送法などの制約が大きい。しかし，ラジコには初めから強い参加意欲を見せた。関東・関西以外の民放局も同様である。後世から振り返れば，ラジコの登場が全国的なラジオ人気復活の転換点だったということになるかもしれない。

3．広がるコミュニティ放送

　さらに，新しい動きで見逃せないのが，コミュニティ放送（コミュニティFM）の隆盛である。1992年1月，市区町村を放送圏に制度化された。既存局が県域（関東や関西は広域圏）なのに対し，より地域に密着したメディアと期待されての出発だった。第1号は北海道函館市の「FMいるか」で，1992年12月に放送開始。その後全国に広がり，2006年に200社を超えた。初めは株式会社や第三セクター，2003年以降は特定非営利活動法人（NPO）が目立つ。

　急増の背景には，主に2つの要因がある。

　1つは，規制緩和である。空中線電力（出力）の上限は初め1Wだったが，1995年の阪神・淡路大震災後に10W，1999年に20Wまで拡大された。20W

なら半径20kmくらいは届く。それだけ聴取者が増え，出演者や広告を集める範囲も広がることになる。市区町村ごとに1局，第三セクターは自治体の出資比率30％以下といった規制が，1995年に撤廃されたことも大きかった。

　2つめは，災害列島の日本には地域情報メディアが必要だという認識の広がりである。特に阪神・淡路大震災で，ラジオが安否情報などで活躍した。その中から1996年に生まれたコミュニティ放送「FMわぃわぃ」は，在日外国人向けの多言語放送を続け，災害時だけでなく日常に役立つ多文化地域メディアの可能性を切り開いた。2004年の新潟県中越地震では長岡市の「FMながおか」が臨時災害放送局となり，2007年の中越沖地震では柏崎市の「FMぴっから」に周辺局が応援に入るなど，横の連携も密になった。2010年に鹿児島県の奄美大島を襲った豪雨で，「あまみエフエム」が24時間放送を続け，携帯電話などの通信が遮断される中で放送メディアの存在価値を示したことも記憶に新しい。

　しかし，コミュニティ放送局は零細で，経営に苦労している。「FMこんぴら」「エフエム多摩放送」「FMニセコ放送」など，閉局した局も少なくない。

　その一方，協力して通信分野に進出する試みはラジコより早かった。2005年，神奈川県の「湘南ビーチFM」，札幌市の「三角山放送局」などが，番組をインターネットに同時配信するサイト「SimulRadio（サイマルラジオ）」を立ち上げた。2008年，19局で「Community SimulRadio Alliance（コミュニティ・サイマルラジオ・アライアンス）」をつくり，本格運用に移行。参加局は2010年に50局を突破した。ラジコと違い，配信エリアの制限はない。放送では半径20kmしか届かない局が，インターネットにより世界中で聴ける時代になったのである。

第2節　ラジオの歴史

1．無線電話からラジオへ

　ラジオの歩みは，日本の放送史に重なる。1925（大正14）年3月22日，東

京・芝浦の仮放送所からラジオの第一声が発せられた。「JOAK，JOAK，こちらは東京放送局であります」。これが日本に「放送」というメディアが誕生した瞬間の産声だった。人々は，受信機の大きなラッパを囲み，あるいはレシーバーを耳に当てて放送を待った。東京放送局の流れをくむNHKが3月22日を「放送記念日」として特集番組などを放送するのは，この史実に由来する。

　世界に目を広げると，ラジオ放送で先行したのは，アメリカだった。1920年11月2日，ピッツバーグのKDKAという民間ラジオ局が定時放送を始めた。この日は大統領選挙の開票日で，開票速報が当時急増していたアマチュア無線家らの間で反響を呼び，ラジオブームを巻き起こしていく。もともとは双方向の無線通信（電話）として生まれたラジオは，KDKAの成功後，送信は放送局が担い，それを大衆が受信する一方向的なメディアへと転換していった。テレビを含めた放送メディアが再び双方向化したり，同じ携帯電話で通信と放送の両方を楽しめたりする現代だからこそ，新しく見える現象に実は「先祖返り」の側面があることに留意しておきたい。

　日本では1922年ごろから，新聞社など民間の人々がラジオの実験放送に熱心に取り組んだ。1923年9月1日の関東大震災で，流言による朝鮮人殺害などが起こり，正確な情報を伝えるラジオが必要だという声が高まる。同年12月に「放送用私設無線電話規則」が制定されると，全国各地からラジオ局を開設したいという出願が100件を超えた。しかし，当時の犬養毅逓信相は，出願者間の激しい競争を見て，東京・大阪・名古屋に1局ずつ社団法人を設立して放送を許すことにした。政府は放送局の人事や運営に免許取り消し権をもって干渉し，番組は検閲し，「政治に関する講演論議」は禁止した。1926年には，3局を解散して社団法人「日本放送協会」に統合した。なぜ民間企業に放送権を与えなかったのか。「放送ハ偉大ナル拡播力，深刻ナル徹底力ヲ有スル事業ナルニ付」「国家ノ目的ニ接近シ政府ノ監督容易ナル組織ヲ有スルモノナルコト」が，第一の理由だった。こうして，現在のNHKにつながる放送局は民間のラジオ熱を土台に生まれながら，戦争へと向かう国家の歩みに寄り添い，今なお「国営放送」と誤解されるような性格を形作っていくことになる。

2．「国家的報道機関」へ

　戦前・戦中のラジオ放送は「ジャーナリズム」と呼べる存在ではなかった。日本放送協会の初代報道部長を務めた成澤玲川は当時「ラヂオには新聞の持つ自由はない。ニュースはあってもヴィユースはない。報道のみで論評はない」と述べている。ニュースにしても，取材記者を持たず，新聞・通信社が提供する原稿をアナウンサーが読み上げるだけだった。

　日本放送協会が発行した『ラヂオ年鑑』創刊号（1931 年）は，放送開始後 5 年間の「特記すべきもの」として 11 番組をあげている。「大正天皇御斂葬儀放送」をはじめ，5 番組が天皇関連だった。1926（大正 15）年，大正天皇の病状が悪化し，年末に亡くなるまでの過程で，宮内省の発表を直接受けて放送する態勢を整えたのである。国家の一大事には「能力を完全に発揮して『国家的報道機関』として威力を現はすことを誰しもが知つたであらう」（『放送局時報』）と，「国家的報道機関」であることを自ら誇る空気が支配的になっていった。政府の「国家ノ目的ニ接近シ政府ノ監督容易ナル組織」という狙い通りだった。

　ラジオに初めて触れた国民の反応はどうだったか。作家の永井荷風のように「鄰家の人このごろ新にラヂオを引きたりと見え，早朝より体操及楽隊の響聞出（きこえだ）し，眠を妨ぐること甚し」（『断腸亭日乗』1932 年 9 月 16 日）などとラジオを嫌い，その騒音を避けて散歩に出る人もいた。しかし，娯楽・報道メディアとしておおむね好意的に受け止められ，受信機の値段が安くなるにつれて聴取契約は激増，1931 年度には 100 万件を超えた（表 13 − 1）。

　先に見たように，放送は当初から政府の厳しい監督下に置かれた。逓信省による検閲は，放送前と放送中の 2 種類があり，「安寧秩序を害し，風俗を乱すもの」「外交または軍事の機密に関する事項」「官公署の秘密，議会の秘密会の議事」などの放送禁止事項に違反した場合，通信局の係官がすぐに放送を止めることができた。娯楽番組でもたとえば「恋」の一字は禁句で，長唄や落語も，つやめいた言葉などをカットされた。劇場中継や観兵式などの実況中継をするアナウンサーの横には，通信局の監督官が同席することになっていた。

3．戦争をあおった放送

　1937年に始まった日中戦争が拡大する中で，1938年に国家総動員法が制定され，言論統制が強まった。1940年に発足した内閣情報局に，放送事項の指導・監督権が逓信省から移管された。政府の方針を国民に伝える「政府放送」の時間や，将校が「海戦の精神」といった演説をする特別講演など，戦時色が濃くなっていった。1941（昭和16）年12月8日午前7時，「帝国陸海軍部隊は本8日未明，西太平洋においてアメリカ，イギリス軍と戦闘状態に入れり」という臨時ニュースが流れた。ラジオという新しいメディアで，国民は一瞬にして開戦を知ったのである。同日，情報局は「戦況並びに推移に関しては，彼我の状況を含み，大本営の許可したるもの以外は一切報道禁止」という通達を新聞・通信社に出す。ラジオの番組編成も，この通達が基準になった。以来，次々に臨時ニュースのチャイムが鳴り，にぎやかな行進曲に乗って，大本営報道部の将校が軍の戦いぶりを勇ましく伝える「大本営発表」が茶の間に届くようになった。

表13－1　日本放送協会聴取契約数の推移

年度	年度末契約数	普及率（％）	年度	年度末契約数	普及率（％）
1924	5,455	0.1	1938	4,165,729	29.4
1925	258,507	2.1	1939	4,862,137	34.4
1926	361,066	3.0	1940	5,668,031	39.2
1927	390,129	3.2	1941	6,624,326	45.8
1928	564,603	4.7	1942	7,051,021	48.7
1929	650,479	5.4	1943	7,346,929	49.5
1930	778,948	6.1	1944	7,473,688	50.4
1931	1,055,778	8.3	1945	5,728,076	39.2
1932	1,419,722	11.1	1946	5,705,468	38.6
1933	1,714,223	13.4	1947	6,443,206	40.6
1934	1,979,096	15.5	1948	7,592,625	47.2
1935	2,422,111	17.9	1949	8,650,037	53.8
1936	2,904,823	21.4	1950	9,192,934	55.4
1937	3,584,462	26.4	1951	9,712,015	58.6

出典）NHK放送文化研究所編『20世紀放送史　資料編』

「妻とわがおそき夕食（ゆうげ）の箸置きて　息もせで聞く七時のニュース」（尾上柴舟『朝日新聞』東京本社版　1942年1月3日）とうたわれるような時代になったのである。1940年に500万件を突破した聴取契約は，1940年度末の566万件から1944年度末の747万件へと増え続けた（表13 – 1）。

　戦時下の放送すべてに触れる余裕はない。大本営発表に絞って見ておく。太平洋戦争開戦から敗戦までの3年9ヵ月間に出された大本営発表は，846回にのぼる。戦況が良かった初期は事実が伝えられていたが，戦況が悪化するにつれて虚偽や誇張が増え，それさえ通じなくなると発表自体をやめてしまった。1941年12月だけで88回もあったのに，1945年6月は3回，7月は2回だけで，8月15日はゼロ。開戦は国民に華々しく伝えながら，戦争終結は全く伝えなかったのである（保阪正康『大本営発表という権力』講談社，2008年）。

　軍の発表をそのまま流し，国民の戦意をあおり続けたラジオは，敗戦時には別の役割を担った。1945年8月15日正午，昭和天皇が「終戦の詔書」を読み上げた「玉音放送」である。「天皇のナマの声がラジオで放送されたという事実によって，日本国民は敗戦を受け入れた」（竹山昭子『玉音放送』晩聲社，1989年）という意味で，日本の放送史上，これ以上の重みを持った放送はない。実際，徹底抗戦を叫ぶ陸軍の勢力は強く，皇居で玉音盤を録音した直後，録音者らは反乱軍に監禁され，皇居や放送局も襲われた。そうした動きが収まったのは，「玉音」の威力に加え，それを伝えたラジオの力のおかげでもあった。

　当時の放送は「東亜中継放送」として短波で中継され，朝鮮・台湾から「満州国」，さらに中国や東南アジアの日本軍占領地へと流れていた。占領地には放送局が開設され，戦地と内地の一体化を図るとともに，現地住民の「宣撫」や敵への謀略のためにラジオが使われた。日本軍が出て行った先に受信機があったからこそ，東京発の玉音放送を聞いた将兵が武装解除に応じたのだった。

　天皇に玉音放送を進言したのは，情報局総裁の下村宏（海南）だった。下村は，朝日新聞社の副社長，日本放送協会の会長を歴任した人物である。新聞とラジオの特性を知り抜いたうえで，当日の新聞は玉音放送後に配達するよう指令を出した。「（終戦の）周知の方法として，新聞によりては内に外に数日数月

の後となる……然るに放送がある。即時全世界に通達されるのである」と，下村は『終戦秘史』に書いている。日本が戦争に敗れた日は，速報性や同報性において，新聞がラジオに敗れた日でもあったのである。

4. 占領下の放送

　1945年9月2日，東京湾に浮かぶアメリカ戦艦ミズーリ号上で日本政府と連合国との間で降伏文書が調印された。このあと1952年4月28日まで，日本はアメリカを主とする連合国軍最高司令官総司令部(GHQ)の占領体制下に入る。

　GHQがめざしたのは，日本の民主化と非軍事化だった。そのため，日本人の目となり耳となる新聞や放送を指導し活用することに重きを置いた。放送は，9月13日から事前検閲が始まり，9月22日には「ラジオコード（放送準則）」が指令された。報道は「厳重真実に即応」すること，連合国への「虚偽もしくは破壊的なる批判」をしないこと，といった内容だった。敗戦前の国家総動員法などの言論統制は撤廃され，情報局も消滅した。日本政府に代わってGHQ，中でも民間情報教育局（CIE）による強力な指導が始まったのである。

　放送される番組は，戦争中とは大きく変わった。

　投書をそのまま放送する『建設の声』（のち『私達の言葉』）や，街頭で人々にマイクを向けて発言させる『街頭にて』（のち『街頭録音』）は，いかにも自由な言論の時代がやってきたことを思わせた。『婦人の時間』『幼児の時間』『教師の時間』『農家へ送る夕』など，女性解放，民主教育，農村の民主化といった時代の方向を印象づける番組が続いた。天皇制反対論者を含む『座談会――天皇制について』のように，それまでのタブーを破る番組も登場した。

　1945年12月9日から始まった連続番組『真相はかうだ』は，聴取者を驚かせた。強烈な音楽とともに，まくしたてるような声。「われわれ日本国民を裏切った人々は，今や白日のもとにさらされております」。戦時中の日本軍の実態を暴露し，軍国主義打倒をめざすものだった。戦時中の情報と180度違ううえ，演出スタイルの奇抜さもあって，批判の投書が山をなした。後番組の『真相箱』は，CIEが戦争について聴取者の疑問に答える軟らかい内容になった。

『真相はかうだ』のモデルになったのは，アメリカで評判を呼んだドキュメンタリードラマ『The March of Time』だった。クイズ番組『話の泉』『二十の扉』など，占領期には娯楽番組もアメリカの番組をヒントにしたものが多い。CIE はラジオという媒体を使って，民主主義の理念だけでなく，番組の作り方もアメリカ流を持ち込み，日本の「アメリカ化」を進めたのである。

5．民放の登場

1950 年代，現在に続く NHK と民間放送の二元体制が確立した。

1950 年 6 月，社団法人の日本放送協会は，特殊法人の日本放送協会（NHK）に改組された。唯一の社団法人が電波を独占し放送が事実上の国家管理下にあった時代が終わりを告げようとしていた。1951 年 4 月 21 日，民放ラジオの予備免許が 16 社に出された。第一声は 9 月 1 日午前 6 時半，名古屋の中部日本放送（CBC）から発せられた。同じ日に大阪の新日本放送（のちの毎日放送＝MBS）が放送を始め，他社もあとを追った（表 13 - 2）。

大正末期に，全国各地で民間にラジオ局を開設する動きがあったことは前に触れた。それが日本放送協会の 1 局体制になり，雌伏を余儀なくされた民間人にとって，戦後の到来は好機だった。1945 年 9 月，早くも大阪に「新放送会社創立事務所」ができた。名古屋や東京でも同様の動きが起き，民放設立機運が高まった。政府も 1945 年 9 月に「民衆的放送機関設立ニ関スル件」を閣議決定し，GHQ に提出した。GHQ は，占領政策のために日本放送協会の独占維持が必要と判断したため，民放開設熱はいったん頓挫するが，1947 年 10 月，GHQ が公共放送と民放の併存体制を打ち出した「ファイスナー・メモ」によって再燃。1950 年 5 月，放送法・電波法・電波監理委員会設置法の電波 3 法が公布されたことによって，民放設立の動きが一気に加速したのだった。

民放第 1 号の CBC の当時のポスターには「無料できける楽しいラジオ」とある。NHK と違って聴取料をとらない，番組もより楽しい。そんな対抗心がにじむ。中部日本新聞社から CBC 常務に転じた小嶋源作は開局前に「これから我々は，NHK 島に敵前上陸をする」と演説した。CBC に限らず，民放のほ

表 13-2 NHK テレビ本放送前に開局した民放ラジオ局

開局年月日	局名	所在地	出力
1951. 9. 1	中部日本放送	名古屋	10kW
1951. 9. 1	新日本放送（毎日放送）	大阪	10kW
1951.11.11	朝日放送	大阪	10kW
1951.12. 1	ラジオ九州（RKB 毎日放送）	福岡	5kW
1951.12.24	京都放送	京都	500W
1951.12.25	ラジオ東京（TBS）	東京	50kW
1952. 3.10	北海道放送	札幌	3kW
1952. 3.25	信濃放送（信越放送）	長野	500W
1952. 3.31	日本文化放送協会（文化放送）	東京	10kW
1952. 4. 1	神戸放送（ラジオ関西）	神戸	1kW
1952. 5. 1	ラジオ仙台（東北放送）	仙台	3kW
1952. 5.10	北陸文化放送（北陸放送）	金沢	500W
1952. 7. 1	北日本放送	富山	500W
1952. 7. 1	四国放送	徳島	500W
1952. 7.20	福井放送	福井	50W
1952.10. 1	ラジオ中国（中国放送）	広島	1kW
1952.11. 1	静岡放送	静岡	500W
1952.12.24	ラジオ新潟（新潟放送）	新潟	1kW

注）（ ）内は現在の社名。TBS は正式には TBS ラジオ＆コミュニケーションズ
出典）『民間放送史』『民間放送50年史』をもとに作成

とんどは新聞社が母体で，ラジオの速報性への期待が大きく，新聞がニュースを提供するラジオは「声の号外」とも言われた。娯楽番組を開拓する意欲も高かった。たとえばCBCの開局初日から放送されたクイズ番組『ストップ・ザ・ミュージック』は，アメリカの同名番組をもとにしながら，公開番組に変え，レコードを逆回しにかけて曲名がわかった参加者が「ストップ！」と手をあげて答えるといったアイデアが盛り込まれ，人気を呼んだ。

　赤字を覚悟していたCBCは，1年目から黒字を出した。開局前年に始まった朝鮮戦争による特需景気のおかげだった。その後も日本経済の高度成長と重なり，スポンサーからのCM収入に頼る民放の経営が安定していったことによって，NHKとの共存体制もまた強固になっていった。

第3節　多メディア化の中で

1．テレビの登場

　1953（昭和28）年2月1日，NHKがテレビの本放送に入った。8月28日，日本テレビが民放で初めて放送を始めた。テレビ時代の幕開けだった。ラジオは1950年代後半に全盛期を迎えたあと，テレビに茶の間の主役を譲っていく。

　NHKのラジオ受信契約は1958（昭和33）年11月，1,481万余件に達し，普及率82.5％を記録した。しかし，これをピークに下り坂に入る。1958年度は，契約廃止が142万件にのぼり，新規契約はわずか1万5千件と史上最低。一方，テレビの受信契約は100万の大台に乗り，その後も驚異的な伸びを見せる。ラジオからテレビへの転換点だった。

　民放のラジオ広告費も1958年は157億円で，前年よりわずか7億円，4.7％の増加にとどまった。民放開局から1957年まで，年平均で20億円以上，2桁の伸びを記録し続けてきたのが頭打ちになったのである。翌1959年，テレビは前年の倍増以上の伸びを示して238億円に達し，3％しか増えずに162億円だったラジオを一気に抜き去った（表13−3）。

　この流れを加速したのは，化粧品，医薬品，食品などの大手スポンサーが，テレビへの広告出稿に力を入れたことだった。ラジオは，小売店など地域スポンサーの開拓に努める一方，テレビに負けない番組作りに知恵を絞る。ラジオ東京（現TBS）が57年4月から放送を始めた『東京ダイヤル』が成功例となり，時間枠を拡大して多様なジャンルを盛り込む「ワイド番組」が流行した。

　1955年，東京通信工業（現ソニー）が日本で初めてトランジスターラジオを開発・商品化したことも追い風になった。手軽に持ち運べるトランジスターラジオは1959年には年産790万台と，ラジオ受信機生産量の4分の3を占めるまでになり，1961年に1000万台，1964年に2,000万台と増え続けた。カーラジオの普及も加わり，ラジオは車や個室で聴くパーソナルなメディアへと転じていく。ニッポン放送が打ち出した「オーディエンス・セグメンテーション」と呼ばれる編成は，聴取層を時間帯で細分化し，その層に適した番組を放送す

図表13－3　媒体別広告費の推移（テレビ登場後10年間）　［単位：億円］

年	ラジオ	テレビ	新聞
1953	45	1	320
1954	74	4	322
1955	98	9	337
1956	130	20	405
1957	150	60	510
1958	157	105	525
1959	162	238	618
1960	178	388	684
1961	178	539	824
1962	173	690	922

出典）電通『日本の広告費』

るアメリカ流の考えで，個人聴取時代に対応するものとして採用する局が増えた。編成の基本は「ナマ，ワイド，パーソナリティー」と言われるようになった。

2．深夜放送ブーム

　テレビとの棲み分けを必死に考える中から，ラジオ独特の文化が生まれた。その典型を，深夜放送ブームに見ることができる。

　ニッポン放送は1959年，深夜は放送休止のテレビに対抗するため，24時間放送に入った。深夜帯は当初，大人向けの歌謡曲中心の地味な番組だった。文化放送が1965年に始めた『真夜中のリクエストコーナー』は，土居まさるを起用し，リクエスト葉書の悩み相談などに答えながら音楽をかけ，受験生や大学生の心をつかんだ。1967年にTBSの『パックインミュージック』，ニッポン放送の『オールナイトニッポン』が始まり，1969年に文化放送の『セイ！ヤング』も加わって，しのぎを削りながら深夜放送ブームをつくっていった。

　人気の秘密は，聴取者の兄姉世代に当たる野沢那智，白石冬美，糸居五郎，落合恵子ら，個性あふれるパーソナリティーの語りだった。東京の局だけでなく，全国各地に人気パーナリティーがいて，その声に励まされるファンの熱気があった。ニッポン放送のカメ＆アンコー（亀渕昭信と斉藤安弘）のように，

ひょうきんな「水虫の唄」を歌ってヒットさせたり，真面目に「ビアフラに米を送ろう」キャンペーンをやったり，社会現象として話題を集めた。

これを「第1次深夜放送ブーム」とするなら，1990年にNHKが放送を始めた『ラジオ深夜便』を「第2次深夜放送ブーム」と呼んでいいかもしれない。第1次とは打って変わって，番組は眠りを誘うほどに穏やかで，聴き入るのは高齢者だが，送り手と聴き手の双方向の信頼感は第1次と変わらない。

『ラジオ深夜便』は，NHKが24時間放送に踏み切ることになり，「民放と逆のコンセプトで何か新鮮さが出せるかもしれない」という発想で始まった。当時の春海一郎・ラジオセンター長（故人）は「成算は全くない」と語っていたが，高齢化という時代の波に見事に乗った。「眠れぬ夜，ラジオのスイッチを入れても，民放は若者向けのけたたましい番組ばかり」「イヤホーンで聴くラジオは良い。妻にしかられないから」といった便りが殺到し，高齢者が『ラジオ深夜便』のような友人を待ち続けていたことがわかったのだった（NHKサービスセンター『ラジオ深夜便』創刊号，1996年）。

3．FM局の台頭と多様化

1968年10月，郵政省は「中波放送はなるべく早い機会に大電力による広域放送用として使用するとともに，今後FM放送を音声放送用として導入することにより，わが国音声放送の秩序の抜本的再編成を行うことが必要」とする考え方をまとめ，同年11月にはFM周波数の割り当て計画を発表した。

1969年から翌年にかけて，NHK-FMと，大都市圏のエフエム愛知，エフエム大阪，エフエム東京，エフエム福岡が次々に開局した。音質の良いステレオ放送を生かした音楽中心の編成が受けて，オーディオ・マニアだけでなく，ファン層が着実に広がっていった。1970年代には，音楽番組をカセットテープに録音する「FMエアチェック」がブームになった。

1982年，第2の開局ラッシュが始まった。エフエム愛媛，エフエム北海道，エフエム長崎，エフエム仙台，広島エフエム放送。翌年以降も全国に増え，84年の周波数割り当てによって，ほぼ全国でFM放送を聞けるようになった。

1985年9月には東京と大阪に2局目が割り当てられ，東京では1988年にエフエムジャパン（現 J-WAVE），大阪では1989年にエフエムはちまるに（現 FM802）が開局した。首都圏には，1985年に横浜エフエム，1988年にエフエム富士，エフエム埼玉（現エフエムナックファイブ），1989年にエフエムサウンド千葉（現ベイエフエム）と，開局が続いた。

多局化によって，個性争いが激化した。後発局の J-WAVE が「ノン・カテゴリー，ノン・ジャンル」をキャッチフレーズに音楽の選曲や番組の流れに重きを置く編成を売り物にすれば，大阪の FM802 は，ある曲を一定期間繰り返し流す「ヘビーローテーション」を採用するといった具合だった。

音楽中心の FM 局に若者層を奪われる危機感から，既存の AM 局も編成の見直しを急いだ。深夜放送ブームの立役者だった『パックインミュージック』『セイ！ヤング』が1982年に相次いで放送を終了，後番組がトークから音楽中心に移行したのも，時代を象徴するできごとだった。

21世紀に入ってからは，先に触れたコミュニティ FM の台頭などが既存局のシェアを奪う一方で，ラジオの多様化は進んだ。携帯音楽プレーヤーや携帯電話など音声メディアが増えるにつれ，ラジコに象徴される新しいラジオの世界も広がった。新しい動きとして，地上波ラジオのデジタル化も見落とせない。2003年に始まった実用化試験放送は2010年度で終了。総務省は2009年8月，テレビがデジタル化したあとの周波数を使う「携帯端末向けマルチメディア放送」の基本方針を発表，参入をめざすラジオ局などの動きが活発になった。

第4節　これからどうなる

1．聴覚の復権〜見えない魅力

あるメディアの全盛期には，その実態はつかみにくい。次世代のメディアの出現によって，初めて本当の姿が見えてくる。そんな言い方が正しいとすれば，テレビやインターネットが出現した時代にこそ，ラジオの魅力も見えてくることになる。実際，そうしたラジオの見直し機運が高まってきた。

『ニュースステーション』（テレビ朝日系）のキャスターとして一時代を築いた久米宏は，2006年からラジオに仕事の軸を戻した。2008年，筆者にこう語った。「テレビは皮膚をはがされるような疲れがある。ラジオは見られていることを気にしなくていい分，すごく楽」「映像があると言葉が伝わりにくくなる。心に伝える力はラジオの方が強い。新しいラジオの時代がやってくる予感がある」「社会で起きていることを見ても，人と人との対話を見直さなくちゃいけない。若い人が聴いても面白いと思う番組を作りたい」

和歌山県立医科大学脳神経外科の板倉徹教授は2006年に書いた『ラジオは脳にきく』（東洋経済新報社）で，「テレビ世代になってから脳の使われ方が低下している」として，ラジオを聴く生活を勧めた。なぜか。① ラジオは映像情報がなく，音声情報しか脳に届かないため，脳は情報を補おうと働く ② この想像力によって情報を補おうとする活動こそが脳を鍛える，というのである。また，ラジオならではの「ながら」が脳の活性化につながるとも指摘する。同時に2つのことをするには高度な脳の活動を伴うからで，たとえばラジオを聴きながら料理を作るのは，脳を鍛えるためにもいい習慣ということになる。

ラジオの「想像力」や「ながら」の魅力は，体験的に多くの人が語ってきた（たとえば永六輔『想像力と創造力』毎日新聞社，2000年）。社会全体に想像力が失われたことが陰湿な事件や政治の混乱の背景にあると指摘される現代，ラジオの重みは増しこそすれ，減ずることはないと思われる。

2．通信の価値，放送の価値

インターネットや携帯電話など通信の世界からラジオをながめると，何が見えてくるであろうか。ヒントの1つは，「放送と通信の融合」を実現したラジコにある。実際に聴いていると，通信の利点がよくわかる。まず，放送波のような雑音がない。パソコンで聴きながら，そのパソコンで作業するような「ながら」に強いラジオの持ち味も生かせる。スマートフォンなど携帯端末で聴けるのも人気につながっている。ラジコの成功で，通信の世界に出て行くことが活路だとわかった以上，流れが逆に戻ることはあるまい。

すでに見たように，ラジオはもともと無線通信から生まれた。通信と親和性が高くて当たり前なのである。パソコン・インターネット時代になるや，ネットで同時配信するのが世界の常識になったのも，きわめて自然な流れだった。放送・通信事情が日本に似ている韓国のラジオ局に2010年9月に聞いたところ，ラジオ番組の聴取機器は①パソコン②カーラジオ③携帯音楽プレーヤーの順だった。2010年にブレイクしたスマートフォンで聴く人も増えた。家ではパソコン，外では携帯端末。そんな習慣が日本でも常態化するものと思われる。

とはいえ，放送を捨てるわけにはいかないことも確かである。通信回線は災害時に使えなくなる恐れがあるし，音声が放送波より数十秒遅れで届くのでは，警報が間に合うかどうか。デジタル化も，通信と放送の良さを両方にらんで進めていくしかない。放送メディアでありながら，通信メディアでもある。そんな「ながらメディア」として，ラジオはしたたかに生き続けることだろう。

(隈元　信一)

参考文献

竹山昭子『ラジオの時代』世界思想社，2002年
中部日本放送編『民間放送史』四季社，1959年
日本放送協会編『放送五十年史』日本放送出版協会，1977年
日本民間放送連盟編『民間放送50年史』日本民間放送連盟，2001年
水越伸『メディアの生成』同文館，1993年

第14章 放送と通信の融合

第1節 "融合"とは何か？

　"融合"とは、多くの辞書によれば「溶け合って一つのものになること」と説明される。この伝で言えば、"放送と通信の融合"は"放送"と"通信"が同じものになることを意味する。しかし"放送"は、もともと技術的には"通信"と同じもので、20世紀前半に制度的に別のものとして位置付けられた経緯を持つ。

　放送法では、放送は「公衆によって直接受信されることを目的とする電気通信の送信」と定義されている。いっぽう通信は、「有線、無線、その他の電磁的方式により、符号、音響又は、映像を送り、伝え又は受け取ること」と電気通信事業法に記されている。つまり放送は、技術的には通信の一部分だが、「1対多の関係」「内容は公開」を原則とする。いっぽう通信は、「1対1の情報伝達」が前提で、電気通信事業者は「通信の秘密を侵してはならない」と義務付けられている。技術的には同じだが、制度的には全く別物なのである。

　しかし1990年代に登場したインターネットにより、放送と通信の壁は薄くなる。IP（インターネット・プロトコル）[1]という合理的な通信技術の登場で、インターネットは映像や音声も伝送可能となり、放送のように不特定多数を対象に情報を公開することも可能となった。この結果、「放送と通信の融合」論が登場する。ところが多くの議論は、両者のどの部分がどう融合するのか、整理して展開されてきたとは言い難い。また放送と通信の双方が、自らの論理で新たな展開を思い描き、あるいは現状の商習慣や既得権に拘ったため、将来像について冷静なデザインが描かれることもなかった。そこで本稿では、送り手

(ビジネス)・インフラ（送信システム）・端末・コンテンツ（サービス）の各段階において，両者の"融合"が現状でどうなっているのかを整理し（第2節），具体的に融合が進み始めた議論の経緯をおさえ（第3節），今後はどう展開するか（第4節）を考察してみたい。

第2節　各ステージでの"融合"

1．先行したのは端末の"融合"

　放送と通信の"融合"が最も早くから進んだのは端末で，インターネットの進化を支えたパソコンで画期的に進んだ。1990年代後半にはインターネットラジオ局が，そして2000年頃からは映像のインターネット放送局が登場し始めた。こうしたネット放送局のポータルサイトが登場したのが1997年頃のこと。今もサービスを続ける有名サイトとしては，vTuner (http://www.vtuner.com/index.asp)がある。ジャンル・地域・言語などに基づき，ユーザーは数千局ものラジオ局から聞きたい局を検索できる。またBBCなどが提供している1万を超えるオンデマンド番組にもアクセスできる。またパソコンには，ネット経由以外に放送波を受信するためのチューナを備える機種もある。この意味では，通信，通信経由の放送，放送の3方式に対応した端末となっている。

　テレビでも"融合"が始まっている。まず2000年12月に始まったBSデジタル放送以降，テレビに双方向機能が付くようになった。2003年には松下電器が「Tナビ」を開始し，テレビがブロードバンド・インターネット（以後BBと記述）につながるようにもなった。ケーブルテレビ事業者が運営するデジタルSTBでも，2005年からテレビがBBとつながり，ビデオ・オンデマンド（VOD）サービスを享受できるようになった。

　家電メーカーもテレビの高機能化を歓迎し，2007年から「アクトビラ（acTVila)」と呼ばれる動画配信サービスのためのポータルサイトを開設した。通信陣営も積極的で，NTTグループは2008年から「ひかりTV」を開始した。地上デジタル放送をIPベースで再送信する他，VODサービスにも着手した。そ

して 2010 年，通信陣営は IPTV の操作性を高めることで"融合"の度合いを高めようとしている。「グーグル TV」「アップル TV」「ヤフー TV」などの次世代テレビである。放送上やネット上，さらには録画したコンテンツも同列に表示ができ，使い勝手を各段に改善するなどの機能を持つ。映像を見るためのパソコンとテレビは，近年急速に近接して来ていると言えよう。

携帯電話も融合端末として変貌を遂げてきている。そもそも外出先でも使える電話として出発したが，1999 年に「i モード」が登場すると，音声通話からネット利用へと機能の幅を広げ始めた。このことを象徴する出来事が，国語辞典での表記改訂だ。2001 年版の辞書から，「携帯電話」を意味していた「携帯」を，漢字だけでなく片仮名の「ケータイ」も認めるようになったのである。つまり電話のための端末だけではなく，データ通信のための端末という位置づけが認知され始めたのである。

これに放送の受信機能が加わり，ケータイは融合端末として発展する。2006 年に始まった地上デジタル携帯端末向け放送（ワンセグ放送）だ。地デジは 6 MHz の帯域を 13 のセグメントに分割して送信している。このうち 12 セグは固定テレビ向けに割り当てられているが，ワンセグはモバイル向けとなっている。番組内容は両者とも同一ゆえ，対応するケータイなら外出先でも地上波テレビの番組が楽しめる。しかも 1 セグ放送では，画面の上半分で番組，下半分でデータ放送を同時に映し出すことが可能だ（写真 14 - 1）。このデータ放送

写真 14 - 1　地上デジタルのワンセグ放送

を入り口に，番組関連情報をボタン1つで通信を介して得られる。例えば番組からのアンケートやクイズに答えられる。番組で紹介された品物を注文したり，販売している店の住所や地図を調べたりもできる。放送と通信が連携することで，番組の楽しみ方や利用方法が格段に広がったのである。

2010年になってモバイルは，融合端末として一段と進化しようとしている。キーワードは「スマートフォン」「電子書籍」「LTE」[2)]だ。「スマートフォン」とは，携帯電話と携帯情報端末（PDA）を融合させ，通話・ネットワーク機能・個人情報の管理など多種多様な機能を1台で併せ持つ端末だ。2008年に発売された「iPhone」はソフトバンクの業績を大きく押し上げた。こうした状況を受け，他の2キャリアも2010年，新端末を以て同市場に本格参入を始めた。2009年度の販売台数は217万台だったが，10年度は78％増の386万台が見込まれている。5年後の15年度には年間2,000万台以上が販売され，契約件数では携帯電話全体の半数近くにまで達すると予想されている（図14-1）。

「電子書籍」も2010年以降ブレークしようとしている。「iPad」を初め「Gal-

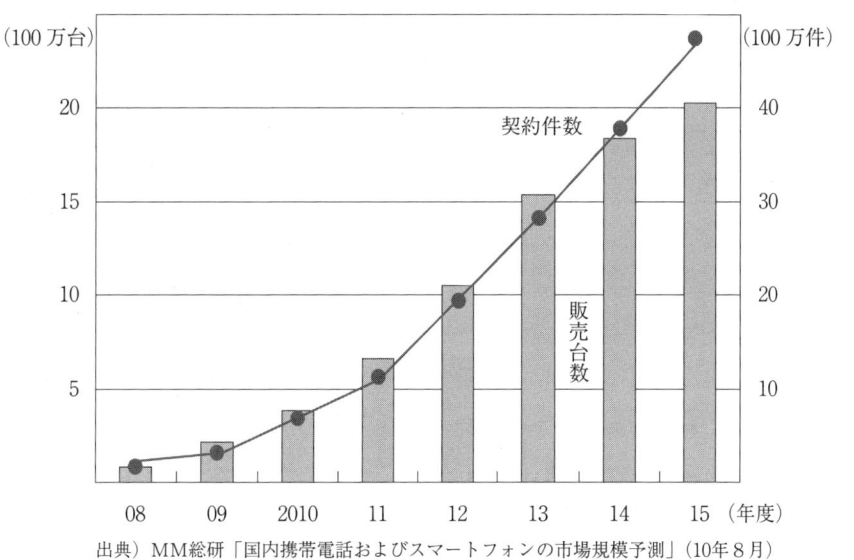

出典）MM総研「国内携帯電話およびスマートフォンの市場規模予測」（10年8月）

図14-1　スマートフォンの販売台数・契約件数（予測）

axy Tab」「ガラパゴス」など，タブレット型の新端末が次々に登場している。大手出版社31社が「ニッポン電子書籍出版社協会」を結成し，大日本印刷・凸版印刷が89以上の企業・団体を束ねて「電子出版制作・流通協議会」を設立した。人気の端末が続々登場すると共に，コンテンツの提供体制も整い始めているのである。同市場の規模については，今後急速に拡大すると見られている。2009年度はケータイ向けで574億円という実績を持つが，電子コミックが中心だった。今後は新端末向けに一般の書籍・雑誌・新聞の電子版が普及すると見られており，14年度には650億円とケータイ向けと肩を並べるまでに大きくなると予想されている（図14－2）。

2．機が熟し始めたインフラの"融合"

「スマートフォン」「電子書籍」の普及と，通信放送"融合"の進化を促進するのが「LTE」と呼ばれる3.9世代のモバイル・ネットワークだ。現在最も普

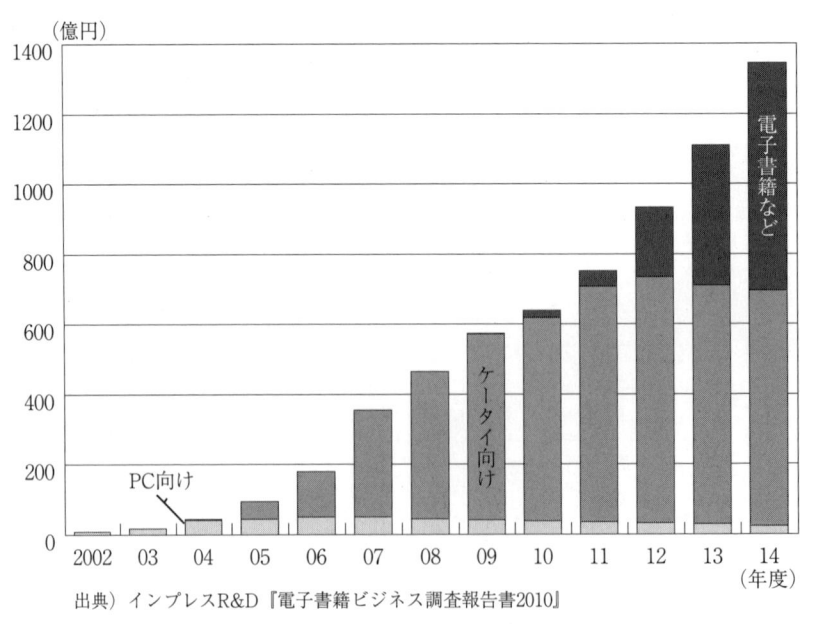

出典）インプレスR&D『電子書籍ビジネス調査報告書2010』

図14－2　電子書籍の市場推移

及している3Gの伝送速度は下りで10数Mbpsに過ぎないが、3.9Gでは100Mbps以上と飛躍的に早くなる。その結果大量のデータを短時間に伝送できるため、新端末では放送と通信を連携させたサービスがいろいろ可能になる。例えば放送に関連したトピックについて、テキスト・静止画・動画でサクサクと情報を取得することを可能とする。電子書籍で記事を読んでいる際にも、関連する詳細説明・静止画・動画を瞬時に取れるようになり、使い勝手がかなり向上すると見られている。

音声放送と通信が融合する可能性も、LTEにより現実的となっている。2010年3月から民放ラジオ13社は、地上波ラジオ放送と同じ番組内容をネット経由でサイマル送信し始めた。「IPサイマルラジオ」の実用化試験だ。専用のホームページ「RADIKO（ラジコ）」が開設され、利用者はその中の放送局を選べば、特別なソフトをインストールしなくても無料で番組を聴くことができる。日本でも大手ラジオ局の放送波が、IPという通信に取り込まれて送り届けられるようになったのである。

受信端末としては、現状ではパソコンが主流だが、モバイルでもスマートフォンなら「ラジコ」は聴取可能だ。インフラがLTEとなれば、IPマルチキャスト方式[3]により何百万もの同時利用も可能となる。前述の通り2015年には5,000万台近いスマートフォンが普及すると予想されているが、通信と放送が融合したLTEというインフラにより、AMラジオ時代と同様の音声放送利用がモバイル端末で可能となるのである。

そもそも1990年代にインターネット利用者が急増した際、「放送はやがてインターネットに飲み込まれる」という考え方が登場した。伝送システムの合理性ゆえの考え方だった。しかし2000年代初め、「（融合は）当分はあり得ない」と融合論は後退していった。背景には幾つかの理由があった。一つはIP伝送では遅延が発生しがちなこと。二つ目は、情報が一定の確率で途中に紛失・欠落すること。三つ目は、公衆網を利用するためサイバーテロの攻撃の危険があること。そして四つ目は、同時に数千万人に情報を送り届けようとすると、ネットは放送よりコストが2～3桁以上大きくなってしまうという経済的要因だ

った。これらに著作権の問題も絡み，ビジネスモデルとして成立しにくいと見なされたのである。

　ところが2008年，NTTが始めたNGN（次世代ネットワーク[4]）上のIPTVサービス「ひかりTV」が登場し，まず固定通信網上で放送と通信が"融合"した。遅延は完全に克服されていないものの，NGNを採用したことで安定性・安全性はほぼ放送並みに改善された。また同時に多数の端末で受信することに伴うコストも，IPマルチキャスト方式によりほぼ解決された。かくして1本の光ファイバー上のIP伝送に，BB通信と放送が乗るようになったのである。

　NGNとIPマルチキャストの組み合わせに次ぎ，当節冒頭で触れたLTEがIPマルチキャストとの組み合わせで，近い将来音声放送を通信と融合させモバイル向けサービスとなるだろう。さらにその先に，LTEを超えるモバイル向け超高速通信を前提として，テレビ放送と通信の融合が起こる可能性を否定することは出来ない。「放送はやがてインターネットに飲み込まれる」という考え方は，1990年代では早すぎたが，30年のスパンで見ると現実味を帯びた考え方だったと言えよう。

3．2009年以降活発化したコンテンツやサービスの"融合"

　コンテンツやサービスの融合は，2005年頃から前進し始めた。まずパソコンの世界では，単なるインターネット放送だけでなく，通信機能を活用にしたサービスが登場し始めた。例えばヤフーBBは同年，プロ野球の試合を30台のカメラで撮影するネット中継を始めた。視聴者はテレビで見るのと違い，見たいカメラアングルからゲームを楽しめる仕組みになっていたのである。同年にUSENが始めたGyaO！は，全番組を無料配信とした。視聴者が登録した属性を利用するため，テレビより効果の高い広告宣伝が可能になると想定しての無料配信だった。

　同年にはケーブルテレビの最大手JCOMもVODサービスを開始した。1本のケーブルで多チャンネル放送と動画配信が提供され始めたのである。放送局もこの頃からテレビ番組のVODサービスに乗り出している。NHKとフジ

テレビが同年7月，日本テレビの「第2日テレ」が10月，TBSの「BooBo BOX」11月，テレビ朝日の「テレ朝bb」が2006年3月のスタートだった。

　しかしこうした"融合"サービスの大半は，本格的な展開と言えるようなものではなかった。権利問題がネックとなり，地上波で放送している人気番組をそのまま配信するには至っていなかった。BSやCSで放送した番組，もしくは過去の映像などが中心だった。また事業としても，黒字化することはなかった。この時点では，依然サーバー利用や配信などのコストが高く，リクープすることはなかったのである。

　ところが2009年以降，流れは変わり始めた。収支を改善させる事業者が増え始めたのである。まず動画配信を行っているプラットフォームでは，GyaO！とニコニコ動画が好調だ。ヤフーがUSENから買収し，2009年9月に新体制となったGyaO！は，同年12月に単月黒字を達成し，その後も好業績で推移している。動画共有サイトのニコニコ動画も，2010年第2四半期（1～3月）の2,900万円の黒字に続き，第3四半期（4～6月）も1億5,000万円の利益を出した。テレビ局の配信事業も赤字から脱出に成功し始めている。TBSオンデマンドは2009年度黒字を達成した。フジテレビOnDemandも2010年1月に単月黒字を達成した後，黒字基調で推移している。第2日テレも，2009年1月と10月に単月黒字を果たし，ビジネスとして軌道に乗り始めているという。

　収支が改善するようになった要因としては，まず技術の進歩による配信コストの低減が挙げられる。次に権利関係者との話し合いが進み，強力なコンテンツが配信できるようになった点も大きい。フジテレビOnDemandやNHKオンデマンドが始まって以降，地上波ゴールデンタイムに放送された人気番組が見逃しやアーカイブのサービスとしてネット上に登場するようになったのである。さらにネット広告市場の拡大も見逃せない。既存の4マスメディアはここ数年低迷が続き，2008～09年には世界的な経済変調の影響で市場を大きく縮小させていた。特に2009年は4媒体でマイナス14.3％と落ち込みが顕著だった。こうした広告不況にあっても，ネット広告だけは堅調だった。2004年にラジ

(億円)

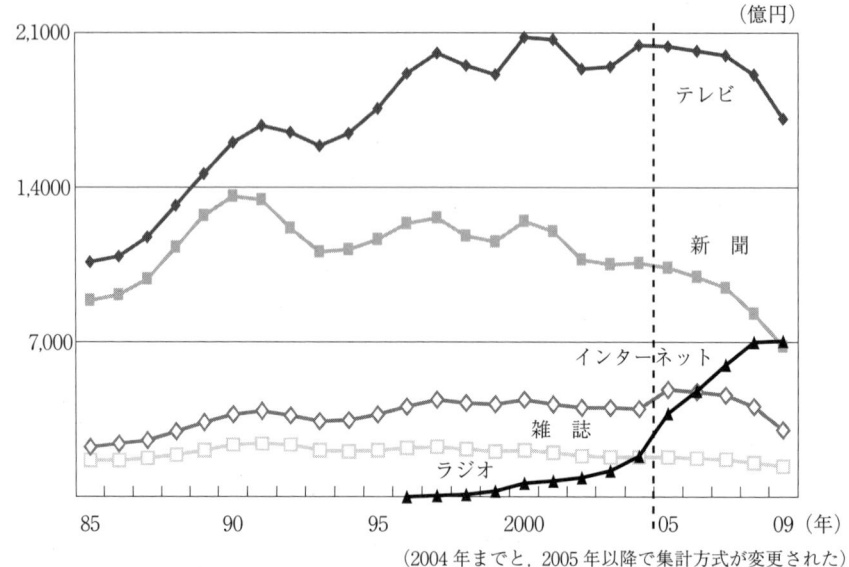

出典）電通『2009年 日本の広告費』から作成

図14 – 3　媒体別広告費の推移

(2004年までと，2005年以降で集計方式が変更された)

オを抜いて以降年率2桁の急伸を続け，2006年には雑誌，2009年には新聞も抜き去り第2のメディアに躍り出ている（図14 – 3）。これらを背景に，動画のネット配信は順調な伸びを見せ始めていたのである。

4．一筋縄ではいかない送り手の"融合"

　端末，インフラ，コンテンツ・サービスの"融合"が進み始めているのに対して，送り手については進展がほとんどない。そもそもは1996年のソフトバンクによるテレビ朝日株買収から始まり，2005年ライブドアによるフジテレビの親会社（当時）ニッポン放送株の買収，さらには同年楽天によるTBS株の大量取得と，ネット企業から放送局へのアプローチが繰り返された。しかしいずれも成功することはなく，結果として送り手の"融合"はまったく進まなかった。

　こうした背景には，通信と同じ視点に立ちにくいという放送局の考え方があ

る。"あまねく"を前提に，社会的責任を負っているという自負が前提にある。例えば新たな端末が登場した時の，購入者とそのソフトの使用量の関係を見てみよう。一般的には，ハードの早期購入者は数が少なく，時間と共に増えていく。しかしソフトの使用量では，ハードを初期に購入した者ほど多く，遅い購入者になるに従って使用量が減る傾向にある。ネット関連事業者から見れば，ソフトを大量使用するハード初期購入者こそ，ビジネス的には上客となり，ここをターゲットに事業展開をする場合が多い。しかし放送には社会的責任があるため，そうした姿勢のみで事業を展開するわけにはいかないという立場をとっているのである。

　送り手として扱うコンテンツ評価についても，放送事業者は買収を仕掛けた通信事業者と考えを異にすることが多かった。一つの典型が，ネット中立論に基づく多数決主義である。ライブドアの堀江社長（当時）は放送局買収の目的を語る中で，「ネット時代は利用者のアクセス頻度でニュースの重要度が図られるのでジャーナリズムは無用」という旨の発言をしていた。これに対して放送局側は，「アクセスが少なくとも伝えるべき重要なニュースがある」として，意見は真っ向から対立した。

　結局買収騒動がことごとく失敗に終わった後，放送局の買収については制度の壁が築かれる。2008年4月に施行された改正放送法により，認定放送持株会社[5]に対する一株主の出資比率の上限が10%以上3分の1未満と定められたことで，通信事業者が放送局を支配できなくなったのである。楽天がTBS株の売却を表明して以降，放送局の買収を目指す通信事業者は表れていない。逆に2010年3月までに民放キー5局がGyaO！に出資したように，放送局の選択として両事業者が連携する例は出てきている。送り手については，"融合"ではなく，"連携"の方向が現実路線となりつつあると言えよう。

第3節　"融合"議論の歴史

　以上のように端末，インフラ，コンテンツ・サービスの"融合"が動き出し，

送り手のそれが停滞している背景には，技術の進歩が一因として挙げられるが，もう一つ制度の問題も大きい。その制度に大きな影響を与えたのが，2006年前半に行われた竹中平蔵総務相（当時）の私的諮問機関「通信・放送の在り方に関する懇談会」（通称竹中懇）だった。

前述の通り，通信放送"融合"サービスは2005年頃に多く登場した。ところがブロードバンドが順調に普及していたにもかかわらず，動画配信サービスは単体の事業としては容易に離陸しなかった。こうした状況を打破すべく竹中懇は開催された。議論の冒頭，竹中総務相（当時）は狙いを次のように語った。「技術の進歩により，通信と放送は近接した。ビジネス展開として見た場合にも可能性はある。国民もインターネットでテレビ番組を自由に視聴することを期待している。しかし現実は，制度などの制約から，全く提供されていない。こうした状況を打開するために"通信放送融合"を進める方向で議論をしたい[6]」「日本の経済成長はこれまで製造業が支えてきた。しかし少子高齢化で今後はソフト産業にも期待がかかる。放送番組がネットで二次利用できるようになれば，コンテンツ市場は拡大し，経済の活性化につながる[7]」

懇談会は半年で14回開かれ，報告書の形となった。主な提言は以下の通り。① IPマルチキャストが著作権法上も放送と扱われるよう抜本的改正をすべき。② 通信と放送について，現行9本の法律を見直し，縦割りではなく伝送・プラットフォーム・コンテンツなど，レイヤー区分に対応した法体系とすべき。③ NTT東西のボトルネック設備について，公正競争を確保するための措置を行うべき。④ マスメディア集中排除原則は，"国際的に通用するメディア・コングロマリット"の出現を妨げている。従って自由度の高い形で緩和すべき。⑤ NHKの経営委員会の位置づけ，チャンネルの削減，子会社の見直し，番組アーカイブのBBでの提供，国際放送の強化，受信料制度の改革など，NHKを抜本的に改革する。

竹中懇の提言は，政府与党合意を経て，国の方針として「骨太の方針2006」に盛り込まれた。そして総務省「通信・放送分野の改革に関する工程プログラム」として，実現に向け動き出した。たとえば①については，2006年

12月に著作権法が改正され，2008年5月からIPマルチキャストで地上デジタル放送が再送信されるようになった。②の総合法制については，研究会や検討委員会を経て，2010年の通常国会に法案として提出された。その際は，審議未了となったが，今後も国会での議論が行われる方向となっている。③のNTTのあり方については，議論があまり進んでいない。しかし④の「マスメディア集中排除原則の緩和」，⑤NHK改革での「経営委員会の抜本的改革」「番組アーカイブのBBでの提供」「国際放送の強化」については，2007年12月の放送法改正で実現の運びとなった。さらに「NHKのチャンネル削減」についても，総務省研究会で1年弱議論され，2008年5月に衛星を2チャンネルに減らす方向が決定した。2011年4月から実施の運びとなっている。

　以上のように竹中懇での議論は，実際に幾つかの制度を動かすことにつながった。インフラの"融合"については，IPマルチキャストの実現が画期的な出来事と言えよう。コンテンツ・サービスの"融合"についても，NHK番組アーカイブのBBでの提供を実現させた放送法の改正が大きく影響している。さらに送り手の"融合"停滞は，同法改正に盛り込まれたマスメディア集中排除原則の緩和について，認定放送持株会社に対する一株主の出資比率の上限規定が大きくものを言っている。既にフジテレビ，TBS，テレビ東京が同制度への移行を済ませ，通信陣営による買収を困難なものとしている。

　ただし竹中懇のもう一つの狙い「経済の活性化」については，実現にはほど遠い状況にある。その萌芽として，ネット関連の新サービスが幾つも登場し，前述の通り黒字化するものも出てきている。ところが"アナログダラー，デジタルペニー"と言われる通り，IT・デジタルでのコンテンツ・サービス市場は依然極端に小さい。日本の経済全体に一定の影響を及ぼすには，まだまだ先は長いと言わざるを得ない状況にある。

第4節　"融合"で両者の関係はどうなるのか？

　竹中懇で通信放送"融合"の方向性が議論されることに対しては，民放テレ

ビ局は当初強く反発した。そもそも"融合"という単語を使うことすら否定するほどの拒否感だった。しかし議論が報告書となり，放送法の改正につながると，現実的な対応を示し始めた。

　フジテレビ OnDemand を初め，多くのキー局が地上波の人気番組をネットで配信し始めた。そして 2009 年春までに全キー局が GyaO！に出資したように，ネット企業との連携を深めている。さらに 2010 年には，単に番組を放送終了後に配信するだけでなく，放送の先行配信やネット独自番組の制作など，一歩踏み込んだ"融合"サービスに着手するようになった。竹中懇での有識者の議論では，「インターネットでテレビの生放送が観れないのか」[6)]という発言が象徴するように，サービスの"融合"とは単にテレビ番組がネット経由で伝送されるレベルの発想だった。しかし実際には，同じ内容が放送でもネットでも流れることに留まらず，放送とネットの特徴を活かした異なるサービス展開を工夫するようになり始めているのである。

　例えば NHK は 2010 年から，放送番組のダイジェスト映像をインターネット配信し始めている。連続ドラマを放送時に見られなかった人向けに，ダイジェストにして 1 週間見逃しサービスとして配信している。同様のサービスはNHK オンデマンドにもあるが，視聴回数で見ると無料のダイジェスト視聴は有料の VOD より何十倍も多い。放送とは異なるネット展開が，大きなインパクトと効果を持つ可能性を示唆しているといえよう。

　CM の世界では既に，放送でより多くの人々の注目を集め，ネットで商品の詳細情報を提供することで購買につなげようとする検索キーワード告知型 CM が増えている。従来のテレビ CM は 15～30 秒と短時間だったために，商品を認知してもらうことは出来たが，商品の機能や詳細なスペックは伝えられなかった。ところが多くの人々に届くテレビを入り口にインターネットで詳細な情報を伝えると，視聴者の理解が深まり，実際の購入へと行動を促し易くなる。放送と通信が連携した CM では，数百万の視聴者に到達し，そのうちの数万～数十万人に行動を起こさせるという意味で，効果の高い広告となる。放送と通信の機能・役割の違いが存在するのである。

放送と通信の今後を展望すると，インフラの広帯域化とスマートフォン・電子書籍・IPTV など端末のイノベーションという事実からも明らかなように，"融合"が進展していくことは間違いない。ただし竹中懇での議論のように，単純に「溶け合って1つのものになる」のではなく，両者の機能・役割を活かした"連携"や部分的"融合"として進むだろう。ただしその際には，20 世紀にメディアの首座を占めたテレビが，インターネットの時代の 21 世紀もそうであり続けるとは限らない。占有率という意味での位置づけは，当然小さくなっていかざるを得ない。それでも放送の"多くの人々にリーチする機能"を活かして，個別のニーズに合致した役割をインターネットが果たすという関係は当分主流であり続けるだろう。要はこうしたメディアの関係を理解し，新たな知恵で利用者に受け入れられるコンテンツ・サービスを創造できるプレイヤーの出番が訪れるということだろう。

（鈴木　祐司）

---

1) インターネットの基礎部分を担う，情報伝達の規約・手順を定めたもの。
2) Long Term Evolution の略。新たな携帯電話の通信規約で，第3世代と将来登場する第4世代との間の技術であるため，第 3.9 世代（3.9G）とも呼ばれている。
3) コンピュータネットワークにおいて，決められた複数のネットワーク端末に同時にパケットを送信する方式。
4) 端末間で品質保証ができる仕組みを導入した次世代の IP ネットワーク。
5) 従来は「マスメディア集中排除原則」により，同一企業による複数の放送局支配が制限されていたが，その原則を緩和した制度。
6) 2005 年 12 月 6 日の閣議後に行われた竹中総務大臣の記者会見。
7) 2006 年 1 月 8 日午前 10 時から放送されたテレビ朝日の報道番組『サンデープロジェクト』でのインタビュー。

参考文献

鈴木祐司「"通信と放送の融合"はどう議論されたのか」『放送研究と調査』2006 年 10 月号，日本放送出版協会

鈴木祐司「"通信放送融合"の現在・過去・未来～"TV 番組ネット配信"元年における考察～」『NHK 放送文化研究所年報 2009』日本放送出版協会，2009 年

第15章 放送の源流

第1節　放送の原点

1．放送という言葉

　放送という言葉と，その言葉が表現している実体との関係は，必ずしも明確ではない。一般に放送という行為を「送り放し」と読み，放送局が番組を送り放しにしている，だから，番組は残らない，すぐ消えてしまう，そういう解釈が流布している。果たして，そうであろうか。この章では，この放送という言葉の来歴をたどることから始めてみたい。

　真空管の発明者といわれるアメリカ人，デ・フォレスト（Lee De Forest）が1907（明治40）年3月5日に記した日記に次のような一節がある。

　　私はいま，音楽を空中に流している。甘美な音色はニューヨークの街並みを越え，はるか洋上にまで広がって行く。波間を漂う船乗りの耳にも，懐かしい故郷のメロディとして届いているだろう。

　デ・フォレストは当時，ニューヨーク市に無線局を開設し，アマチュア（無線愛好家）を対象に，無線電話で音楽や話題を送信していた。「空中に流している」の部分が，原文ではbroadcastという言葉で表現されている。無線局という一点から，音楽が四方八方に飛び交っていく様子を彷彿とさせる言葉である。broadcastという英語の語義には，元来は種蒔きという意味がある。農夫が種を蒔くと風に乗って飛び散っていくが，その様がデ・フォレストの表現にも映しだされている。

第一次世界大戦中，インド洋を航海中の日本の商船が，近くにドイツの巡洋艦が遊弋しているので警戒するように，という意味の信号を受信した。しかし，発信元が不明のため，受信証が送信できない。そこで，通信省への受信報告書では，ただ，「送りっぱなしであるところから，かくかくの放送を受信した」と記載された（『日本放送史　上』13-14頁，傍点原文）。

その放送という言葉が，1919（大正8）年，通信省が作成した無線電報取扱規定の中で，「放送ス」という表現で登場する。従来，海岸無線局から洋上の艦船への気象通報は，個別に送信されていたのを，同時一斉に送信する方式に切り替えた。その同時一斉送信を意味する言葉として，「放送ス」が使われるようになった。しかし，これは無線電信であって，デ・フォレストのように，無線電話で音声や音楽を送信したものではない。

無線電話で番組を送信するという意味の放送という言葉は，日本のラジオ制度の基礎となった「放送用私設無線電話規則」（1923年12月20日制定）で使われている。この規則は，当時，無線通信の監督官庁の通信省が作成したもので，時事音楽などを放送と呼ぶとともに，放送を聴取する施設を設置する場合の条件を列挙しているが，「放送」に関する定義は行っていない。ただし，通信省内では，放送のほかに，「公布」，「拡布」，「拡散」，「弘宣」，「廣布」，「廣送」など，デ・フォレストが使っていたbroadcastの意味に対応する言葉が候補に挙がり，かなり議論されていたことが記録されている。

2．商業放送の原点

「放送用私設無線電話規則」で使われた放送という言葉は，英語のbroadcastの邦訳語である。しかし，「公布」，「拡布」などではなく，なぜ，「送りっぱなし」や同時一斉送信の意味で使われた放送を，broadcastの邦訳語に当てたのか，日本の放送史の謎である。いずれにしても，今でいういわゆる放送が，放送の先進国アメリカをモデルにしていたことは，第46回帝国議会貴族院予算委員会（1923年3月13日）で，国務大臣がアメリカで行われている放送の調査を通信省で行っており，将来，東京と大阪で放送局を開設することを考えている，

と発言していることからも窺われる。

アメリカでは，1920年11月2日，ピッツバーグで，ラジオ局KDKAが放送を開始している。開局番組を，大統領選挙の速報とレコード音楽で編成したKDKAは，放送史上重要な意義を持っている。なぜか。

無線による音響送信は，20世紀初頭から，アメリカのみならず，イギリスでも行われているが，デ・フォレストの例にみるように，アマチュアを対象にした実験であり，送信も不定期であった。KDKAは，親会社ウェスティングハウス（Westinghouse Electric Company）が製造するラジオ受信機の販売を促進するという明確な目的を持ち，11月2日以降，新聞に番組を掲載したうえで，番組の定時放送を開始した。KDKAは，アマチュアを対象にした無線電話の実験から，放送企業へと転換する契機になった。そういう意味で重要なのである。

KDKAの1年半後，AT&Tが運営するラジオ局WEAFがニューヨークで開局し，電話の通話時間と同じように，放送時間の販売を開始した。放送時間を最初に購入したのは建設会社で，ニューヨーク郊外に建設したアパートの宣伝を行った。放送局とスポンサーとの間で，放送時間の売買を介して成立する，商業放送がここから誕生する。WEAFが開発した商業放送の原理は，30年後，日本で登場する民間放送局の源流である。

3．受信許可料制度

WEAF開局から3か月後の1922（大正11）年11月，イギリスでは，イギリス放送会社が放送を開始している。イギリス放送会社は，マルコーニ会社など大手受信機メーカー6社で構成されていた。ラジオ局を開設し番組を放送すれば，大西洋の彼方アメリカと同じように，ラジオ受信機販売で利益を上げられるのではないか。そういう目論見であった。

イギリス放送会社も，開設意図はKDKAと同じように，受信機販売の促進であったが，その後の放送の流れは，アメリカとは大きく異なる。イギリスでは，WEAFのような放送局が存在しなかった。アメリカのように，放送時間

を販売せずに、どのように放送財源を確保するのか。

その鍵は1904年無線電信法が握っていた。同法によって、放送は送信者（放送局）のみならず、受信者（聴取者）も政府の許可が必要とされ、聴取者は受信機を設置する場合、政府から免許を有料で取得しなければならなかった。政府は聴取者から徴収した受信許可料から、その一部をイギリス放送会社に分配したのでる。アメリカでは、考えられない発想だった。

そのイギリス放送会社の財産を承継して、1927（昭和2）年1月、現在のBBC（イギリス放送協会）が誕生する。BBCは、国民から放送事業を信託された公共企業体として位置づけられ、国王から下賜される特許状と、放送の所管庁である郵政省が交付する免許、それに同省との協定書に基づき運営されることになった。特許状の一部に、次のような文言がみられる。

　　国民は放送サービスに高い関心を示している。また、放送サービスは教育と娯楽の手段であることに鑑みて（傍点筆者）、放送サービスを発展させ、その長所が最大限に発揮され、国家利益に資するよう活用されることが望ましい。

第2節　日本の放送事業

1．社団法人東京放送局の誕生

「JOAK, JOAK。こちらは東京放送局であります」。1925（大正14）年3月22日、日本で初めて、肉声が電波に乗った。「ジェーイ、オー、エーイ、ケーイ」と深く緩やかに、抑揚をつけて、遠くへ呼びかけるような第一声だった、という。KDKAから4年4か月後、イギリス放送会社から2年3か月後のことである。

日本でも、ラジオ局を開局すれば、アメリカと同じように、ラジオ受信機販売で利益を上げられるのではないかという期待感が高まっていた。東京地区では28団体が開局申請を行っていたが、そのうち電話会社を中心とした6団体

が合同し，1924年11月29日，社団法人日本東京放送局が設立された。

　6団体は当初，通信省に対し，「株式会社東京放送局」として開局申請を行っていた。しかし，放送は公益性が高く営利の手段にすべきではないという通信省の判断で，株式会社は公益法人としての「社団法人」に転換させられた。

　通信省が東京放送局の設立を許可した法的根拠は，無線電信法（1915年制定）であった。無線電信法はその第1条で，「無線電信及無線電話ハ政府之ヲ管掌ス」と規定し，電波は政府が管理所有することを言明したうえで，放送事業は通信大臣が特に必要と認める私設事業として，例外的に認めたものであった。

　イギリスでは，まず，放送会社としてスタートし，4年後に公益性を重視した「協会制」に移行したが，日本では，放送事業が民間の放送会社として運営される時期は経験していない。また，通信省は，東京放送局開局の9か月前に，「放送用私設無線電話監督事務処理細則」を制定し（1924.2.26），ラジオによる広告を禁止したため，日本では当初から，アメリカ型商業放送が存在する余地はなかった。

　通信省が放送財源手段として案出したのは，イギリス会社をモデルにしたものだった。といっても，まったく同じではない。イギリスの受信許可料方式をそのまま導入すると，特別の立法が必要になる。立法作業を行う場合，他省との紛糾を恐れた通信省は，独自の便法を編み出した。

　その便法とは，受信機を設置した者から得る聴取料を東京放送局の財源とする前提にたった上で，聴取料は東京放送局と聴取者との私法上の契約に依拠する，というものだった。放送局と聴取者との私法上の契約は，聴取契約と呼ばれ，ラジオの普及は聴取契約数で示された。

　日本では，放送事業の開始に当たり，通信省が当時放送の先進国といわれた英米の放送制度を調査研究しているが，東京放送局の設立経緯をみると，単なる模倣ではなく，日本独自の創意工夫が発揮されていたことが分かる。日本の放送の歴史を理解するうえで，このことは極めて重要である。

2．東京放送局後藤総裁の放送観

　日本の放送事業の先駆者，社団法人東京放送局の総裁には，逓信省大臣や東京市長などを歴任した後藤新平が就任した。後藤の総裁就任の背景には，東京放送局に対する逓信官僚の介入を抑えるとともに，文化事業に理解の深い後藤を陣頭に立てる意図があった。

　東京放送局の開局記念日（1925.3.22），後藤は放送の機能として，(1)文化の機会均等，(2)家庭生活の革新，(3)教育の社会化，(4)経済機能の敏活を挙げた。電波は都市と地方，階級間の区別なく，すべての者に電波の恩恵を均等に提供する，それが文化の機会均等である。ラジオは，家庭の中で慰安娯楽を提供することによって，家庭生活が革新される。ラジオは大衆に学術知識を提供することによって，教育が普及する。ラジオは，株式・生糸・米穀など経済情報を提供し，経済取引の敏活化に貢献する。

　後藤は経済取引の敏活化を報道番組の中心と捉えていたが，挨拶の中では，その後，放送の重要な機能となる一般ニュースについては言及していない。当時すでに，発行部数数百万を誇る新聞社が存在しており，ニュース取材体制が整っていなかった創成期の東京放送局が，ニュース分野で新聞と対抗することは考えられなかったからであろう。また，放送が当初からニュース分野に参入することで生ずる新聞界からの抵抗を回避するためだった，とも言われる。

　開局記念日の番組はすべて音楽（邦楽洋楽）で，合間にニュースが3回放送されているが，いずれも，新聞社が提供している。その一部に幼稚園のメンタルテストがあった。後藤はまた，放送事業者も聴取者もともに，自治的な自覚と倫理観念をもって，ラジオを活用しなければならない。放送事業は法律や規則の力で目的を達成すべきではない，と放送の自主・自律を強調している。

3．社団法人日本放送協会の誕生

　東京放送局に続き，1925年6月1日，社団法人大阪放送局，同年7月15日，社団法人名古屋放送局がそれぞれ開局した。3局とも放送番組はほぼ教養と芸能・娯楽がそれぞれ40％，報道（ニュース・時報・天気予報・経済市況）は20％

だった。

　東京放送局開局1年半後の1926年9月末現在，3局の聴取契約件数は，東京府（当時）188,030，大阪府53,035，愛知県34,770であった。開局当日，東京放送局の聴取契約件数がわずか3,500だったことを考えると，ラジオに対する人々の関心がいかに高かったかがわかる。

　このうち名古屋放送局は，放送開始3か月半後の10月31日，軍隊の閲兵式が行われている第3師団練兵場にマイクを設置し，式の模様を実況中継した。それまで放送局のスタジオから放送される音楽や講演に耳慣れていた聴取者は，祝辞や万歳にかぶって聴こえてくる飛行機の爆音・ラッパの音・拍手などのリアルな音響に耳を疑いながら聴き入った。この実況中継は，日本のラジオ業界では初めての試みであった。

　3局は互いに知恵を絞って，放送事業の独創性を打ち出したが，3局分立の時代は永続しなかった。ラジオに対する社会一般の関心が急激に高まってきた状況を踏まえ，逓信省は，1926年1月，計画書「放送事業統一経営に関する調査」を作成し，全国放送を実施できる放送事業体を設立し，放送のさらなる発展を企図した。逓信省で決定された新法人組織案は，3局を解散し，東京に本部を置き，3局をそれぞれ，関東支部・東海支部・関西支部として位置づける，新たな社団法人日本放送協会（以下旧協会と表記）を設立する，というものだった。

　大阪放送局は，新法人組織案では経営・番組編成ともに，東京中心になると抵抗を示したが，逓信省に押し切られ，1926年8月6日，旧協会設立者総会が開催された。席上，逓信省から新法人の体制が発表され，新法人の会長及び各支部の理事長は3局から選ばれたものの，本部・支部の常務理事8名がすべて，逓信省出身者で占められていたため，3局側が猛反発し，理事者代表は，逓信省に対し執拗に抗議した。しかし，逓信省は，3局が新法人設立に反対した場合，放送局を国家管理にする，と強硬な態度を崩さなかった。

　東京放送局は，3局理事者の意向を受け，8月18日，ラジオを通じ，旧協会が逓信官僚の天下り機関になっている，と声明した。声明書を検閲した逓信

省は,「放送すべからず,抹消せよ」と禁止命令を出したが,放送局にニュースを提供していた新聞・通信社は強硬に抗議し,声明書は,国民新聞社提供の臨時ニュースとして放送された。このとき新聞・通信社が示したジャーナリズム性は,記憶しておいていい。

こうして,8月20日,新法人は民法に基づく社団法人日本放送協会として設立されたが,設立許可書には,逓信省の命令書が付帯されており,協会の理事など経営陣の選任解職は,逓信大臣の認可を必要とする,逓信大臣は公益のため協会の放送施設を管理することができるなど,協会経営に関していちじるしく厳しい制限が命令事項として規定されていた。この旧協会がGHQ(連合国軍最高司令官総司令部)の示唆を受け,1950(昭和25)年5月に公布された放送法施行まで,放送事業の独占的運営を継続することになる。

第3節　放送二元体制への道程

1.　戦時下の放送

放送事業に関する逓信省の厳重な監督は,旧協会の経営面だけでなく,番組の制作・編成面にも及んだ。逓信省は旧協会の監督指針として,「放送用私設無線電話監督事務処理細則」を根拠に,番組の検閲を行うとともに,出版法と新聞紙法で出版掲載を禁止された事項を放送にも適用した。

同細則は1930(昭和5)年には改定され,放送内容は,社会教育上適当なものを重視することとし,皇室・軍事・外交・官庁事務,政治講演,営業広告,米の収穫予想などは放送禁止事項に指定された。

1934(昭和9)年5月,旧協会の業務組織が改革された。旧協会発足後,2年後には全国中継放送が開始され,6年後の1932年5月には聴取契約者数が100万を突破するなど,放送事業は伸展していったが,経営形態は旧3局が形式上統合されたものに過ぎず,満州事変の発生以来,重要度を加えた放送の国家・社会的機能に十分対応できなくなっていた。

業務組織改革は,従来3局が分掌していた事業の基本計画,予算の確定,人

事交流などをすべて，東京に設置する本部が一元的に管理する中央集権型業務組織の確立を目指すものであった。業務改革に伴い，放送事業の中心的要素である番組編成面では，全国中継番組を企画・編成する機関として「放送編成会」が新設された。編成会には，逓信・内務・文部各省の関係事務官が参加したほか，中央に一本化された番組企画の最高諮問機関「放送番組審議会」には，新たに陸軍・海軍・外務省の3次官が加わった。

　満州事変，日中戦争を経て太平洋戦争につながる流れのなかで，軍の政治支配がほぼ確立され，放送は国家の情報宣伝の役割を担わされるようになった。1940年12月，国家の情報宣伝機関として，内閣情報局が設置され，放送政策の決定，番組の指導・統制面は情報局，放送技術面は逓信省がそれぞれ管理することになった。

　軍の政治支配のなかにあっても，旧協会が芸能・教育・教養番組を放送し続け，国民に慰安を与え，文化・知識の向上に貢献した役割は，決して忘れてはならない。しかし，旧協会が担った放送事業が，軍部を中心とした政治勢力に支配され動員されたこと，また，旧協会自体が国家の情報宣伝政策に対する協力体制を固めることになったことは，動かしがたい事実であった。情報局関係官が「放送が国家の命令機関，公示機関として官報その他と同日の効力を有するに至るのは時間の問題である」(『放送』1940年12月)と述べているのは，当時放送が置かれた位置を端的に示している。

2．戦後 GHQ の放送政策

　3年8か月にわたる太平洋戦争は，日本の無条件降伏で幕を閉じた。日本は1952年4月，対日講和条約に基づき独立するまで，6年8か月間，アメリカを中心とする GHQ の占領管理下に置かれた。GHQ は日本の民主化政策の一環として，占領開始直後から放送改革に着手した。

　戦後の放送政策で中心的役割を演じたのは，GHQ の CIE（Civil Information and Education Section，民間情報教育局）と CCS（Civil Communications Section，民間通信局）であった。GHQ が着手したのは，まず，「放送用私設無線電話監

督事務処理細則」で禁止されていた番組内容を，マイクにのせるせるための番組指導であった。

　番組指導はCIEが担当し，占領直後の1945年9月29日から，街頭の国民の「声」を番組にした『街頭にて』，11月21日には『座談会―天皇制について』，次いで12月9日からは，戦時中の軍部支配を暴露した10回シリーズ番組『真相はかうだ』などが矢継ぎ早に放送された。いずれも，戦前戦時中の「事務処理細則」では禁止されていた内容を取り上げた番組であった。こうしてGHQの放送政策は，まず，番組指導から開始された。

　『真相はかうだ』の放送2日後，CCSから日本政府に対し，戦後放送制度改革の起点となる，旧協会組織の再編成案が示された。再編成案の内容は，旧協会を国民の意見表明の場にするため，国民各層の代表からなる放送委員会を設置する。同委員会は協会の会長候補を選定するとともに，協会会長及び理事会に対し，一般放送政策事項に関して継続的に助言を行うことなどであった。しかし，GHQの指導で設置された放送委員会は，会長候補の選定，一般放送政策に資する放送基本原則を作成するなど，戦後の放送民主化に貢献したが，発足3年半後の1949年5月，自主的に解散している。

　GHQは放送委員会を設置して，旧協会の再編成（改革）を断行するとともに，CCSが中心となり，戦後の放送政策の根幹となる放送法制の整備に着手した。従来逓信大臣の行政権限で行われていた放送事業を，国民の代表である国会で制定される法律によって規律する必要がある，というのがGHQの基本的な放送政策であった。

3．放送法制の整備作業

　GHQは番組指導が一段落した1946年末から，新憲法の精神に即応した放送法制の整備作業に着手した。整備作業は，1947年10月，GHQから示された「日本放送法に関する会議における最高司令部示唆」（通称ファイスナーメモ）を下敷きにして進められた。この「最高司令部示唆」には，放送法に取り入れる一般原則として，「放送の自由」（Freedom of Broadcasting），「不偏不党」（Impartiality），「公衆に対するサービスの責任の充足」（Fulfillment of Public Service Responsibility），「技術的諸基準の遵守」（Observance of Technical Standards）が謳われていたほか，放送の規律監督機関として，政府から独立した組織を新設すること，また，旧協会のほかに，「日本に於ける民間放送会社の助長に備えた規定を設けること」が示されていた。

　逓信省は「最高司令部示唆」を勘考して，1948年6月，最初の放送法案（本稿では第一次放送法案と呼ぶ）を作成し，第二通常国会（芦田内閣）に提出した。法案の要点は，次のようなものであった。

　内閣総理大臣の所轄のもとに，総理府の外局として，放送局の免許権，放送行政を執行するための規則制定権など行政権限のほか，準司法的，準立法的機能をあわせもつ典型的な行政委員会である「放送委員会」（GHQの指導で設置され，解散した放送委員会とは別）を設置する。そして，放送実施機関として，旧放送協会に代えて，新法人日本放送協会をそれぞれ新設するとともに，民間放送事業を開設する。

　しかし，第一次放送法案が白紙撤回されたため，政府は，1949年6月17日，新放送法案要綱を作成し，CCSに提出した。要綱は，第一次放送法案にあった合議制行政委員会方式を採用せず，これを独任制に改め，電気通信大臣が放送法に基づく権限を行使する。ただし，重要事項については，大臣は電気通信省に設置する「放送審議会」に諮り，その決定を遵守しなければならない，と規定していた。

　要綱の提出を受けたCCSは翌18日，要綱にあった電気通信大臣による独任制行政方式を明確に否定し，内閣総理大臣のもとに，地域別に選ばれた複数の委員で構成される電波監理委員会を設置すること（第一次放送法案にあった合議制行政委員会方式の復活）を勧告した。

　CCSから勧告を受けた政府は，1949年8月，放送法案と電波法案を作成するとともに，電波監理委員会については，放送法とは別に電波監理委員会設置法を制定したうえで，設置する構想を固めた。この時点で，いわゆる電波三法—放送法，電波法，電波監理委員会設置法—の構想が確立されたことになる。

政府は1949年10月12日,放送法・電波法案とともに,電波監理委員会設置法案をGHQに提出した。その要点は,電波監理委員会委員長に国務大臣を当てる,電波監理委員会に対する内閣の再議要求権のほか議決変更権や再々議要求権を認める,というものであった。しかし,GHQでは,国会に提出される法案の最終決定権をもっていたGS（Government Section, 民政局）がこの政府案を完全に否定した。

　吉田内閣は,電波監理委員会設置法案は,すでに,CCSの了解を得ているとして,GSの修正要求に対し執拗な抵抗を示したが,最終的には,吉田首相宛てに連合国軍最高司令官ダグラス・マッカーサー元帥の私信が発せられて決着した。

　電波三法は,1950年5月2日公布され,6月1日には無線電信法,8月23日には,放送用私設無線電話規則がそれぞれ廃止された。放送法制定により,旧協会は解体され,旧協会の財産権利を承継した放送事業体として,新たに特殊法人日本放送協会（NHK）が設立されるとともに,広告収入を財源とする民間放送が誕生し,放送事業における二元体制の基礎が確立された。

　しかし,難産の末制定された電波監理委員会設置法で設置された電波監理委員会は,占領終結直後の1952年7月31日,発足後2年2か月余で廃止され,委員会の権限は郵政大臣に移された。委員会の代わりに電波監理審議会が設置されたが,それは大臣の諮問機関に過ぎなかった。その態様はかつて,1949年6月,政府によって作成された放送法案要綱で示された放送行政の電気通信大臣独制とほぼ一致する。電波監理委員会の廃止により,電波三法の有機的作用を目指したGHQの戦後日本の放送法制のバランスが欠けた。

　日本の放送史を概観すると,いくつかのメルクマールがあるが,電波監理委員会設置法案をめぐる日本政府とGHQとの確執は,格別な意義を持っている。放送を規律規制する機関のあり方について,あくまで国務大臣独任制を主張する日本政府と,政府から独立した合議制委員会方式制を強制しようとするGHQが真っ向から対立している。恐らくそれは,放送の自由概念に関する価値観の相違に収斂されるものと思われる。

GHQが想定していた合議制委員会は，アメリカで1934年通信法によって設置されたFCC（米連邦通信委員会）がモデルといわれるが，アメリカの合議制委員会はFCC以前，すでに，1927年無線法で設置されたFRC（連邦無線委員会）にその起源を求めることができる。

　FRCは全米5地区の住民を代表する委員で構成され，FRCの設置によって，それまでの商務長官独任制による放送行政が廃止された。独任制から合議制行政委員会への転換をめぐっては，連邦議会で幾多の論戦が積み重ねられてきた歴史がある。

　GHQの戦後放送改革は，旧協会を国民の意見表明の場にするため，国民各層の代表からなる複数の委員で構成される放送委員会を設置することから始まっているが，その発想の基底には，FCC，そしてさらにFRCにまで遡る歴史の堆積が感じられる。FCCに代表されるアメリカの放送規制システムがベストとは決していえないが，堆積されてきた歴史をたどってみることは，国民の期待を担って登場した電波監理委員会がなぜ2年間の短命に終わったのかを含め，今後の日本における放送行政を検討するうえで，有益な示唆を与えてくれる。

第4節　民間放送の誕生からニューメディア時代へ

1．民間放送の誕生

　放送法制定により，日本の放送事業は，旧協会による放送の独占的運営に終止符が打たれ，制度的には民間放送（以下民放）が誕生する一方で，日本の放送は，テクノロジーの進歩発展により，ラジオからテレビへ，さらに，ニューデメディア時代からデジタル時代へと，日進月歩の進展を遂げていった（表14－1）。

　広告収入を財源とする民間放送は，放送法制定1年4か月後の1956年9月1日，ラジオがまず，中部日本放送と新日本放送（現毎日放送）の誕生で幕を空けた。民放ラジオ開設当時わずか3億円だったラジオ広告費は開設10年後

の1961年末には，178億円に達した。

　ラジオ放送でNHKに先行された民放は，1952年7月31日，日本テレビ放送網（日本テレビ）がテレビ予備免許第一号を取得した。テレビ本放送は，翌53年2月1日，NHKが本放送を開始したが，同年8月から本放送を開始した日本テレビ放送網が実施した街頭テレビは，テレビ普及の先鞭をつけた。民放テレビ開局6年後には，テレビ広告費はラジオ広告費の162億円を抜いて，238億円に達する勢いで成長した。

　郵政省は民放テレビがわずか5社しか開局していなかった1957（昭和32）年10月22日，34社36局に予備免許を交付した。いわゆるテレビ大量免許と呼ばれたこの措置によって，1960年には，民放テレビはほぼ全国的なテレビ局の開設が完了し，その後の民放テレビ発展の基礎が構築された。

2．ニューメディア時代の到来

　日本でラジオ放送が開始されてから60年後の1984年，日本の放送事業は，一般に"ニューメディア元年"と呼ばれる時代に突入する。5月には，NHKが衛星放送の試験放送を始め，11月には日本電信電話公社（現NTT）がキャプテンシステムを開始した。キャプテンシステムは，テレビ端末と情報センターを電話回線で結び，利用者のリクエストに応じて，文字・図形などの情報を提供するサービスだった。

　衛星放送やキャプテンシステムは，従来の地上波や有線による放送とは異なる新しい情報伝達媒体という意味で，ニューメディアと呼ばれた。ニューメディアは，放送，通信，コンピュータなどの新しいエレクトロニクス技術によって誕生したもので，放送系，通信系，パッケージ系に大別される。

　このうち，放送系ニューメディアには，衛星からの電波で広い範囲をカバーする衛星放送，従来のテレビよりはるかに鮮明な映像が見られる高品位テレビ，多数のチャンネルでの放送が可能な都市型ケーブルテレビなどがある。

　ケーブルテレビは，1955年群馬県伊香保温泉に，日本で初めて，地上波テレビの難視聴の解消を目的とするテレビ共同受信施設として誕生した。この共

表 14 − 1　放送史略年表

1904	（英）	無線電信法制定
1912.8	（米）	無線法制定
1915.6	（日）	無線電信法公布
1920.11	（米）	KDKA 開局
1922.6	（日）	逓信省，放送制度調査に着手
1922.8	（米）	WEAF 開局
1922.11	（英）	イギリス放送会社設立
1923.12	（日）	逓信省，放送用私設無線電話規則制定
1924.2	（日）	逓信省，放送用私設無線電話監督処理細則制定
1924.11	（日）	社団法人東京放送局開局
1925.1	（日）	社団法人名古屋放送局開局
1925.2	（日）	社団法人大阪放送局開局
1926.8	（日）	社団法人日本放送協会設立
1927.1	（英）	イギリス放送協会設立
1927.2	（米）	1927 年無線法制定
1927.3	（米）	連邦無線委員会（FRC）設置
1934.6	（米）	1934 年通信法制定
1934.7	（米）	連邦通信委員会（FCC）設置
1935.6	（日）	海外放送開始
1947.10	（日）	GHQ，放送法の基本方針を指示（ファイスナーメモ）
1950.5	（日）	放送法・電波法・電波監理委員会設置法公布
1950.6	（日）	電波監理委員会発足
1951.9	（日）	民間放送局開局
1952.2	（日）	NHK，国際放送再開
1952.7	（日）	電波監理委員会廃止
1972.6	（日）	有線テレビ法制定
1989.6	（日）	NHK，衛星放送本放送開始
2003.12	（日）	東京・大阪・名古屋で地上波デジタル放送開始

（英），（米），（日）はそれぞれ，イギリス，アメリカ，日本の事項を指す。

出典）Briggs, Asa（1961, 1995）　*The History of Broadcasting in the United Kingdom*, Vol.1，日本放送協会（2001）『20 世紀放送史　年表』ほかから作成。

同受信施設は、一般にはテレビ共同聴取と呼ばれたが、有線で電波を送るため、制度上は「有線テレビ」に分類された。

地上波テレビの難視聴の解消策として登場した有線テレビ（CATV）は、その後、技術進歩に伴ってチャンネル数が増えるとともに、従来の地上波テレビ番組とは違う、ケーブルテレビ専用の番組を提供する「都市型CATV」へと発展していった。

日本の放送は、1980年代に登場したニューメディア時代を経て、現在はデジタル時代に突入している。すでに、デジタル化が進んでいた衛星放送やケーブルテレビに次いで、地上波テレビも2003年12月、東京・大阪・名古屋で地上波デジタル放送が開始された。2011年7月には、アナログ方式は廃止され、全面的にデジタル方式に代わる予定である。

2010年12月、放送法が大幅に改正された。放送法の改正は、地上波放送のアナログからデジタル方式への転換を含め、放送が激変するメディア環境に直面していることを示している。

無線電話で音響を送信する放送は、20世紀初頭、アメリカの無線実験家の手によって産声を上げ、1920年代、イギリスで情報・教育・娯楽を3本柱とする放送概念が形成された。アメリカで生まれ、イギリスで原初的ではあるが概念構成された放送が、段階的に世界に伝播していった。

このほぼ一世紀の間、放送は、テクノロジーの革新により、伝送形式は恒常的に変化し、新しい伝送形式を活用した番組ジャンルが次々に開発されてきた。将来、どのような伝送形式が出現するかは、現時点では予断を許さない。

日本の放送は、財源確保の手段を異にする、公共放送と民間放送が併存する体制となっているが、両者は、公共の電波を使う放送事業体として、社会的責務を負っている点では共通している。放送事業者には、放送のユニバーサルサービス、良質番組（コンテンツ）の開発、マイノリティを視野に入れた番組編成、市民からの信頼感、組織の透明性など、さまざまな社会的責務が要請されている。

社会的責務を認識し，責務を達成しようとする努力を継続できるかどうかは，恐らく，公共の電波を権利としてではなく，特権として使用しているという放送事業者の認識と深くかかわっている。それは，将来も変わらないであろう。

(向後　英紀)

参考文献

Barnouw, Erik (1966) *A History of Broadcasting in the United States*, Vol.1, Oxford University Press.

Briggs, Asa (1995) *The History of Broadcasting in the United Kingdom*, Vol.1, Oxford University Press.

日本放送協会編『日本放送史』日本放送出版協会，1965 年

日本放送協会編『放送五十年史』日本放送出版協会，1977 年

日本放送協会編『20 世紀放送史』日本放送出版協会，2001 年

欧文索引

(『 』は放送番組名)

1904年無線電信法(イギリス)　247
1927年無線法(アメリカ)　161
1934年通信法(アメリカ)　161, 256
1967年公共放送法(アメリカ)　102

A

AM放送　4, 173, 212
ANN　10, 29
AT&T(アメリカ電話電信会社)　157
ATP(全日本テレビ製作者連盟)　209

B

BBC(イギリス放送会社, イギリス放送協会)　108, 158, 211, 246
BPO(放送倫理・番組向上機構)　100, 117, 119, 121
BS(放送衛星)　3, 136, 176
　——アナログ放送　149
　——デジタル放送　6, 150, 176
BSkyB　106

C

CBS　101
CCD(民間検閲支隊)　22
CCS(民間通信局)　252, 253, 254, 255
CIE(民間情報教育局)　221, 252
CNN　44
CS(通信衛星)　3, 177
　——デジタル放送　6, 177

E～F

ENG　30, 90
FCC(連邦通信委員会)　102, 161
FIFAワールドカップサッカー　106
FM放送　4, 173, 212
FNN　10, 29
FRC(連邦無線委員会)　161, 256

G～I

GHQ(連合国軍最高司令官総司令部)　22, 109, 221, 251
GS(民政局)　255
HDTV(ハイビジョン)　178
iPhone　233
IP(インターネットプロトコル)　140, 213, 232, 235

J～K

JNN　10, 29
JOAK　217, 247
KDKA　19, 217, 246
KRT(ラジオ東京テレビ, 現TBS)　10, 29, 68

N

NBC　88, 101
NHK　20, 170
　——『ETV2001』　11, 165
　——『NHKスペシャル』　54
　——NHKワールドTV　109
　——NHKワールドラジオ日本　109
　——アーカイブス　67
　——衛星放送　53
　——オンデマンド　237
　——教育テレビ　102
　——経営委員会　164
　——事業収入　4
　——大河ドラマ　72
　——放送受信契約　3, 25, 224
　——放送文化研究所　14
　——連続テレビ小説　14, 70
NNN　10, 29, 52
　——ドキュメンタリー　52

R～S

『RABニュースレーダー』　202
RCA(Radio Corporation of America)　157
SDTV(標準画質放送)　178
SNG　30

T～W

TBS　31, 176, 241
UHF　175, 178
VHF　175
VOA(Voice of America)　108
VOD(Video On Demand)　231
VTR　30, 90
WEAF　246
WOWOW　3, 176

和文索引

(『　』は放送番組名)

あ行

明石家さんま　96
『赤穂浪士』　71
朝日新聞　41
朝日放送　10
あさま山荘事件　30, 41
『篤姫』　83
アナログ周波数変更　147
アナログ方式　259
アーネット(Peter Arnett)　44
アフガニスタン戦争　44
アルジャジーラ　45
磯村尚徳　31
委託放送事業者　136
一般放送事業者　24, 190
『田舎のコンビニ　一軒の商店から見た過疎の4年間』　59
犬養毅通信相　217
イラク戦争　44
インターネット　36
　——広告　4, 195
　——放送　139, 231
　——利用人口　17
ウェスティングハウス(Westinghouse)　246
牛山純一　44
『埋もれたエイズ報告』　48
『海は甦える』　81
埋め込み取材(embedded reporting)　44
『ウルトラマン』　70
衛星中継　29
オウム真理教事件　91, 120
大山勝美　79
岡崎栄　76
沖縄の放送　129, 130
『奥様スタジオ3時のあなた』　88
『おしん』　14, 77
『踊る大捜査線』　84
『驚きももの木20世紀』　98
『おはなはん』　70
オリンピック　106
オールナイトニッポン　225
『オレたちひょうきん族』　96

か行

『開運！なんでも鑑定団』　98
外国語放送局　213
『街頭にて』　253
『家政婦は見た！』　80
学校放送　102
活字メディア　19
上方コメディ　95
『火曜サスペンス劇場』　80
関西テレビ　12, 117
関東大震災　217
韓流ドラマ　85
基幹放送　154
『木島則夫モーニングショー』　88
議題設定機能　34
『北の国から』　79
『肝っ玉母さん』　74
教育専門局　103
教育放送　101
『驚異の小宇宙』　54
『きょうのニュース』　26, 32
玉音放送　220
『クイズ面白ゼミナール』　98
久米宏　32, 33, 228
倉本聰　75
クロンカイト(Walter Cronkite)　43
携帯電話
　——インターネット　188
　——加入契約件数　17
　——端末向けマルチメディア放送　148, 227
芸能リポーター　90
ケーブルテレビ(CATV)　6, 132, 177, 257
　——事業者　4, 187
検閲　22
『建設の声』　221
言論・表現の自由　120
公共の利益　160
公共放送　157, 172
公正原則(Fairness Doctrine)　161
皇太子ご成婚　7, 29
神戸サンテレビ　46
『木枯らし紋次郎』　76
国際映像　105
国際電気通信連合　133

和文索引　　*263*

国際放送　107
個人視聴率　82, 206
後藤新平　101, 249
コミュニティFM放送　9, 172, 190, 204, 212
コメンテーター　38, 92
コモンキャリア　160
ゴールデンタイム　14
『こんにちは奥さん』　93

さ行

『3時にあいましょう』　89
『THE 世界遺産』　53
ザ・ドリフターズ　96
在京民放キー局　7, 58, 182, 191
坂本弁護士テープ事件　91, 120
佐々木昭一郎　81
『座談会―天皇制について』　221, 253
サーノフ（David Sarnoff）　157
沢田隆治　95
三事業支配の禁止　142
『サンデー・プロジェクト』　97
『三匹の侍』　70
『時間ですよ』　74
『死刑囚永山則夫～獄中28年間の対話』　61
『事件記者』　69
自主制作　199, 200, 201
『自然のアルバム』　55
『七人の刑事』　69
視聴質　207
視聴率　13, 88, 112, 180, 206, 207
『知ってるつもり?!』　98
社団法人大阪放送局　20, 249
社団法人東京放送局　19, 101
社団法人名古屋放送局　249
社団法人日本放送協会　20, 108, 217, 250
『シャボン玉ホリデー』　94
終戦の詔書　220
受信許可料（licence fee）　158
受託放送事業者　8, 137
商業放送　246
『真相はかうだ』　221, 253
『新日本紀行』　53
新日本放送（MBC）　222, 256
新聞単一提携　11
深夜放送ブーム　225
スカイパーフェクTV！　3, 107
『スタジオ102』　93
スポット収入　182, 200
スポーツ放送　105
スマートフォン　228, 233, 234
スローモーションVTR　105
世界無線通信会議　150
『銭形平次』　70
全国独立UHF放送協議会　173
総合番組局　103

た行

『太閤記』　71
大本営発表　219
『武田信玄』　78
『ただいま正午アフタヌーンショー』　88
多チャンネル時代における視聴者と放送に関する懇談会　145
田中角栄郵政相　7
『旅路』　71
多メディア・多チャンネル　5
タモリ　96
短波放送　4, 212
地域情報番組　203
地域性　142, 195, 205
『筑紫哲也NEWS23』　36
地上デジタル放送　178, 194
地上波放送事業者　4
『地底の葬列』　59
中部日本放送（CBC）　10, 222, 256
調査報道　47
聴取契約件数　250
聴取施設許可　167
聴取料　248
朝鮮戦争　223
通信と放送の境界領域的サービス　137
通信・放送の在り方に関する懇談会　151, 240
通信・放送の総合的な法体系に関する研究会　151
椿発言　145
通信省　22, 245
ディレクTV　6
デジタルラジオ放送　179, 227
『てなもんや三度笠』　95
『寺内貫太郎一家』　74
テレビ朝日　80, 91
テレビ局大量予備免許交付　7
テレビ広告収入　211, 257
テレビ視聴時間　14, 180
テレビ単営社　172
テレビ東京　176, 200, 241
テレビニュース　18

テレビ普及率　40
テレビマンユニオン　208
テレビ・ラジオ兼営社　172, 190
電気通信事業法　133, 136
電気通信役務利用放送法　138, 139
電子書籍　233
伝送技術　29
電波監理委員会　132, 254
　——設置法　131, 254
電波監理審議会　144
電波三法　131, 254
電波法　131, 254
田英夫　31, 44
東京オリンピック　30, 105
東京12チャンネル(現テレビ東京)　103
東京通信工業(現ソニー)　224
『東京ラブストーリー』　82
東経110度CS放送　150, 187
同時多発テロ　31, 44
『遠くへ行きたい』　53
ドキュメンタリー　37, 51
『独眼竜正宗』　76
特殊法人日本放送協会　164, 222, 255
特許状(イギリス)　162, 247
『土曜ワイド劇場』　80
『ドラマ人間模様』　78
トランジスターラジオ　224
トレンディードラマ　82

な行

2.26事件　21
内閣情報局　219
二次使用権　211
日中戦争　219
ニッポン放送　212, 225
日本映像記録センター　208
日本教育テレビ(現テレビ朝日)　10, 88, 103
日本テレビ放送網　7, 257
日本電信電話公社(現NTT)　257
日本ニ与フル放送準則(ラジオコード)　23, 221
日本放送協会受信契約　168
ニュース基金　196
ニュース協定　195, 196
『ニュースステーション』　32, 33, 81, 228
『ニュースセンター9時』　31
ニュース・ネットワーク　173
ニューメディア時代における放送に関する懇談会　135

認定放送持株会社　151, 176
『ネットカフェ難民〜漂流する貧困者たち』　48
ネットワーク　173, 192, 195, 196, 197
　——基本協定　195
　——タイム　197
　——配分　198
　——番組　198

は行

『8時だヨ！全員集合』　95
橋田壽賀子　75
パターンニュース　26
『発掘！あるある大事典Ⅱ』　12, 147
ハードとソフトの一致　134
ハードとソフトの分離　8, 136
『花の生涯』　71
『ハノイ　田英夫の証言』　44
パーフェクトTV！　5
早坂暁　75
バラエティ　87, 93, 95, 99, 100
番組編成　87
『判決』　69
阪神・淡路大震災　31, 46, 215
光ファイバー　138, 204
『必殺仕掛人』　77
ビデオリサーチ　13, 206, 207
ビートたけし　96
ピープルメーター　206
『日真名氏飛び出す』　68
ファイスナー・メモ　222, 253
フォレスト(Lee De Forest)　245
フジサンケイグループ　212
フジテレビ　10, 70, 241
『冬のソナタ』　85
プライムタイム　197
プラットフォーム会社　9
プロダクション　13, 208
文化放送　212
「兵に告ぐ」　21
ベトナム戦争　43
放送委員会　253, 254
放送記者　25
放送局の開設の根本的基準　135, 141
放送局編集ニュース　20
放送禁止事項　22
放送権料　106
放送事業形態　163
放送ジャーナリズム　35
放送大学　8, 103, 177

放送調査委員会(イギリス)　167
放送と通信の区分　137
放送と通信の融合　228, 230
放送による表現の自由　24, 121
放送の二元体制　163, 172
放送番組規律　144
放送番組審議会　252
放送番組審議機関　134, 135
放送番組調和義務　134
放送番組編集準則　116, 134, 144
放送普及基本計画　136, 139, 141
放送法　2, 8, 12, 24, 116, 131, 153, 154, 165, 168, 198, 254
放送用私設無線電話規則　217, 245
放送用周波数使用計画　139
放送倫理基本綱領　114
放送倫理検証委員会　121
放送倫理・番組向上機構(BPO)　100, 117, 118, 120, 121
『ポケットモンスター』　200
ホームドラマ　74

ま行

マイクロ回線　130
マスメディア集中排除原則　141, 142, 173, 240
マッカーサー元帥　255
『魔の七三一部隊』　48
満州事変　21
三浦和義　90
『光子の窓』　94
『水戸黄門』　70, 200
『南ベトナム海兵大隊戦記』　44
民衆的放送機関設立ニ関スル件　222
民放経営「冬の時代」　193
民放の従業員数　185
『無縁社会』　61
向田邦子　74
無線電信法(日本)　248

メディアリテラシー　65

や行

山田太一　75
やらせ　64, 123, 125
有線役務利用(事業者，放送)　10, 140
有料放送　106, 138
ユニバーサルアクセス　106
ユニバーサルサービス　159
『夢千代日記』　78
『夢であいましょう』　94
横澤彪　97
吉田直哉　71
吉本興業　95

ら行

ラジオ関西　46
ラジオ関東　39
ラジオ広告費　224, 256
『ラジオ深夜便』　226
ラジオ東京(現 TBS)　224
ラジコ　213, 235
リース(John Reith)　158
臨時放送関係法制調査会　168, 170
ローカル局　183, 193, 199, 201, 202
ローカルニュース　202
ローカル番組　198, 202
ローカル放送番組の比率　212
ロス疑惑　90
ロッキード事件　48

わ行

ワイドショー　38, 87, 112
『若者たち』　70
『ワーキングプア』　56
『忘れられた皇軍』　48
『私は貝になりたい』　69
和田勉　81
ワンセグ放送　232

編著者紹介（五十音順）

市村　元（いちむら　はじめ）　第12章執筆
1942年生まれ。東京大学文学部仏文学科卒。1965年TBS入社，社会部，外信部，パリ支局長，『ニュース23』『報道特集』担当部長，報道局専任局長・解説室長を経て，2003年から2009年までテレビユー福島常務取締役。同年から関西大学客員教授兼「地方の時代」映像祭プロデューサー。主な著書に『論争　いま，ジャーナリスト教育』（共著，東京大学出版会，2003年），『新　現場からみた放送学』（共著，学文社，2004年），『日本のドキュメンタリー　3』（共著，岩波書店，2010年），『映像が語る「地方の時代」30年』（共著，岩波書店，2010年）ほか。

金平　茂紀（かねひら　しげのり）　第3章執筆
1953年生まれ。東京大学文学部社会学科卒業。1977年TBS入社，モスクワ支局長，ワシントン支局長，『筑紫哲也NEWS23』編集長，報道局長，北米総局長を経て，現在同社執行役員兼『報道特集』キャスター。主な著書に『ロシアより愛をこめて』（筑摩書房，1996年），『二十三時的』（スイッチ・パブリッシング，1998年），『ホワイトハウスより徒歩5分』（リトルモア，2005年），『テレビニュースは終わらない』（集英社，2005年），『報道再生』（共著，角川書店，2010年）ほか。

木村　幹夫（きむら　みきお）　第11章執筆
1963年生まれ。東京大学大学院工学系研究科先端学際工学専攻博士課程修了。博士（学術）。1987年日本民間放送連盟に入り，研究所で放送の将来予測，放送事業の経営分析などの調査研究を担当。現在同研究所主任研究員。主な著書・論文に『図説日本のマスメディア（第2版）』（共著，日本放送出版協会，2005年），『デジタル放送産業の未来』（共著，東洋経済新報社，2000年），「デジタルHDTV受信機普及要因の分析」『公益事業研究』第61巻第2号（単著，公益事業学会，2009年）ほか。

隈元　信一（くまもと　しんいち）第13章執筆
1953年生まれ。東京大学文学部卒業。1979年朝日新聞社入社，東京本社学芸部次長，韓国・高麗大学客員副教授，論説委員などを経て2008年から編集委員。東京大学情報学環非常勤講師を兼ねる。主な著書・論文に『放送を学ぶ人のために』（共著，世界思想社，2005年），『新聞と「昭和」』（共著，朝日新聞出版，2010年），「衛星メディアとアジアの文化変容」『情報社会の文化Ⅰ』（共著，東京大学出版会，1999年）ほか。

向後　英紀（こうご　えいき）　第7・10・15章執筆，編者
1940年生まれ。東京大学文学部卒業。1964年NHK入局，放送文化研究所などを経て，2000年退職，同年から2010年まで日本大学教授。現在同大学非常勤講師。主な著書に『GHQ日本占領史18　ラジオ放送』（単著，日本図書センター，1997年），『メディア史を学ぶ人のために』（共著，世界思想社，2004年），『新　現場からみた放送学』（編著，学文社，2004年）ほか。

河野　尚行（こうの　なおゆき）　第4章執筆
1939年生まれ。東京大学教養学科文化人類学卒業。1962年NHK入局，NHKスペシャル番組部長，編成局長，放送総局長・専務理事，成城大学非常勤講師，芸術祭賞およびギャラクシー賞審査委員を経て，現在，地方の時代賞および放送文化基金賞審査委員。主な著書に『全国テレビドキュメンタリー年鑑』（共著，大空社，2009年，2010年）ほか。

座間味　朝雄（ざまみ　あさお）　コラム執筆
1939年生まれ。東京大学法学部卒業。1964年NHK入局，『ニュースセンター9時』，『NHK特集』「日本の条件シリーズ」などを制作し，衛星放送局・NHKエンタープライズ・NHK沖縄放送局長を経て，2003年から2010年まで大阪芸術大学教授。現在高野山大学非常勤講師および法政大学沖縄文化研究所国内研究員。主な著書に『放送を学ぶ人のために』（共著，世界思想社，2005年）ほか。

編著者紹介

鈴木　祐司（すずき　ゆうじ）第14章執筆
1958年生まれ。東京大学文学部卒業。1982年NHK入局，番組制作局，放送文化研究所などを経て，現在編成局編成センターのチーフ・ディレクターとして，番組ダイジェストのネット展開などを担当。主な著書・論文に『あなたの知らない薬の話』（共著，雄鶏社，1993年），『介護保険～あなたの暮らしはどう変わる～』（単著，社会保険研究所，1999年），「"通信放送融合"の現在・過去・未来～"TV番組ネット配信"元年における考察～」『NHK放送文化研究所年報2009』（単著，日本放送出版協会，2009年）ほか。

鈴木　嘉一（すずき　よしかず）第5章執筆
1952年生まれ。早稲田大学政治経済学部卒業。1975年読売新聞社入社，新潟支局，文化部，解説部などを経て，現在は編集委員。1985年から放送界の取材を続け，日本民間放送連盟賞審査員，放送文化基金賞専門委員，向田邦子賞運営委員，芸術祭賞審査委員などを務める。埼玉大学教養学部非常勤講師を兼ねる。主な著書に『テレビ番組の40年』（共著，日本放送出版協会，1994年），『テレビ作家たちの50年』（共著，日本放送出版協会，2009年）ほか。

古田　尚輝（ふるた　ひさてる）第1・2・6・7章執筆，編者
1943年生まれ。東京大学法学部卒業。1966年NHK入局，『ニュースセンター9時』，『NHK特集』などの制作を経て2003年退職，同年から2009年まで成城大学教授。現在同大学非常勤講師。主な著書・論文に『『鉄腕アトム』の時代』（単著，世界思想社，2009年），『20世紀放送史』（共編著，日本放送出版協会，2001年），「教育テレビ放送の50年」『NHK放送文化研究所年報2009』（単著，日本放送出版協会，2009年）ほか。

本橋　春紀（もとはし　はるき）第8章執筆
1962年生まれ。成蹊大学文学部卒業。1985年日本民間放送連盟に入り，研究所，放送倫理担当などを経て，2007年から2010年まで放送倫理・番組向上機構（BPO）理事・事務局長。現在民放連番組部主幹。日本大学芸術学部放送学科非常勤講師も務める。主な著書に『包囲されたメディア』（共著，現代書館，2002年），『メディアリテラシー・ワークショップ』（共著，東大出版会，2009年），『放送法を読みとく』（共著，商事法務，2009年）ほか。

山本　博史（やまもと　ひろし）第9章執筆
1950年生まれ。東京大学法学部卒業。1975年NHK入局，主に放送制度を担当し，2005年退職。現在はメディア評論家（コミュニケーション制度論），上智大学文学部新聞学科非常勤講師。主な著書に『放送法を読みとく』（共著，商事法務，2009年）ほか。2008年7月より『放送文化』（日本放送出版協会）に「図説『通信・放送』法」を連載。

放送十五講

2011年3月15日　第1版第1刷発行

編著者　向後　英紀
　　　　古田　尚輝

発行者　田中　千津子

発行所　株式会社 学文社

〒153-0064　東京都目黒区下目黒3-6-1
電話　03（3715）1501（代）
FAX　03（3715）2012
http://www.gakubunsha.com

印刷／新灯印刷

©2011 Kogo Eiki & Furuta Hisateru　Printed in Japan

乱丁・落丁の場合は本社でお取替えします。
定価は売上カード，カバーに表示。

ISBN978-4-7620-2164-0